# 漳泽水库沉积物中氮磷污染特性分析研究

任焕莲　刘　娜　著

黄河水利出版社

·郑州·

## 内 容 提 要

本书主要分析了漳泽水库富营养化现状和多年变化情况,分析了引起水体氮磷富集的内源和外源因素,着重在室内静态模拟试验条件下,分析了外源截断情况下内源对水体的二次污染,建立了对应的内源营养物质释放模型,并在此基础上对 2018 年内源氮磷释放进行了预测和合理性验证,预测值与实际情况基本相符。

**图书在版编目(CIP)数据**

漳泽水库沉积物中氮磷污染特性分析研究/任焕莲,刘娜著. —郑州:黄河水利出版社,2019.8
ISBN 978 - 7 - 5509 - 2465 - 9

Ⅰ.漳…  Ⅱ.①任…②刘…  Ⅲ.①水库污染 - 污染防治 - 研究 - 山西 Ⅳ.①X524

中国版本图书馆 CIP 数据核字(2019)第 167801 号

组稿编辑:李洪良  电话:0371 - 66026352  E-mail:hongliang0013@163.com

出 版 社:黄河水利出版社
    地址:河南省郑州市顺河路黄委会综合楼 14 层    邮政编码:450003
发行单位:黄河水利出版社
    发行部电话:0371 - 66026940、66020550、66028024、66022620(传真)
    E-mail:hhslcbs@ 126.com
承印单位:虎彩印艺股份有限公司
开本:787 mm × 1 092 mm  1/16
印张:14
字数:323 千字                              印数:1—1 000
版次:2019 年 8 月第 1 版                     印次:2019 年 8 月第 1 次印刷

定价:80.00 元

# 前 言

漳泽水库坐落于山西省长治市郊,位于长治市北郊浊漳河南源干流上,属海河流域漳卫南运河水系,是一座以工业、城市供水,灌溉,防洪为主,兼顾养殖和旅游等综合利用的大(2)型水库。兴建于 1959 年 11 月,1960 年 4 月竣工蓄水投入运用。1989 年 10 月至 1995 年 6 月进行了除险加固改建。水库控制流域面积 3 176 km², 总库容 4.27 亿 m³, 防洪标准为百年一遇洪水设计。自投入运用以来,水库为上党盆地,特别是对长治工农业发展发挥了巨大作用。漳泽水库省级区划为饮用水源区,由于近来年水库水质恶化,功能降低,现区划改为渔业用水区,不能再作为饮水使用。

依据中共中央、国务院印发的《关于加快推进生态文明建设的意见》《生态文明体制改革总体方案》《国务院办公厅关于印发湿地保护修复制度方案的通知》(国办发〔2016〕89 号),长治市水文水资源勘测分局、漳泽水库管理局和山西省水资源研究所 3 家单位于 2017~2018 年联合开展了漳泽水库沉积物底泥及其氮磷释放的试验分析。

为完成本书的编写,作者查阅了大量的国内外文献资料及研究成果,收集整理了漳泽水库近十年的水质监测和藻类监测资料,收集整理了近五年的排污口调查资料。在前人成果的基础上,本书系统研究了漳泽水库污染的内因和外因,分析了漳泽水库富营养化进程及成因,在基于化学条件下的底泥 N、P 释放试验基础上分析其底泥 N、P 释放规律并通过建立水库内源释放模型,对漳泽水库的内源污染物进行了分析研究,在所建模型基础上对 2018 年水库内源释放量进行了外推预测和合理性验证,探讨了漳泽水库富营养化及污染治理措施。

本书撰写分工:任焕莲撰写前言、第五章、第六章、第七章的第一节和第二节,刘娜撰写第一章、第二章、第七章的第三节和第四节、第八章,其余章节由两人共同撰写。

本书编撰过程中,曾得到长治市水文水资源勘测分局、漳泽水库管理局和山西省水资源研究所领导和同事的大力支持,使本书得以圆满完成付梓,在此表示衷心的感谢!

由于时间和专业技术水平有限,书中难免有挂一漏万之处,敬请读者不吝指正。

作 者
2019 年 7 月

# 目　录

# 第一章　绪　论

## 第一节　水库的概念和类型

### 一、基本概念

水库,一般的解释为"拦洪蓄水和调节水流的水利工程建筑物,可以用来灌溉、发电、防洪和养鱼"。它是指在山沟或河流的狭口处建造拦河坝形成的人工湖泊。

水库一般由挡水建筑物、泄水建筑物、输水建筑物三部分组成,这三部分通常称为水库的"三大件"。挡水建筑物用以拦截江河,形成水库或壅高水位,简单说就是挡水坝;泄水建筑物用以宣泄多余水量、排放泥沙和冰凌,或为人防、检修而放空水库等,以保证坝体和其他建筑物的安全;输水建筑物是为灌溉、发电和供水的需要,从上游向下游输水用的建筑物,有隧洞、渠道、渡槽、倒虹吸等。

### 二、水库分类

水库按其所在位置和形成条件,通常分为山谷水库、平原水库和地下水库三种类型。山谷水库多是用拦河坝截断河谷,拦截河川径流,抬高水位形成,绝大部分水库属于这一类型;平原水库是在平原地区,利用天然湖泊、洼淀、河道,通过修筑围堤和控制闸等建筑物形成的水库;地下水库是由地下贮水层中的孔隙和天然的溶洞或通过修建地下隔水墙拦截地下水形成的水库。

根据工程规模、保护范围和重要程度,按照水利水电工程等级划分及洪水标准(SL 252—2017),水库工程分为五个等级,见表1-1。

表1-1　水利水电工程等级分等指标

| 工程等别 | 工程规模 | 水库总库容（×10^8 m³） | 防洪 | | | 治涝 | 灌溉 | 供水 | | 发电 |
|---|---|---|---|---|---|---|---|---|---|---|
| | | | 保护人口（×10^4 人） | 保护农田面积（×10^4 亩） | 保护区当量经济规模（×10^4 人） | 治涝面积（×10^4 亩） | 灌溉面积（×10^4 亩） | 供水对象重要性 | 年引水量（×10^8 m³） | 发电装机容量（MW） |
| I | 大(1)型 | ≥10 | ≥150 | ≥500 | ≥300 | ≥200 | ≥150 | 特别重要 | ≥10 | ≥1 200 |
| II | 大(2)型 | <10,≥1.0 | <150,≥50 | <500,≥100 | <300,≥100 | <200,>60 | <150,≥50 | 重要 | <10,≥3 | <1 200,≥300 |

续表 1-1

| 工程等别 | 工程规模 | 水库总库容（×10⁸ m³） | 防洪 | | | 治涝 | 灌溉 | 供水 | | 发电 |
| --- | --- | --- | --- | --- | --- | --- | --- | --- | --- | --- |
| | | | 保护人口（×10⁴人） | 保护农田面积（×10⁴亩） | 保护区当量经济规模（×10⁴人） | 治涝面积（×10⁴亩） | 灌溉面积（×10⁴亩） | 供水对象重要性 | 年引水量（×10⁸ m³） | 发电装机容量（MW） |
| Ⅲ | 中型 | <1.0,≥0.1 | <50,≥20 | <100,≥30 | <100,≥40 | <60,≥15 | <50,≥5 | 比较重要 | <3,≥1 | <300≥50 |
| Ⅳ | 小(1)型 | <0.1,≥0.01 | <20,≥5 | <30,≥5 | <40,≥10 | <15,≥3 | <5,≥0.5 | 一般 | <1,≥0.3 | <50≥10 |
| Ⅴ | 小(2)型 | <0.01,≥0.001 | <5 | <5 | <10 | <3 | <0.5 | | <0.3 | <10 |

注：1. 水库总库容指水库最高水位以下的静库容；治涝面积指设计治涝面积；灌溉面积指设计灌溉面积；年引水量指供水工程渠首设计年均引(取)水量。

2. 保护区当量经济规模指标仅限于城市保护区；防洪、供水中的多项指标满足 1 项即可。

3. 按供水对象的重要性确定工程登记时，该工程应为供水对象的主要水源。

## 三、水库作用

### （一）防洪作用

水库是我国防洪广泛采用的工程措施之一。在防洪区上游河道适当位置兴建能调蓄洪水的综合利用水库，利用水库库容拦蓄洪水，削减进入下游河道的洪峰流量，达到减免洪水灾害的目的。水库对洪水的调节作用有两种不同方式，一种起滞洪作用，另一种起蓄洪作用。

滞洪就是使洪水在水库中暂时停留。当水库的溢洪道上无闸门控制，水库蓄水位与溢洪道堰顶高程平齐时，则水库只能起到暂时滞留洪水的作用。

在溢洪道未设闸门情况下，在水库管理运用阶段，如果能在汛期前用水，将水库水位降到水库限制水位，且水库限制水位低于溢洪道堰顶高程，则限制水位至溢洪道堰顶高程之间的库容，就能起到蓄洪作用。蓄在水库的一部分洪水可在枯水期有计划地用于兴利需要。

当溢洪道设有闸门时，水库就能在更大程度上起到蓄洪作用，水库可以通过改变闸门开启度来调节下泄流量的大小。由于有闸门控制，所以这类水库防洪限制水位可以高出溢洪道堰顶，并在泄洪过程中随时调节闸门开启度来控制下泄流量，具有滞洪和蓄洪双重作用。

### （二）兴利作用

降落在流域地面上的降水（部分渗至地下），由地面及地下按不同途径泄入河槽后的水流，称为河川径流。由于河川径流具有多变性和不重复性，在年与年、季与季以及地区之间来水都不同，且变化很大。大多数用水部门（如灌溉、发电、供水、航运等）都要求比较固定的用水数量和时间,它们的要求经常不能与天然来水情况完全相适应。人们为了解决径流在时间上和空间上的重新分配问题,充分开发利用水资源,使之适应用水部门的要求,往往在江河上修建一些水库工程。水库的兴利作用就是进行径流调节,蓄洪补枯,使天然来水能在时间上和空间上较好地满足用水部门的要求。

## 四、水库特征值

水库规划设计与运行中,作为设计和控制运用条件的若干特征库水位及特征库容如图 1-1 所示。这些特征值反映了水库的规模、效益与运用方式,常要通过经济分析和综合比较选定。

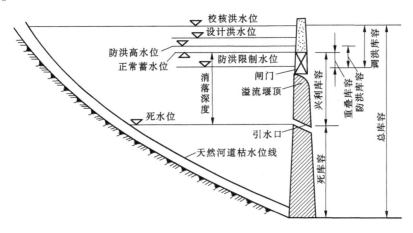

**图 1-1 特征库水位及特征库容**

**(一)特征库水位**

水库在各时期和遭遇特定水文情况下,需控制达到、限制超过或允许消落到的各种特征库水位。主要的特征库水位有:①正常蓄水位,指水库在正常运用情况下,允许为兴利蓄到的上限水位。它是水库最重要的特征水位,决定着水库的规模与效益,也在很大程度上决定着水工建筑物的尺寸。②死水位,指水库在正常运用情况下,允许消落到的最低水位。③防洪限制水位,指水库在汛期允许兴利蓄水的上限水位,通常多根据流域洪水特性及防洪要求分期拟定。进行水库调洪计算时,可以此水位作为起算水位。④防洪高水位,指下游防护区遭遇设计洪水时,水库(坝前)达到的最高洪水位。⑤设计洪水位,指大坝遭遇设计洪水时,水库(坝前)达到的最高洪水位。⑥校核洪水位,指大坝遭遇校核洪水时,水库(坝前)达到的最高洪水位。

**(二)特征库容**

相应于某一水库特征水位以下或两个特征水位之间的水库容积,一般均指坝前水位水平面以下的静库容。主要的特征库容有:①死库容,指死水位以下的水库容积。②兴利库容,亦称调节库容,指正常蓄水位至死水位之间的水库容积。③防洪库容,指防洪高水位至防洪限制水位之间的水库容积。④调洪库容,指校核洪水位至防洪限制水位之间的水库容积。⑤重叠库容,指正常蓄水位至防洪限制水位之间的水库容积。这部分库容既可用于防洪,也可用于兴利。图 1-1 中所示为防洪库容与兴利库容部分重叠的情况。防洪库容与兴利库容完全重叠时,正常蓄水位即为防洪高水位。防洪库容与兴利库容完全分开时,正常蓄水位即为防洪限制水位。⑥总库容,指校核洪水位以下的水库容积。

## 五、兴建水库利与弊

### (一)兴建水库的好处

(1)为附近的地区提供自来水及灌溉用水;

(2)利用水坝上的水力发电机来产生电力;

(3)水库的防洪效益;

(4)对库区和下游进行径流调节;

(5)其他用处,包括渔业、旅游等。

### (二)兴建水库的弊端

(1)增加灾害发生的频率。

兴建水库可能会诱发地震,增加库区及附近地区地震发生的频率。山区的水库由于两岸山体下部未来长期处于浸泡之中,发生山体滑坡、塌方和泥石流的频率会有所增加。

(2)造成库区泥沙淤积。

由于受水坝的拦截,受水势变缓和库尾地区回水影响,泥沙必然会在水库内尤其是大坝和库尾淤积。

(3)使土壤盐碱化。

不断的灌溉使地下水位上升,把深层土壤内的盐分带到地表,再加上灌溉水中的盐分和各种化学残留物的高含量,导致了土壤盐碱化。

(4)恶化水质。

库区水面面积大,大量的水被蒸发,土壤盐碱化使土壤中的盐分及化学残留物增加,从而使地下水受到污染,提高了下游河水的含盐量。

(5)水生植物丛生。

由于水质的恶化及水流流速的减慢,使水生植物及藻类到处蔓延,不仅蒸发掉大量河水,还堵塞河道灌渠等。这些水生植物不仅遍布灌溉渠道,还侵入了主河道。它们阻碍着灌渠的有效运行,需要经常性地采用机械或化学方法清理,增加了灌溉系统的维护开支。

(6)对下游河道的影响。

由于水势和含沙量的变化,还可能改变下游河段的河水流向和冲积程度,造成河床被严重冲刷侵蚀,入河(海)口向陆地方向后退。

(7)增加发病率。

由于水流静态化导致下游血吸虫病等流行病的发病率增加。

(8)移民影响。

由于水位上升使库区被淹没,需要进行移民。并且由于兴建水库导致库区的风景名胜和文物古迹被淹没,需要进行搬迁、复原等。

(9)对气候的影响。

库区蓄水后,水域面积扩大,水的蒸发量上升,因此会造成附近地区日夜温差缩小,改变库区的气候环境。

（10）外交上的影响。

在国际河流上兴建的水库，等于重新分配了水资源，间接地影响了水库所在国家与下游国家的关系。

（11）价值的损失。

淹没文物古迹或造成原有自然景观观赏价值的损失。

# 第二节　水体富营养化

## 一、富营养化的概念

富营养化是氮、磷等植物营养物质含量过多所引起的一种水质污染现象。1907 年 Weber 最初用"贫营养"与之对照来描述泥炭沼泽发展初期植物群落的营养条件，后来（1917 年），Nauman 将其引入到湖沼学作为湖泊分类与演化的概念，用 Eutrophe、Mestrophe 和 Okigotrophe 三个形容词来描述含有低、中或高浓度氮、磷和钙的淡水湖泊类型。Lindeman（1942）在其"The trophic – dynamic aspect of ecokogy"经典之作中，认为富营养化是湖泊发展过程中的自然过程。此后，Vokkenweider（1968）率先用磷和氮对湖泊的营养状态作定量依据提出一个分类系统。OECD（1982）扩大了营养状态划分的指标，将叶绿素和透明度也包括进来，并用每个变量的组平均值和标准差，发展了一种边界开放的系统。

目前，普遍认为湖泊、水库等缓流水体的富营养化在自然条件下也是存在的，不过这一进程是非常缓慢的。随着河流挟带冲积物和水生生物残骸在水库、湖泊不断沉降淤积，水体从贫营养过渡为富营养化，进而演变为沼泽和陆地，这是地理学意义上的富营养化。但是，通常所讲的富营养化是指在人为条件的影响下，大量营养盐输入湖泊水库，出现水体由生产能力低的贫营养状态向生产能力高的富营养状态转变的现象。水体一旦发生富营养化，大量营养盐输入湖泊水库等水体中，藻类吸收氮和磷迅速繁殖，同时由于藻类的生长周期较短，这些藻类及其他微生物死亡后的残体很快腐烂，又将其中的氮和磷释放回水体，被新生长的藻类循环利用。由于这种循环利用，要转富营养为贫营养则需要一个相当长的时间和过程，因此，即使停止一切污染源的进入，水环境中的许多与富营养有关的营养物质仍在水体中被循环利用。

水体富营养化的发生也是逐步进行的，第一阶段即水体营养盐浓度较低，藻类和其他浮游植物的生物量随着营养盐浓度的增加而相应增加的时期，称为响应阶段，这类湖泊水库称为响应型水体，表明富营养化处于发展阶段；第二阶段即营养盐浓度超过一定限度，浮游植物的生产量反而下降或者持平，称为非响应阶段，表明水体的富营养化过程已趋于极限。此时，营养盐浓度达到饱和，生物生产导致水体内部溶解氧浓度急剧减少，限制了生物生产过程。作为富营养化控制因子的氮、磷等，只有在富营养化的响应阶段才起作用。一般对湖泊水库而言，总磷在 0.02 mg/L 以上，无机氮在 0.3 mg/L 以上就可能导致富营养化。吉克斯塔（Gekstatter）提出了湖泊富营养化判断标准（见表 1-2），已被美国国家环境保护局采用。

表 1-2　湖泊富营养阶段判断标准

| 项目 | 贫营养 | 中营养 | 富营养 |
|---|---|---|---|
| 总磷(mg/L) | <0.01 | 0.01~0.02 | >0.020~0.025 |
| 叶绿素 $a$(mg/L) | <0.004 | 0.004~0.01 | >0.01 |
| 透明度(m) | >3.7 | 2.0~3.7 | <2.0 |
| 深水层溶解氧饱和度(%) | >80 | 10~30 | <10 |

日本坂本通过调查日本湖泊,得出表 1-3 所示的总磷和总氮的临界值。

表 1-3　不同富营养化程度下的总磷和总氮的临界值

| 富营养化程度 | 总磷(mg/L) | 总氮(mg/L) |
|---|---|---|
| 贫营养 | 0.002~0.020 | 0.02~0.2 |
| 中营养 | 0.010~0.030 | 0.1~0.7 |
| 富营养 | 0.010~0.090 | 0.5~1.3 |
| 流动水 | 0.002~0.230 | 0.05~1.1 |

水体从贫营养到富营养变化的过程中,水体中的浮游生物优势种群发生变化,并可指示水体的富营养程度。优势种群的变化如图 1-2 所示(王焕校)。

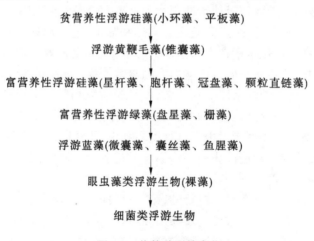

贫营养性浮游硅藻(小环藻、平板藻)

↓

浮游黄鞭毛藻(锥囊藻)

↓

富营养性浮游硅藻(星杆藻、胞杆藻、冠盘藻、颗粒直链藻)

↓

富营养性浮游绿藻(盘星藻、栅藻)

↓

浮游蓝藻(微囊藻、囊丝藻、鱼腥藻)

↓

眼虫藻类浮游生物(裸藻)

↓

细菌类浮游生物

图 1-2　优势种群的变化

20 世纪初以来,社会经济长足发展,人口急剧增长,大量生活污水、工业污废水未经处理排入湖泊、水库,大大增加了水体中氮、磷营养物质含量。同时,农业中大量化肥农药的施用,也加快了湖泊、水库等水体富营养化进程。富营养化不仅使水体丧失应有的功能,而且使水体生态环境向不利于人类的方向演变,最终影响人民生活和社会发展,因而富营养化问题受到了越来越多的国家的关注和重视。

据联合国环境规划署(UNEP)的一项调查表明,在全球范围内30%~40%的湖泊、水库存在不同程度的富营养化影响。世界上大部分大型湖泊、水库像贝尔加湖、苏必利湖、马拉维湖、大熊湖、大奴湖等影响较小,水质较好,而在气候干旱地区,水源以人工和半人工方式蓄积起来的水体,富营养现象十分严重。西班牙的800座水库中,至少有1/3的湖泊处于重富营养化状态,在南美、南非、墨西哥以及其他一些地方均有水体重富营养化的报道。加拿大湖泊众多,发生富营养化的水体主要集中在南部人口稠密的地区。美国环保总局在1972~1974年期间对全国大多数湖泊、水库进行了一次大规模的、全面的调查和监测。结果表明,在调查的574个湖泊和水库中,按营养状态分类有77.8%的水体属于富营养化,贫营养水体仅占4.5%,其他17.7%的为中营养水体。这次调查结果使美国政府对富营养化问题更加关心和重视。进入20世纪90年代以后,水质富营养化问题变得尤为严重,在欧洲统计的96个湖泊水库当中仅有19个处于贫营养状态,80%的水库已经处于富营养化状态,美国五大湖中伊利湖和安大略湖已经处于富营养化状态,形势十分严峻。亚洲湖泊比欧洲湖泊污染严重,仅日本的琵琶湖、台湾的日月潭和韩国的八堂湖污染较轻,其余湖泊特别是东南亚发展中国家的湖泊污染较重。亚洲大部分尤其是南部水体的氮磷浓度偏高,受当地适宜的气候条件影响,存在着富营养化的隐患。

## 二、中国湖库富营养现状

据《中国生态环境状况公报》,2017年全国112个重要湖泊(水库)中,Ⅰ类水质的湖泊(水库)6个,占5.4%,比上年降低1.7%;Ⅱ类27个,占24.1%,比上年降低0.9%;Ⅲ类37个,占33.0%,比上年降低0.9%;Ⅳ类22个,占19.6%,比上年降低0.9%;Ⅴ类8个,占7.1%,比上年增加1.7%;劣Ⅴ类12个,占10.7%,比上年增加3.7%。主要污染指标为总磷、化学需氧量和高锰酸盐指数。109个监测营养状态的湖泊(水库)中,贫营养的9个比上年减少1个,中营养的67个比上年减少7个,轻度富营养的29个比上年增加9个,中度富营养的4个比上年减少1个,见图1-3、图1-4。

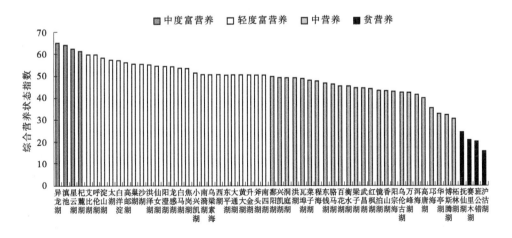

图1-3　2017年全国重要湖泊营养状态比较

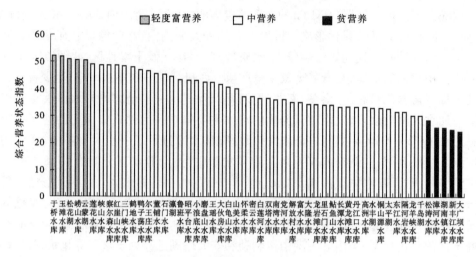

图 1-4　2017 年全国重要水库营养状态比较

综上所述,近年来世界各地湖泊水库的富营养化污染严重,并且有逐年加剧趋势,在人口密集、经济发达的地方表现尤为明显,水体富营养化已经成为全球关注的重大环境问题之一。

### 三、水体富营养化过程

20 世纪 60 年代以前,环境力学着重研究的是水域中非生命物质的扩散、输送和转化规律,70 年代以后,随着水体富营养化等生态问题的逐渐突出,其研究对象扩展到藻类、浮游动物、鱼类和底栖动物等水生生物,并给出了水环境与藻类生长有关的生态系统图,如图 1-5 所示。

研究水的富营养化通常考虑以下因子:浮游植物、消费者、腐败物、二氧化碳、无机氮、无机磷、有机碳、有机氮及有机磷等。浮游植物即藻类群体,消费者包括系统中食用藻类的微小甲壳类直到鱼类,腐败物由死亡藻类和死亡消费者组成。

对每一种组分都可建立质量守恒方程,其通用式为

$$\frac{\partial C}{\partial t} + u_i \frac{\partial C}{\partial x_i} = \frac{\partial}{\partial x_i} \Big[ (D_m + D_t) \frac{\partial C}{\partial x_i} \Big] + S \tag{1-1}$$

式中:$C$ 为物质浓度;$t$ 为时间;$u_i$ 为流速;$D_m$ 为分子扩散系数;$D_t$ 为紊动扩散系数;$S$ 为反映其他动力学过程的源汇项,对保守物质,$S = 0$,对非保守物质,$S$ 取决于该物质的具体情况,由专门研究确定。

当考虑组分为藻类时,式中 $C$ 为藻类浓度,可用水体中藻类含碳物质量表示,源汇项 S 包括藻类生长、内源呼吸与死亡、沉降等三部分。可用以下公式表示:

$$S = c(\mu - r - K_d) \tag{1-2}$$

式中:$\mu$ 为藻类的初级生长率;$r$ 为死亡与内源呼吸率;$K_d$ 为沉降率。

根据生长动力学研究成果,在静止水体中:

$$\mu = \mu_{max, T_0} \theta^{(T - T_0)} \frac{I}{K_I + I} \cdot \frac{C_p}{K_p + C_p} \cdot \frac{C_N}{K_N + C_N} \cdot \frac{C_C}{K_C + C_C} \tag{1-3}$$

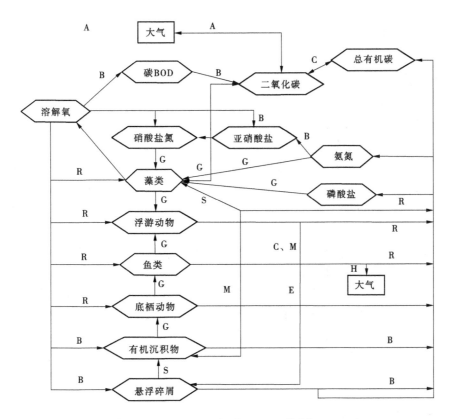

A—气体交换；G—生长；R—呼吸作用；B—生物分解；M—死亡；
S—沉淀；C—化学平衡；P—光合作用；H—捕捞；E—排泄

**图 1-5　水环境中食物链组分与水因子间的关系**

式中：$\mu_{\max,T_0}\theta^{(T-T_0)}$ 为水温为 $T_0$ 时藻类的最大初级生长率；$T$ 为水温；$\theta$ 为温度修正系数；$I$ 为光强；$C_P$ 为水体中磷的浓度；$C_N$ 为水体中氮的浓度；$C_C$ 为水体中二氧化碳的浓度。

$K_I$、$K_P$、$K_N$ 和 $K_C$ 分别为光强、磷、氮和二氧化碳的半饱和系数，如图 1-6 所示（图中 $K_n$ 表示 $K_I$、$K_P$、$K_N$）。

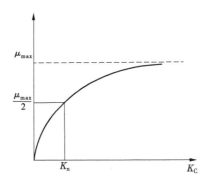

**图 1-6　藻类生长率**

## 四、富营养化效应

富营养化一词多用于环境科学即人为富营养化（artificiak eutrophication），通常是指大量氮、磷等营养物质排入江河、湖泊、水库、海湾等缓流水体，引起浮游藻类大量繁殖、溶解氧急剧下降、水生生物死亡、有机质含量增加、水质恶化，从而导致水体生态结构和功能发生变化。氮磷浓度的不断积聚，给水体在生态环境及生态结构等方面带来了众多负面效应。

### （一）浮游藻类过量繁殖

在缓流水体中，当氮磷等营养物质的排放量远远超出水体的自净能力时，必将导致营养物质在水体中大面积富集，一旦光照与温度适宜，浮游藻类就会利用这些营养物质大量繁殖，成团、成块漂浮在水体表面，使水体呈优势菌种的蓝绿色或赤红色，环境学科中将其称作"水华"或"赤潮"。

缓流水体中大量浮游藻类过量繁殖，不仅破坏了环境景观而且严重破坏了水生生态结构，尤其是一些有毒藻细胞腐烂破裂后会向水体中释放藻毒素，严重危及到了居民供水安全。有关蓝藻毒素中毒事件当今世界时有报道，1878年Francis首次报道了动物由于饮用含蓝藻的水而导致死亡的事件，1976年，宾夕法尼亚的Sewickley爆发了一次水源性消化道疾病，饮用水中的蓝藻被怀疑是致病原因。俞顺章等在原发性肝癌高发地区研究了藻毒素与人类肝肿瘤的关系，发现引用塘沟水人群肝癌发病率是饮用深井水人群的8倍，在这些塘沟里检出大量蓝藻，微囊藻毒素高达1 158 pg/mL。实验室中微囊藻毒素—LR已经被证明是肝脏肿瘤的促发剂，世界卫生组织还证明呼吸道吸入蓝藻干细胞或污染水体要比口腔直接摄入对人身体的危害更大。流行病学发现直肠癌及肝癌病例的增加与水体中微囊藻毒素的存在直接关系。美国学者在某些腹泻病人的粪便中发现蓝藻毒素，怀疑与饮用水箱中的水被蓝藻污染有关。近年来，关于饮用或皮肤接触藻类污染水体而导致的皮肤反应、结膜炎、鼻咽、呕吐、腹泻及肠胃炎等事件也屡次发生，几乎所有的报道中蓝藻都被认为是致病原因。

### （二）水体处于缺氧状态

藻类和大型水生植物的过量繁殖，其副产品则是更多的有机质。当有机物在水中或沉积物中分解时消耗水体中大量氧，使水体中溶解氧入不敷出，进而水体逐渐进入缺氧状态。这一环境与鱼类和无脊椎动物的生存条件是不相符的，严重时，会导致大量动植物死亡，缺氧状态进一步恶化。

### （三）水生生物物种发生改变

水面上厚厚的浮游藻类阻挡了阳光的直接射入，使光线不能照射到沉水植物，导致部分沉水植物数量减少，甚至被淘汰，并常产生大量能适应缺氧条件并且释放出沼气和硫化氢气体的有机杂质，改变了浮游动物和鱼类饲料的主要成分，使与水生植物相关的水生动物发生相应改变。

### （四）与水相关的疾病的病发率增加

在某种情况下，一旦水体遭受污染，就会在空间与时间上加快某些疾病的传播速度。由于多数水库、湖泊的富营养化是由于未经处理或处理不达标的生活污水与工业废水的排入引起的，一旦这些污、废水中携有某种由水传播的传染病，因此疾病就会蔓延。

## 五、氮循环

### (一)水体中氮的形态

水体中氮的形态一般可以分为 5 种,即分子氮、氨、亚硝酸盐、硝酸盐及有机氮化物。有机氮化物包括蛋白质、氨基酸、尿素、甲胺类等物质及其分解产物。氮气是一种惰性气体,在水中的溶解度极小,并与温度和压力有关。河流湖泊中的氮主要是通过其支流、地下水、水面上的降水以及河湖内的固氮作用等途径进入。

### (二)氮的循环过程

水体中氮的循环过程是一个极为复杂的过程,可把水体中各种氮的化合物的相互转化关系用氮循环圈表示出来,如图1-7所示。分子氮浓缩过程中的生物化学变化包括固氮、同化以及脱氮过程。无论是新固定的还是以硝酸盐或氨形式同化的氮,在生物体内都是组成蛋白质和化合物的重要物质。当生物的排泄物和尸体腐败时,又会释放出包括氮化物在内的各种化合物。大多数异养菌参加这种有机化合物的氨化过程。当水体满足有氧存在的条件时,氨化过程生成相当部分的氨在细菌硝化作用下首先被氧化成亚硝酸盐,然后进一步被氧化成硝酸盐,如果是在酸性水体中,氨和亚硝酸之间产生纯化反应,释放出分子氮,这种过程可能在酸性土壤及植物细胞内进行。

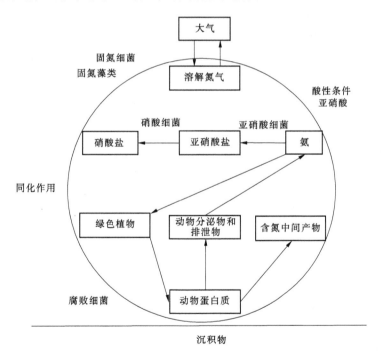

图1-7　天然水体中氮循环

氨氧化成硝酸盐的硝化过程中,释放的能量是硝化细菌可以利用的能源。氨、亚硝酸盐和硝酸盐是绿色植物氮源,生物摄取硝酸盐部分阻止了环境中硝酸盐的积累。此外,绝大多数细菌可以利用硝酸盐或者亚硝酸盐取代氧作为氢的受体。因此,如果有足够的有机物,还原作用在去除生物圈中的硝酸盐方面同样起着重要作用。这种还原过程可能因产生亚硝酸盐而停止并伴随产生羟胺,或者可以进行到生成分子氮。

### 六、磷循环

磷是生物有机体不可缺少的重要元素。首先,磷参与了光合作用过程,没有磷就不可能形成糖;其次,磷是生物体内能量转化不可缺少的元素,高能磷酸键是细胞内生化作用的主要燃料,如果光合作用产生的糖不随后进行磷酸化,光合作用中碳的固定将是无效的;最后,磷也是生物体遗传物质脱氧核糖核酸(DNA)的重要组成成分。没有磷就没有生命,也不会在生态系统中能量累积和流动。

磷通常以正磷酸盐的形式存在于水环境中。由于岩石的自然风化、磷酸盐矿的溶解、土壤的淋溶和迁移以及生物转化等过程,使磷酸盐进入天然水体。此外,人类活动如施肥、水处理、合成洗涤剂的使用以及其他工业活动,都可使天然水的磷酸盐含量增加。

磷的循环是一种典型的沉积型循环,由于磷溶于水但不挥发,所以它不能随水的蒸发被携带入空气,故主要贮存在岩石圈和水圈。

磷循环的途径是从岩石圈开始的。磷酸盐岩石被风化和侵蚀后,将磷释放出成为可溶性的无机磷酸盐,并随水流从岩石圈转移至土壤圈和水圈被植物吸收利用。植物吸收可溶性磷酸盐后,经过一系列的生化反应过程转化成有机磷酸盐,进入食物链循环。动物也可直接摄取无机磷酸盐。动、植物残体和动物的排泄物经微生物分解转化为可溶性磷酸盐,可再度被植物利用。

陆地生态系统中的一部分磷可随水流进入江河、湖泊和海洋,进入水生生态系统的磷循环。

在海洋和淡水生态系统中,浮游植物吸收无机磷的速度很快。浮游植物又被浮游动物或食碎屑生物所食。浮游动物在代谢中所排出的磷,有一半以上呈可溶解的无机磷形态,浮游植物可直接利用。浮游动物代谢迅速,每天排出的磷几乎与贮存在生物体中的磷一样多,因此,磷在水生生态系统中的周转速度较快。同时,水生生态系统中的有机磷(动植物尸体和排泄的粪尿)可被微生物利用和分解,再次成为水体中的无机磷酸盐,又被动植物所利用,见图1-8。

### 七、营养物再循环途径

生态系统中营养物的再循环或再生(regeneration),是指系统中可供自养生物重新利用的营养物的生成,或者说营养物从生物返回环境的过程。按照传统观念,细菌和真菌是死亡有机质(碎屑)的分解者,因此生态系统中营养物的再生,主要是通过碎屑的微生物分解(如图1-9中直接再循环途径Ⅱ)实现的。在草地、温带森林等以碎屑食物链为主体的生态系统中这是一条重要的途径。

但是,在水体的营养物再生中,浮游动物(特别是微型的浮游动物)排泄对水域中的氮、磷再生起主导作用。在浮游生物占优势和捕食食物链为主体的生态系统中,直接从浮游动物生存期间的排泄中返回的营养物,比其死后经微生物分解所释放的要多很多。并且浮游动物的排泄物中含有许多可溶性的无机氮和有机氮、磷化合物,这些营养物能直接被浮游植物利用。

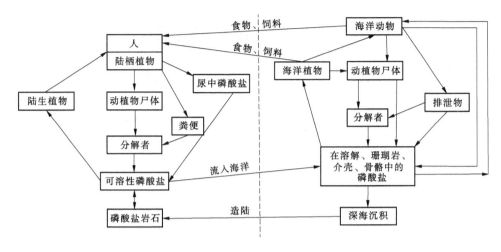

**图 1-8　生物圈磷循环**

营养物再循环的第三条途径是,植物根系共生的真菌和其他微生物直接从植物的枯枝落叶中吸取营养物,然后将这些营养物传输给活植物体,由于碎屑的微生物分解有多种生物参与,且包含复杂的交换与反馈网络,以致对直接再循环途径Ⅲ的过程还不是很了解。

生态系统中的动植物尸体和粪便颗粒,在微生物的侵袭之前也会释放营养物。这种不经过微生物的分解而释放营养物的自体溶解现象称之为"自溶"(autolysis),是生态系统中营养物再循环的第四条主要途径。据报道,在水域或潮湿的环境中,尤其是在动植物尸体和粪便颗粒都很小的地方,通过自溶途径所释放出的营养物可达25% ~75%。

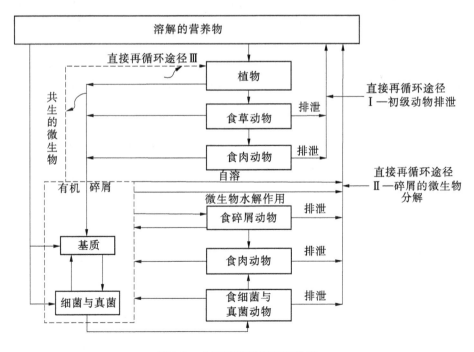

**图 1-9　主要营养物再循环途径**

# 第三节　水体氮磷来源

香山科学会议学术讨论会上认为湖泊富营养化是一个自然演变过程,但是人类社会活动加快了这种演变。富营养化发生后,首先导致水底有机物消耗速度超过生长速度,使其处于腐化污染状态,并逐渐向上层扩展,严重时可使一部分水体区域变为完全腐化区。随之,由富营养化而引起有机体大量生长的结果,又走向其反面,藻类、植物及水生物、鱼类趋于衰亡直至绝迹。

在适宜的光照、温度、pH 值和具备充分营养物质的条件下,天然水体中藻类进行光合作用,合成本身的原生质,其基本反应式可以写为:

$$106CO_2 + 16NO_3^- + HPO_4^{2-} + 122H_2O + 18H^+ + 能量 + 微量元素$$

$$\longrightarrow C_{106}H_{263}O_{110}N_{16}P + 138O_2$$

在反应式中可以看出,在藻类繁殖所需的各种成分中,成为限制性因素的是氮磷,水体中氮磷的含量高低与水体富营养化密切相关。水体中氮磷的主要来源可以从外源污染和内源污染分别叙述。

## 一、外源污染

外源污染主要是指外部排入水体的污染源,按照排放方式可以分为点源污染和面源污染两类。点源污染主要是指工业生产过程中产生的废水和城市生活污水,通常以集中排放的方式排入水体。面源污染是相对点源污染而言的,指降雨产生的径流携带地表污染物,包括土壤冲刷物、地表沉积物、农田养分肥料和化学物质以及人类活动产生的废弃物等,通过径流将其挟带入水体,形成污染负荷。

### (一)城市污水

城市污水通常是各种污废水的混合物,不仅包括来自厕所、厨房、浴室、洗衣房等生活污水,同时也包括工业废水和初期雨水,城市污水的性质受人们生活水准和生活习惯、地域和气候条件等因素影响。城市污水以有机污染物为主,是湖泊中氮磷的主要来源之一。

城市污水中含氮化合物有四种形态:有机氮、氨氮、亚硝酸盐氮、硝酸盐氮,这四种形态氮化合物的总量称为总氮。有机氮在自然界很不稳定,在微生物的作用下容易分解为其他三种含氮化合物。在无氧条件下分解为氨氮,在有氧条件下,先分解为氨氮,继而分解为亚硝酸盐氮和硝酸盐氮。含氮化合物在水体中的氧化分为两个阶段:第一阶段为含氮有机物如蛋白质、多肽、氨基酸和尿素转化为无机氨,称为氨化过程;第二阶段是氨氮转化为亚硝酸盐和硝酸盐,称为硝化过程。两个阶段转化反应都在微生物作用下完成。以蛋白质为例:

蛋白质是由多种氨基酸分子组成的复杂有机物,含有羟基和氨基,并由肽键(R–CONH–R′)连接。蛋白质的降解首先是在细菌分泌的水解酶的催化作用下,水解断开肽键,脱除羟基和氨基形成 $NH_3$,完成氨化过程。

氨($NH_3$)在亚硝化菌的作用下,被氧化为亚硝酸:

$$2NH_3 + 3O_2 \rightarrow 2HNO_2 + 2H_2O + 619.6 \times 10^3 J$$

接着在硝化菌的作用下,亚硝酸氧化为硝酸:

$$2HNO_2 + O_2 \rightarrow 2HNO_3 + 200.97 \times 10^3 J$$

如果水体缺氧,则硝化反应不能进行,而在反硝化菌的作用下,产生反硝化反应:

$$2HNO_3 \xrightarrow[-2H_2O]{+4H} 2HNO_2 \xrightarrow[-2H_2O]{+4H} (NOH)_2 \xrightarrow[-H_2O]{} N_2O \xrightarrow[-H_2O]{+2H} N_2 \uparrow$$

有机氮在水体中的转化过程一般持续若干天。因此,水体中各种形态氮随时间 $t$ 的变化如图 1-10 所示。

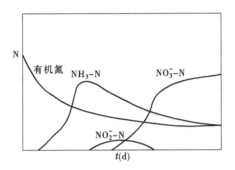

图 1-10 水体中不同形态氮随时间变化

在缺氧条件下,硝酸盐可还原成亚硝酸盐,亚硝酸盐与仲胺 $R_2 = NH$ 作用会形成亚硝胺,反应如下:

$$NO_3 \rightarrow NO_2 (在缺氧条件下)$$

$$NO_2^- + R_2 = NH \rightarrow R_2 = N - NO$$

$$NO_2 + (CH_3)_2NH \rightarrow (CH_3)_2N - N = O$$

$$(二甲胺) \qquad (二甲亚硝胺)$$

亚硝胺是"三致"(致突变、致癌、致畸性)物质。

城市污水中含磷化合物可分为有机磷和无机磷两类。有机磷主要以葡萄糖 - 6 - 磷酸,2 - 磷酸 - 甘油酸及磷肌酸等形态存在。无机磷以磷酸盐的形态存在,包括正磷酸盐($PO_4^{3-}$)、偏磷酸盐($H_2PO_4^-$)、磷酸二氢盐($H_2PO_4^-$)等。污水中的总磷(TP)指正磷酸盐、焦磷酸盐、偏磷酸盐、聚合磷酸盐和有机磷酸盐的总含量。

水体中的可溶性磷很容易与水中的 $Ca^{2+}$、$Fe^{3+}$、$Al^{3+}$ 等离子生成难溶性沉淀物沉积于水体底部成为底泥。

**(二)工业废水**

工矿企业生产过程的每个环节都可能产生废水,工业废水的特点是量大、种类繁多、成分复杂、毒性强、净化处理困难。一般来讲,钢铁、焦化和炼油厂排出的废水中含有酚类化合物与氰化物;化工、化纤、化肥、农药、造纸等工厂排出的废水中包含砷、汞、铬、农药、氨氮、磷酸盐、有机磷等有害物质。

对于这些易于收集的工业废水可以采用集中处理、分散处理或二者结合的方式采用物理化学或生物的放大进行处理。我国制定了《污水综合排放标准》《工业"三废"排放试行标准》等法规,可采用法律的手段控制,第二类污染物最高允许排水浓度见表1-4。

### 表1-4 第二类污染物最高允许排水浓度

| 序号 | 污染物 | 适用范围 | 一级标准 | 二级标准 | 三级标准 |
|---|---|---|---|---|---|
| 1 | pH 值 | 一切排污单位 | 6~9 | 6~9 | 6~9 |
| 2 | 色度（稀释倍数） | 染料工业 | 50 | 180 | — |
| | | 其他排污单位 | 50 | 80 | — |
| 3 | 悬浮物（SS） | 采矿、选矿、选煤工业 | 100 | 300 | — |
| | | 脉金选矿 | 100 | 500 | — |
| | | 边远地区砂金选矿 | 100 | 800 | — |
| | | 城镇二级污水处理厂 | 20 | 30 | — |
| | | 其他排污单位 | 70 | 200 | 400 |
| 4 | 五日生化需氧量（BOD$_5$） | 甘蔗制糖、苎麻脱胶、湿法纤维板工业 | 30 | 100 | 600 |
| | | 甜菜制糖、酒精、味精、皮革、化纤浆粕工业 | 30 | 150 | 600 |
| | | 城镇二级污水处理厂 | 20 | 30 | — |
| | | 其他排污单位 | 30 | 60 | 300 |
| 5 | 化学需氧量（COD） | 甜菜制糖、焦化、合成脂肪酸、湿法纤维板、染料、洗毛、有机磷农药工业 | 100 | 200 | 1 000 |
| | | 味精、酒精、医药原料药、生物制药、苎麻脱胶、皮革、化纤浆粕工业 | 100 | 300 | 1 000 |
| | | 石油化工工业（包括石油炼制） | 100 | 150 | 500 |
| | | 城镇二级污水处理厂 | 60 | 120 | — |
| | | 其他排污单位 | 100 | 150 | 500 |
| 6 | 石油类 | 一切排污单位 | 10 | 10 | 30 |
| 7 | 动植物油 | 一切排污单位 | 20 | 20 | 100 |
| 8 | 挥发酚 | 一切排污单位 | 0.5 | 0.5 | 2.0 |
| 9 | 总氰化合物 | 电影洗片（铁氰化合物） | 0.5 | 5.0 | 5.0 |
| | | 其他排污单位 | 0.5 | 0.5 | 1.0 |
| 10 | 硫化物 | 一切排污单位 | 1.0 | 1.0 | 2.0 |
| 11 | 氨氮 | 医药原料药、染料、石油化工工业 | 15 | 50 | — |
| | | 其他排污单位 | 15 | 25 | — |
| 12 | 氟化物 | 黄磷工业 | 10 | 20 | 20 |
| | | 低氟地区（水体含氟量 <0.5 mg/L） | 10 | 20 | 30 |
| | | 其他排污单位 | 10 | 10 | 20 |

续表1-4

| 序号 | 污染物 | 适用范围 | 一级标准 | 二级标准 | 三级标准 |
|---|---|---|---|---|---|
| 13 | 磷酸盐(以 P 计) | 一切排污单位 | 0.5 | 1.0 | — |
| 14 | 甲醛 | 一切排污单位 | 1.0 | 2.0 | 5.0 |
| 15 | 苯胺类 | 一切排污单位 | 1.0 | 2.0 | 5.0 |
| 16 | 硝苯基类 | 一切排污单位 | 2.0 | 3.0 | 5.0 |
| 17 | 阴离子表面活性剂(LAS) | 合成洗涤剂工业 | 5.0 | 15 | 20 |
| | | 其他排污单位 | 5.0 | 10 | 20 |
| 18 | 总铜 | 一切排污单位 | 0.5 | 1.0 | 2.0 |
| 19 | 总锌 | 一切排污单位 | 2.0 | 5.0 | 5.0 |
| 20 | 总锰 | 合成脂肪酸工业 | 2.0 | 5.0 | 5.0 |
| | | 其他排污单位 | 2.0 | 2.0 | 5.0 |
| 21 | 彩色显影剂 | 电影洗片 | 2.0 | 3.0 | 5.0 |
| 22 | 显影剂及氧化物总量 | 电影洗片 | 3.0 | 6.0 | 6.0 |
| 23 | 元素磷 | 一切排污单位 | 0.1 | 0.3 | 0.3 |
| 24 | 有机磷农药(以 P 计) | 一切排污单位 | 不得检出 | 0.5 | 0.5 |
| 25 | 粪大肠菌群数 | 医院*、兽医院及医疗机构含病原体污水 | 500 个/L | 1 000 个/L | 5 000 个/L |
| | | 传染病、结核病医院污水 | 100 个/L | 500 | 1 000 个/L |
| 26 | 总余氯(采用氯化物消毒的医院污水) | 医院*、兽医院及医疗机构含病原体污水 | <0.5** | >3(接触时间≥1 h) | >2(接触时间≥1 h) |
| | | 传染病、结核病医院污水 | <0.5** | >6.5(接触时间≥1.5 h) | >5(接触时间≥1.5 h) |

注:* 指 50 个床位以上的医院;** 加氯消毒后进行脱氯处理,达到本标准。

### (三)面源污染

按照美国联邦水污染控制法(1972 年)的解释:面源是一种分散的污染源,污染物来自大范围或大面积,向环境排放是一个间歇性的分散过程。

1. 面源污染负荷类型

面源污染物往往分散在面上,以一种与点源污染完全不同的方式影响水体环境质量,按其来源大致可以分为:

(1)自然负荷。来自自然界的大气、土壤负荷,这部分成为背景负荷或自然负荷。

(2)大气负荷。主要指大气中的悬浮物和降落物,这些物质是由于人为作用而造成的大气污染物,如烟尘、扬尘等。

（3）降水负荷。与大气负荷密切相关,但不是自然降落,降水过程是一个淋洗、冲刷大气层的过程,因此大气污染物溶解在雨水中并随之进入地表水体。

（4）土壤负荷。土壤层受降雨冲刷,导致土壤颗粒物溶出有机、无机污染物和重金属污染物,随雨水径流进入地表水体。

（5）农业负荷。因降雨冲刷流失入河的化肥养分和化学物质、污灌区农田污染物、畜牧业废弃物等都包括在农业污染负荷中。

（6）城镇负荷。堆积在空地、路面、房顶及排石系统中的工业、交通和居民生活生产的各类废弃物、地表散落物、路面尘土、生活垃圾、施工建筑物等,通过降水冲刷进入地表水体。

2. 面源污染特征

面源污染的许多制约因素都属于不可控因素,例如气象条件、地质条件等。相比较点源污染,面源污染主要特征表现为:

（1）三个不确定性,面源污染通常是在不确定的时间内,通过不确定的排放途径,向水体排放不确定的污染物质,这三个不确定性主要受到自然条件的突发性、排放污染物的偶然性和排放强度的随机性等因素制约。

（2）与人类活动强度、土地利用程度直接相关,没有固定的污染源,不易管理,难于控制。

（3）污染负荷定量计算比较复杂。

（4）面源污染的监测不仅仅包括地表水,还包括地下水、土壤和降水等。

（5）面源污染量大面广,采用点源污染的治理手段很难奏效。

1985年,美国通过大规模的面源污染调查发现,大约12%的河流和24%的湖泊水源正受到面源污染的威胁,进入江河的泥沙一半来自农田,进入水体80%的总氮负荷和50%的总磷负荷均来自面源污染,98%以上的大肠杆菌也来自面源污染。美国收集的五大湖水体严重富营养化的资料表明,来自农业径流面源的硝酸盐和磷酸盐数量最大。日本是一个以水田耕作为主的国家,每逢插秧季节,河水中的氮浓度普遍上升。从20世纪80年代末开始,上海也相应地开展了一系列面源污染调查研究,结果表明,上海郊区河流面源污染负荷对水体环境的贡献量已相当于工业点源污染水平,面源污染的总氮负荷约占全市氮肥使用量的19.8%,郊区畜禽养殖业粪尿产生量的30%直接或者间接流失到水体环境中,黄浦江水系在暴雨日接纳的面源污染负荷相当于无雨日的7~16倍。

二、内源污染

所谓内源污染是指水体中各种溶解性污染物与水体中泥沙颗粒物质通过离子交换、吸附、沉淀、化合等物理化学反应以及生物化学反应将污染物从水中转移至底泥中成为水体新的污染源。当上层水环境发生变化时,沉积物中污染物质向水体释放造成水环境的污染。底泥中污染物的释放过程与水环境状况以及底泥的特性等密切相关。美国国家环保局(USEPA)在1998年9月的《污染沉积物战略总报告》中指出"在全美国的许多水域,污染沉积物都造成了生态和人体健康的危机,沉积物已成为污染物的储存库"。美国

EPA 在 1998 年的调查报告中指出,美国已发生的 2 100 起声称鱼类消费中毒事件,多次证实污染来自底泥。在我国也已经发现并证实了水体底泥具有生物毒性,如乐安江在 20 ~ 195 km 段沉积物均显示出毒性。

Bootsma 等报道在湖泊治理起初的 4 年中,即使减少外源污染负荷富营养化湖泊改善水质的进程仍旧非常缓慢,这可能与底泥磷的释放有关。底泥作为营养盐的接收器,一旦外源负荷减少时底泥就作为新的污染源向上覆水释放污染物。底泥污染初期水体中各种各样的污染物都可能通过离子交换、吸附和沉淀等物理、化学过程被沉积物吸附聚集在河流湖泊的底部。一旦上覆水环境发生变化,这些长期累积而成的沉积物就会转变为新的污染源向水体释放氮磷污染物,加速水体的富营养化。在静态水体中底泥一方面充当了"污染汇"的角色,接纳了大量的污染物,减轻水体的污染负荷,缓解了水体的富营养化进程,例如磷元素可以通过生化以及物理反应(离子交换、吸附、沉淀)从水柱中转移到沉积物中。但是当环境发生改变时,底泥又作为新的"污染源"向水体中释放污染物。Carpenter、Capone 认为,底泥中氮释放可以使上覆水中氮浓度长时间维持在富营养化水平。Jensen 和 Andersen 认为富营养化湖库中底泥可以暂时吸附大量磷污染物,然后将其释放,这可能会使水体中磷浓度减少趋势延迟,底泥中污染物释放是水体污染的潜在的磷源。Ramm 和 Scheps 认为即使减少了外源污染负荷,沉积物仍旧可以作为内部污染源维持水体污染现状。研究表明,底泥磷污染物的释放很大程度上影响了水体富营养化的进程。Nuernberg 和 Peter 1984 年调查的 23 个分层湖中厌氧均温层释放的内源磷占输入磷的 29%,有的甚至高达 90%。韩国 Han river 某点底泥中磷含量为 490 ~ 1 860 mg/kg,磷的释放速率为每周 60 ~ 100 mg/m$^2$。经调查,杭州西湖每年沉积物中磷的释放量可达 1.3 t 左右,相当于每年入湖污染负荷的 41.5%;安徽巢湖的磷释放量高达 220.38 t,占全年入湖磷负荷的 21%;玄武湖的磷释放量占全年排入量的 21.5%;云南滇池中 80% 的氮和 90% 的磷分布在底泥中。高或者低的 pH 值和温度等环境会导致底泥中磷的释放,另外磷的释放与金属的释放也有部分关联。Carpenter、Capone 和 Pomeroy 等人曾报道,底泥中氮释放可以使上覆水中氮浓度长时间维持在富营养化水平。底泥中氮会通过底泥间隙水中溶解性氮的释放和底泥中颗粒物质的扰动而进入水体。因此,W F Hu 认为通过降低总氮、总磷浓度来进一步改善水质的方法,只有在内源污染负荷相当小的前提下才能见效。底泥污染物质的释放在水体内部形成了污染物的内部固液循环,不仅延长了水体受污染的持续时间,而且有毒、有害物质的释放已经严重影响到了供水安全,危及到人类健康。随着外源污染不断得到控制,研究内源污染的释放规律、释放量及合理的控制技术就成了治理湖库富营养化的焦点。可见底泥中污染物质的释放是一个不容忽视的污染源。

# 第四节　水库富营养化防治技术

湖泊富营养化防治不仅仅是一个技术问题,在某种程度上更重要的是社会的经济问题。不同发展水平的国家和地区有着不同的社会经济条件,因而有着对各个用水目的之间的不同权衡。多年来,国内外的许多科学家和学者曾在这方面进行了大量的探索与研究,提出了很多具有实用价值的防治技术,主要可以归纳为以下几方面。

## 一、营养盐控制

### (一)外源性营养盐的控制

外界污染物质的输入是大多数湖泊水库受损的主要原因。从长远角度看,从根本上控制水体污染,首先应该减少或拦截外源污染物的输入。控制外源污染源主要是利用管理、工程、技术手段限制污染物质进入湖泊水库,避免湖泊水库的受损程度加深,防止新的污染发生,这一传统手段是基于限制因子原理。

对于具有明确的、相对固定的物质来源的点源污染,一般通过"末端处理技术"和执行严格的排放标准来进行控制。如我国在"三湖"治理时,采用污染物总量控制和限期达标排放的对策,使得"三湖"周围日废水排放量超过100 t的1 300家重点企业基本达标排放,无法达到要求的企业限期关闭。

对于源头众多、污染产生和迁移空间差异显著、随机性大的面源污染,很难采用点源污染控制的集中处理方式,在设计过程中多综合采用污染控制工程、水质净化工程和生态修复工程。湖泊水库面源污染控制技术可分为工程技术和管理技术两类(如表1-5所示)。

表1-5　面源污染控制技术

| 分类 | 措施 | 简介 |
|---|---|---|
| 工程技术 | 工程修复,拦沙坝等技术结合草林复合系统,覆盖植被等 | 主要针对山地水土流失区和侵蚀区,通过土石工程结合生物工程方法,控制水土流失和土壤侵蚀,恢复良好的生态系统 |
| | 前置库和沉砂池工程技术 | 主要应用于台地及一些入湖支流自然汇水区,利用泥沙沉降特征和生物净化作用,使径流在前置库塘中增加滞留时间,一方面使泥沙和颗粒态污染物沉降,另一方面生物对污染物也有一定的吸附作用 |
| | 拦沙植物带技术和绿化技术 | 拦沙植物带技术利用生物拦截、吸附净化作用可使泥沙、N、P等污染物滞留、沉降;绿化技术可广泛应用于堤岸保护、坡地农田防护等 |
| | 人工湿地与氧化塘技术 | 主要应用于污染农业区,特别适用于处理农田废水和村落废水的混合废水 |
| | 生物净化及少废农田工程技术 | 主要适用于土地利用强度大,施肥量大的湖流农田区 |
| | 农田径流污染控制和农业生态工程技术 | 通过生态农业工程,将农业污染物输入生态循环之中,从而减少污染物的排放,达到径流污染控制目的 |
| | 村落废水处理,农村垃圾与固体废物处理技术 | 适用于农村自然村落垃圾处理,地表径流污染物流失的治理 |
| | 截砂工程、截洪沟、土石工程、沟头防护、谷坊工程等技术 | 应用于强侵蚀区污染控制和生态恢复 |

续表 1-5

| 分类 | 措施 | 简介 |
|---|---|---|
| 管理技术 | 退耕还林还草 | 在坡地与治理水土流失,如果坡度大于25度,应退耕还林还草,此外湖滨区裸露也应采取相同措施 |
| | 休耕与轮作 | 通过农田耕作管理,以减少农田污染径流的产生 |
| | 施肥管理 | 通过建设优化配肥系统,加强对施肥方式的管理,避免盲目过量施肥 |
| | 农业面源监测与监管 | 根据农田土壤环境定位监测系统加强对农田径流水量、水质、生态系统等环境因素的监测,以研究土壤肥力、污染负荷的动态变化,并及时提出应对措施,提高土壤肥力,减轻污染负荷 |
| | 土地科学利用 | 根据流域土地利用现状及各类用地的蓄水情况,搞好水土平衡,以水定地,控制农用地的发展;农业用地发展应纳入流域统一规划,因地制宜,合理配置 |
| | 湖滨封闭式管理 | 天然湖滨带可被认为是湖泊水库的保护带,它的保护首先应遵守生态学准则,禁止沿湖围垦,对已经存在的湖区耕地,必要时应退耕,恢复原有的生态系统 |
| | 环境管理政策及措施 | 主要指加强环境立法,建立专职机构,使农业面源的污染控制迅速走上科学管理 |

**(二)内源性营养盐的控制**

对于污染严重的湖泊和水库,当外源污染得到控制以后,沉积物中长期积累的营养物质加速排放,成为威胁水环境的潜在污染源。1975~1978年,芬兰Vesijarvi湖在削减外源污染(磷负荷消减93%)湖水中磷由0.15 mg/L降到0.05 mg/L之后,蓝藻水华依然肆虐了多年。荷兰的OLosdreCht湖群自1984年后,磷的输入降到历史最低水平,但其富营养化程度却未见缓解。美国Moses湖1977年起每年4~9月引入低营养盐的水冲刷,每年冲刷183天,全湖的平均冲刷为0.46%,加之兼用截污、覆盖底部沉积物等措施,湖水确有明显改善,但与引水前相比,藻类组成却没有变化,这就为在适宜条件下藻类再次暴发埋下了隐患,导致了1985年水华暴发。南京玄武湖是一个严重的富营养化小型湖泊,从1990年开始截污,但水质未有明显改善,死鱼事故时有发生,富营养化藻类生物量和种类组成亦未见明显变化,1991~1997湖水叶绿素a年均值仍呈上升趋势。

对于内源性营养盐的控制主要采用沉积物疏浚、沉积物表面覆盖、曝气氧化、化学钝化等控制方法。

**1.沉积物疏浚**

沉积物环境疏浚被认为是降低湖泊水库污染负荷最有效的措施。以污染湖泊水库内源污染控制和生态恢复为目的的沉积物环境疏浚,与普通的工程疏浚有很大不同。环境疏浚旨在清除湖泊水库水体中的污染底泥,并为水生生态系统的恢复创造条件,同时需要与湖泊水库综合整治方案相协调;工程疏浚则主要是为某种工程的需要(如疏通航道、增容等)而进行。底泥环境疏浚处理工艺流程见图1-11。

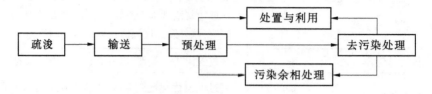

图 1-11  底泥环境疏浚处理工艺流程

湖泊水库沉积物疏浚可有效降低湖泊水库的污染负荷。沉积物中重金属、持久性有毒有害、有机污染物等难降解污染物也能通过疏浚方法去除。但是,沉积物疏浚操作不当,可能引起一些环境问题,如沉积物疏浚过程中的扰动,使得底泥的扩散和颗粒物再悬浮造成短时期内水体中污染物浓度升高,形成二次污染。另外,疏浚工程可能对湖泊水库底栖生态环境造成影响。研究发现,由于疏浚方式和技术问题,疏浚后新生表层界面暴露,可能出现污染内源恢复现象。而且,底泥疏浚是一个高投入的方法,不论是挖掘、运输,还是污泥最终处置,都要消耗大量的人力和物力。因此,这一措施一般只用于利用价值较高的水体。环境疏浚与工程疏浚的区别见表1-6。

表1-6  环境疏浚与工程疏浚的区别

| 项目 | 环境疏浚 | 工程疏浚 |
|---|---|---|
| 生态要求 | 为水生植物恢复创造条件 | 无 |
| 工程目标 | 清除存在于底泥中的污染物 | 增加水体容积、维持航行深度 |
| 边界要求 | 按污染土层分布确定 | 底面平坦、断面规则 |
| 疏挖泥层厚度 | 较薄,一般小于1 m | 较厚,一般几米至几十米 |
| 对颗粒物扩散限制 | 尽量避免扩散及颗粒物再悬浮 | 不做限制 |
| 施工精度 | 5~10 cm | 20~50 cm |
| 设备选型 | 标准设备改造或专用设备 | 标准设备 |
| 工程监控 | 专项分析严格监控 | 一般控制 |
| 底泥处置 | 泥水根据污染性质特殊处理 | 泥水分离后一般堆置 |

2. 沉积物原位处理技术

原位处理技术是在不疏挖沉积物的情况下,通过物理、化学和生物的方法处理污染沉积物,降低沉积物中污染物的迁移活性,以控制沉积物内源污染。原位技术与疏浚等异位沉积物处理相比,具有方法简单、工程成本低的优点。按照处理原理,湖泊水库污染沉积物原位处理技术包括原位物理技术、原位化学技术、原位生物技术和原位沉积物钝化技术。

(1)原位物理技术包括原位覆盖技术和原位封闭技术。

①沉积物原位覆盖技术。是指在污染沉积物表面覆盖一层物质,如沙子、卵石和黏土等,依次隔离污染沉积物和水体,将污染物封闭在沉积物中,达到控制沉积污染内源的目

的。原位覆盖技术最初在美国(1975年)得到运用,随后加拿大、日本、挪威等国也开展了工程实践。原位覆盖技术可以与疏浚结合,在疏浚后的新界面上形成一个阻隔层,有效地控制污染释放。但是由于覆盖层对沉积物的积压,可能导致沉积物和孔隙水位移,影响覆盖层的完整。原位覆盖技术在湖底坡度大以及水动力扰动大的湖区受限制较大。

②原位封闭技术。是指对严重污染沉积物采取的强化处理方式,即采用物理措施将污染沉积物完全与水体隔离。隔离手段包括隔离膜、围堰、土石堤坝。目前最大的施工实例是水俣湾,由于沉积物受到严重汞污染,建立58 hm²面积围隔,同时容纳其他湖区$1.5 \times 10^6$ m³污染沉积物,沉积物用火山灰、沙覆盖。

(2)原位化学处理技术。同过添加化学试剂使沉积物发生化学反应,限制沉积污染物的释放。美国EPA(1990年)采用此法通过投加硫酸铝,在沉积物表层形成缓冲层,使沉积物中的磷酸盐迁移至表层时,与之反应形成硫酸铝化合物沉淀,来控制湖泊水库水体富营养化。原位化学法还可以通过加入硝酸钙、氯化铁和石灰达到控制沉积磷释放的目的。

(3)原位生物处理技术。通过植物直接吸收、根系微生物降解等作用,使沉积物中污染物分解和转化。原位生物处理可以对填埋的疏浚沉积物堆场进行处理,也可以运用于湖泊水库沉积物的固定和污染物处理。研究表明,水生植物根茎能控制底泥中营养物质的释放,而在生长后期又能方便地去除、带走部分营养物。

(4)原位沉积物钝化技术。即通过改变沉积物的物理化学性质,降低沉积物中污染物向周围环境释放的可能。沉积物中的污染物一般是通过淋滤作用向水体或地下水迁移,可向沉积物中添加“固定剂”使污染物活性降低。通常使用的“固定剂”包括水泥、火山灰以及塑化剂。

二、生物调控

生物调控是利用水生动植物、藻类来控制、抑制和杀死藻类的方法。

(一)恢复水生植被

众所周知,水生高等植物在湖泊生态系统中起着非常重要的作用,它不仅能够吸收、利用水体和沉积物中的营养盐,降低营养盐负荷,而且能分泌他感物质,抑制浮游植物生长。事实证明,湖泊中只要有水生高等植物存在,水质往往清澈透明,水质自净能力较强。但是在水生高等植物消失后,湖泊水体的自净能力以及对干扰的缓冲力下降,被水生高等植物所固定的氮磷重新释放回水体,草型湖泊变为藻型湖泊,富营养化加剧,水质迅速恶化。因此,恢复水生高等植物是湖泊富营养化防治研究的一个重要方向。但是,水生高等植物在富营养化湖泊,存在着诸多生存压力,富营养化水体透明度低是其生存的主要压力;此外,富营养化水体中的蓝藻水华对水生高等植物也有致命的伤害作用,蓝藻毒素即使在很低浓度时对伊乐藻和浮萍也有毒害作用;另外,湖泊强烈的动力作用和高水位也将对水生植物群落特别是沉水植物产生不利的影响。Okeechobee湖28年的观测资料显示,沉水植物生物量与高水位呈负相关,与透明度呈正相关。1999年,在Okeechobee湖开展的水生植被恢复试验证实,不光强烈风暴对水生植被有破坏作用,连续稳定的高水位将延缓水生植被的恢复。因此,在水生植被恢复工程中如何克服以上生存压力,使新建的水生高等植物种群适应环境变化及灾变,并逐步趋于稳定,这是水生植被恢复的关键。

### (二)增加浮游动物及鱼类种群

作为营养盐控制的一种替代技术,人们常采用鱼类种群的下行调控,如增加食鱼性(Piscivores)鱼类,或减少食浮游动物(Zooplanktivores)及食底栖动物(B. nthivores)鱼类,以保证有充足的浮游动物等来控制藻类,或直接利用滤食性鱼类摄食浮游植物,控制蓝藻爆发。20世纪80年代开始,欧美各国在富营养湖泊水库的治理中,通过放养凶猛鱼类来降低藻类生物量。因为,凶猛鱼类的捕食作用降低食浮游动物鱼类的数量,相应加强浮游动物对浮游植物的牧食压力。然而,这种以放养凶猛鱼类为关键技术的经典生物操纵技术在轻微营养化和中营养湖泊水库中容易成功,在富营养化、超富营养化以及寡营养湖泊水库中则难以成功。后来,我国谢平、刘建康等提出旨在控制蓝藻水华的非经典生物操纵法。这种生物操纵法放养的鱼类是食浮游食物的滤食性鱼类(鲢、鳙),通过鱼类的直接牧食减少藻类生物量,从而达到控制湖泊水库富营养化的目的。非经典生物操纵中用于控制藻类的主要是营养层次低的鲢、鳙,这些鱼类生长周期短并易于捕捞,通过捕捞从湖泊水库系统中移除营养盐。该方法已成功运用于武汉东湖,在面积28 km²的试验湖区内通过控制凶猛鱼类和放养滤食性鱼类,长达16年的试验期内完全消除蓝藻水华。

## 三、生态工程与生态恢复

### (一)湖泊生态恢复理论

生态恢复的概念源于生态工程或生物技术,是通过一定的生物、生态以及工程的方法,人为地改变和切断生态系统退化的主导因子或过程,调整、配置和优化系统内部及其外界的物质、能量和信息的流动过程和时空次序,使生态系统的结构、功能和生态学潜力尽快成功地恢复到一定的或原有乃至更高的水平。其总体目标是采用适当的生物、生态或工程技术,逐步恢复退化湖泊生态系统的结构和功能,最终达到湖泊生态系统的自我持续状态,但对于不同的退化生态系统,其侧重点和要求也是不同的。总体而言,基本目标和要求如下:①实现生态系统地表基地的稳定性;②恢复湖泊良好的水环境,一是通过恢复湖泊的水文条件,二是通过污染控制,改善水环境质量;③增加物种组成和生物多样性;④实现生物群落的恢复,提高生态系统的生产力和自我维持能力;⑤恢复湖泊湿地景观,增加视觉和美学享受;⑥实现区域社会经济的可持续发展。

### (二)生态工程

生态工程是修复富营养化湖泊生态系统的重要工具,已经证明,在富营养化湖泊的局部区域用生态工程可以改善水质、修复局部生态系统。近10余年来,中国科学家运用生态工程技术净化富营养化水体,恢复水体生态系统的良性循环,取得了一些成功的经验。但是全湖治理富营养化、控制藻类爆发、恢复健康的生态系统,仍然是一个世界性难题,尤其对于大型湖泊,全面恢复健康的生态系统需要相当长的时间。另外,在湖泊周边建立人工湿地是又一个重要的生态工程。针对非点源污染,美国科学家利用湿地生态系统作为湖泊周遍流域和湖区之间的化学和水文缓冲器,提出了保护湖区水质的湿地生态工程。在国家"八五"攻关课题研究中,刘文祥用滇池边的低洼弃耕地改建了1 257 m²人工湿地,该湿地正常运行时,对TP、TN去除率为50%、60%。越来越多的研究表明,修建人工湿地不仅可吸附和转移来自面源的污染物和营养盐,改善水质,而且可截留固体颗粒物,减少水体中的颗粒物和沉积率,同时对保护生物多样性、防治水土流失等都具有重要意义。可以确定,在湖泊周边建立人工湿地是整个湖泊生态系统恢复的重要组成部分。

### (三)生态恢复

#### 1.湖滨带生态恢复

湖滨带是湖泊水库水域与流域陆地生态系统间一个重要的生态过渡带。湖滨带生态恢复就是在湖滨带生态调查和主要环境因子辨识基础上,按照生态学规律,利用种群置换手段,用人工选择的组分逐步取代现有的退化系统组分,人工合理调控湖滨带结构模式使受害或退化生态系统重新获得健康,并有益于人类的生态系统重构或再生的过程。湖滨带生态修复包括湖滨带物理基底的修复、水生植物组建和水生植物群落优化。

湖滨带物理基底的修复,需要通过工程措施利用湖泊水库自然动力学过程(自然淤积、生物促淤)来实现。通过修建临时或半永久的水工设施,如软式围隔、丁字坝、破浪潜体、木篱式消浪墙等,降低恢复区风浪对工程的影响。对浅滩环境的修复,可采用抽吸式清淤机械将被搬运到湖心的泥土运回,堆筑成人造浅滩。利用围隔促进水体透明度增加,从而利于沉水植物的生长。

水生植物组建,先是先锋植物的培育,再在此基础上通过自然或人工群落置换。先锋植物一般选择体型高大、营养繁殖力强、能迅速形成群落的挺水植物。我国湖泊水库湖滨带恢复中先锋植物通常选用芦苇、茭草和香蒲等。

水生植物群落优化,是在先锋植物群落稳定后,根据生物的互利共生、生态位原理、生物群落的环境功能、生物群落的节律匹配以及景观美学要求,使湖泊水库湖滨带植被群落结构趋向优化,逐步达到生物多样性的要求。

#### 2.水生植被恢复技术

水生植被恢复技术主要包括植物物种选育与培植技术、物种引入技术、物种保护技术、种群动态调控技术、群落结构优化配置与组建技术、群落演替控制与恢复技术。

# 第五节　沉积物氮磷存在形态研究

## 一、沉积物概念

一般意义上讲,沉积物又称底泥,系指江、河、湖、海等水体底部的表层沉积物质。由于沉积物中所含的腐殖质、微生物、泥沙及土壤微孔表面的作用,在底泥表面发生一系列的沉淀、吸附、化合、分解、络合等物理化学及生物转化作用,对水中污染物质的自净、降解、迁移、转化等过程起着重要作用。因此,水体底泥是水体环境中的重要组成部分,已经成为人们研究自然水体时必须考虑的一个重要方面。

对于底泥尺度的严格界定,目前尚无定论。大多数研究者将河流等水体底部的沉积物与河流底层土壤统称为底泥,其对底泥污染的研究方法及思路与土壤污染的研究方法及思路相近似。而一部分研究者则认为河流底部的固液临界层应该是底泥的研究领域,因该层是河流底部相对不稳定的体系,该部分体系存在两重性,一方面其可以由于再悬浮等作用而进入水体,影响水体水质状况;另一方面,其可以因吸附、渗透等作用而进入河流底部土壤,影响地下水水质。环境地质学者们则将水体中底部的固液悬浮层划入水体,认为底应该为河流底部的固体层,并从沉积学的角度,将一厘米的底泥界定为河流近十几年的沉积物,认为其具有广泛的活动性、转移性。

湖泊沉积层底泥自上而下分为三层。第一层为污染层,为近二、三十年人类活动的产物,多呈黑色至深黑色;第二层为过渡层,含大量沉水植物根系及茎叶残骸,结构疏松;第三层为正常湖泊沉积层,一般保持湖区土壤母质的岩相特征,多为黏质夹粉质黏土,质地密实。沉积物一般含丰富的营养物质和大量的腐败性有机质。由于湖泊沉积物粒度的差异,比表面不同,表面电荷的性质也不一样,对磷的吸收与释放表现较大不同。

## 二、沉积物的组成

各种不同水体底泥在组成上会因地理环境条件变化、沉积物的来源不同而存在差异,但是根据底泥的形成类型和组分的化学及矿物特性,总体上底泥主要由四部分组成,即火成岩或变质岩的风化残留物、低温和水成矿物、有机成分和流动相(见图1-12)。这四类中的每一类物质既可以单独出现,也可以同时出现。但是仅含单种矿物的河道底泥是非常罕见的。河流中各类污染物在底泥中有着复杂的赋存形态、分布及迁移转化过程,这一现象的根本原因在于底泥中包含着大量的自然胶体,如黏土矿物、有机质、活性金属水合氧化物和二氧化硅等。

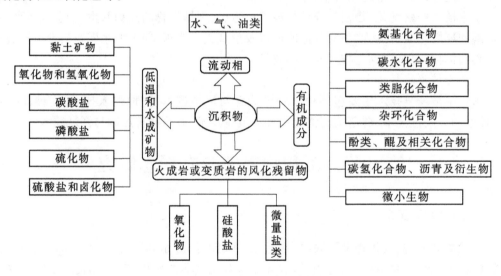

图1-12 底泥组成示意图

## 三、磷的存在形态

沉积物中能参与界面交换且可被生物利用的磷含量取决于沉积物中磷的形态。不同区域由于各种理化条件和生物环境的变化,沉积物中磷的形态分布有很大差异,另外,作为ATP能量磷是生物细胞动力学的主要控制因子,在植物以及藻类的生长繁殖过程中磷也作为生物结构以及生物化学功能的主要组成部分,并且它同时会限制湖泊中与氮的比例,因此磷还作为湖泊生态管理的主要部分,国内外对于磷的研究也相对较多。

早期根据提取剂的不同将土壤中的磷分为不稳定态磷、铝束缚态磷、铁束缚态磷、钙结合磷、还原态磷、闭蓄态磷、有机磷,而后这样的分类方法也应用于底泥中磷的形态的分类。随着沉积物中磷的富集,底泥中磷的形态也不断被发现,以及其生物利用率也随之增加。利用蒸馏分离磷的方法具有不少文献记载。在我国的湖泊研究中,许多学者把沉积物中的磷分为无机形态的磷和有机形态的磷,无机磷又分为钙磷($Ca-P$)、铁磷($Fe-P$)、铝磷($Al-P$)、闭蓄态磷($O-P$)、还原态磷($res-P$)、残渣态磷(残$-P$)。国外也有的研究者把底泥中的磷区分为不稳定态磷(如可交换的磷包括可吸附态磷、易溶解态磷和易水解态磷;易被微生物利用态磷)、难溶态磷(指在几十甚至几百年的短期内不会被岩化的磷)。W F Hu 将富营养水体底泥磷分为以有机形态和无机形态存在的磷。有机形态的磷包括核酸磷脂、核苷酸磷脂和各种各样的多磷酸酯,无机形态的包括钙磷、铝磷、铁磷、吸附于黏土中的磷以及存在于间隙水中的溶解性正磷酸盐。Qixing Zhou a 等人为了研究底泥中磷的生物可利用率,也将底泥中的磷分为总磷(TP)、溶解性的磷(WSP)、易释放的磷(RDP)、藻类可以利用的磷(AAP)以及闭蓄态磷来评价底泥中磷的生物利用率。随着磷化学提取剂的广泛应用,人们又把沉积物中的磷划分为吸附磷、与 $CaCO_3$ 结合的磷、Fe 和 Al 束缚态磷,以及提取的生物磷、钙矿物磷(如磷灰石)、难溶的有机磷。

## 四、氮存在形态

沉积物中氮的存在形态分为有机态和无机态,一般有机氮的含量占 70% ~ 90%,主要以颗粒有机氮的形式存在。何清溪、张穗等研究了大亚湾沉积物中的氮的含量,其中有机态氮(1 407.1 mg/kg)占总氮(1 691.5 mg/kg)的 83%。沉积物中有机态的氮主要有蛋白质、核酸、氨基酸和腐殖质四类,大部分是腐殖质(金相灿等,1990)。具体的形态主要分为 $NH_3-N$、氨基酸氮、己糖氮、HUN 和非酸解氮。由于有机氮很难直接被生物利用,要参与氮在沉积物和水体中的循环必须转化为可被生物利用的无机氮的形式,所以对于沉积物中氮的研究主要集中在能参与循环的无机氮部分。无机氮作为生物繁殖生长所必需的营养成分,主要包括 $NO_3^- - N$、$NO_2^- - N$ 和 $NH_4^+ - N$,其中以 $NH_4^+ - N$ 为主。大部分的氨氮来自于沉积物和水界面处新近沉积的、高质量的有机质的矿化分解,小部分来自于更深层次的有机物的矿化分解(John A Hargreaves,1998);$NO_3^- - N$ 主要富集在沉积物的表层,$NO_2^- - N$ 在浸水土壤中(水层厚 1 ~ 2 cm)的含量,一般只有 $NO_3^- - N$ 含量的 0.5% ~ 1.7%(朱兆良等,1990)。

三种形态的无机氮在不同环境下经细菌和酶进行硝化和反硝化而相互转化(彭云辉,王肇鼎,高红莲,2001)。还有一部分固定态氮(主要是铵离子),固定在矿物晶格内,这种固定态氮一般不能为水或盐酸溶液提取,也很难被植物吸收,需要用 $HF - H_2SO_4$ 溶液破坏矿物晶格,才能使其释放(金相灿,屠清瑛,1990)。一般沉积物中 $NO_3^- - N$、$NH_4^+ - N$ 的含量与水体中 $NO_3^-$、$NH_4^+$ 的含量是一致的(胡雪峰等,2001)。

$NH_4^+ - N$ 和 $NO_3^- - N$ 又可以分为可溶态和可交换态。交换态的 $NH_4^+ - N$ 主要是指能被 $K^+$ 交换出来的那部分 $NH_4^+ - N$,而沉积物总氮可用碱解态的 $NH_4^+ - N$ 表示,它包含了沉积物中所有能被碱驱出的游离态 $NH_4^+ - N$,沉积物总氨(即碱解态的 $NH_4^+$)只占 K - N 的 4.5% ~9%,也说明沉积物氮的累积主要以有机态为主。$NH_4^+ - N$ 在沉积物中主要为带阴电荷物质所吸附,大部分成为可交换性离子,部分进入孔隙水以可溶性形式存在。交换态的 $NH_4^+ - N$ 和孔隙水中的可溶性 $NH_4^+ - N$ 比例,会因具体条件的不同而变化,但其值大多远大于1(John A Hargreaves,1998)。

# 第六节　沉积物磷释放影响因素研究

国内外对沉积物中磷的释放影响因素的研究很多,归纳总结主要提出了以下几种影响因子:

**钙**　White 和 Wetzel 认为水中磷和 $CaCO_3$ 的相互作用是磷沉淀的重要原因,Elfler 和 Driscoll 在观察奥内达加湖后发现磷的高沉降速率与 $CaCO_3$ 的沉降相关。钙离子含量高时,下列平衡方程式: $3Ca^{2+} + 2PO_4^{3-} \rightarrow Ca_3(PO_4)_2 \downarrow$ ($K_{sp} = [Ca^{2+}]^3 \cdot [PO_4^{3-}]^2 = 2 \times 10^{-28}$)向右移动。

**铁**　1936 年,Einsele 最早研究了铁对沉积物中磷的吸附与释放的影响。丹麦科学家 Jensen 在对丹麦多个湖泊沉积物综合的调查中发现,沉积物中的总铁含量与总磷含量呈显著正相关,然而湖泊上覆水中的总磷浓度却与沉积物中呈负相关。沉积物中 Fe:P 越大,上覆水中的总磷浓度就越低。Jensen 认为沉积物 Fe:P 比为15 时,可以作为沉积物磷释放是否显著的判断标准。然而这一研究结果并没有在后期的研究中得到重视,也没有进一步的研究报告出现。该判断标准对丹麦的情况适用,是否在世界其他地区适用还需要做进一步研究。另外,关于沉积物 Fe:P 比与上覆水总磷含量之间相关的原因,以及沉积物铁、磷相关之间的机制也还不清楚。

铁结合态磷即按照连续提取法进行分级时的还原提取态磷,是沉积物中性质最活泼的一种磷的存在形态。Rydin 等利用硫酸铝限制沉积物中磷的释放时发现,$NH_4Cl$ 对于沉积物提取态磷(即可交换态磷)含量相当而铁磷含量相差悬殊的沉积物,达到同样的固定效果时,铁磷含量高的沉积物需要的硫酸铝固定剂量是铁磷含量低的沉积物的 6 倍,也就是说,铁磷对水体磷沉淀剂起到了很大的缓冲作用。在进一步的研究中,Rydin 利用连续流动法测定沉积物中各种形态的磷在氧化、还原条件下的释放潜力,同样发现沉积物中的铁磷几乎都具有活性,还原环境下沉积物中的铁磷几乎全部可以释放出来。这进一步证明了铁磷的不稳定性。

一般认为,铁和磷的循环对沉积物与水层间的磷酸盐交换起了重要作用。在沉积物氧化层表面,铁氧化物能限制磷酸盐向上层水体的扩散,在泥水交界面间隙水中 $Fe^{2+}$ 向上扩散的同时被氧化成 $Fe^{3+}$,与磷酸根形成沉淀。所以,当间隙水中铁和磷酸盐的比例增加时,底泥向上覆水释放的磷减少。磷酸盐的束缚还被解释为是铁氧化物微粒表面的羟基基团被磷酸盐基团取代而发生的配位体交换过程。

**铝化合物**　在 pH 值为 5.4 ~6.2 范围内,正磷酸盐与铝盐反应生成磷酸铝处于动态平衡状态,但是当 pH 值升至 7.0 左右则生成 $Al(OH)_3$,它具有巨大的比表面积,吸附大量的磷酸盐。由于铝的价态不受氧化还原电位的影响,还原状态不会增加磷酸铝的溶解性。所以,颗粒态铝的存在可以减少被 $Fe(OH)_3$ 正磷酸盐在还原条件下从底泥的释放。铝与铁对底泥中磷酸盐的吸附与释放作用具有许多相似之处,但是铝受有机物络合反应的影响较大,铁则受氧化还原电位的影响较大。Richardson、Lockaby 和 Walbridge 指出,底泥对无机磷的吸附和非结晶态铝、非结晶态铁浓度呈显著正相关。厌氧环境可以阻止有机质分解,有机质也倾向于向底部富集,$Al^{3+}$ 能被有机物束缚形成 OM – Al 复合体,防止了无定性氧化物的沉降。有机质还能抑制先前存在的 Al 和 Fe 氧化物的晶质化过程,提高了对无机磷的吸附能力。另外,非结晶态 Al 比非结晶态 Fe 有更强的吸附能力。Borggard 发现,非结晶态 Al 吸附磷酸盐的量几乎是非结晶态 Fe 的两倍。

**有机质** 富营养水体沉积物中有机质含量较大,主要包括有机颗粒的沉淀以及水生动植物的残骸。通常认为有机质分解过程中形成的有机胶体——腐殖质可以形成胶膜,覆在黏粒矿物、氧化铁、铝以及碳酸钙等有机物表面,减少了这些物质与磷酸根离子的接触的机会。有许多研究认为,由于腐殖质能和铁、铝形成有机与无机的复合体,提供了无机磷吸附位点,增强了对磷的吸附;也有人认为有机质释放出 $H^+$ 可使矿物表面基团质子化而利于磷的吸附。

**温度** 温度的升高可以减少沉积物中矿物对磷的吸附。在其他条件相同的情况下,沉积物对磷的释放随温度的升高而增强。王庭建等对南京玄武湖底泥磷释放的模拟实验研究表明,35 ℃比 25 ℃使磷的释放提高了 1 倍。ANU Liikanen 实验也证明,无论好氧或厌氧,磷的释放都随温度的升高而增长,温度升高 1 ~ 3 ℃,将是底泥中 TP 的释放增加 9% ~ 57%。Hoidren 和 Armstrong 认为温度升高微生物活力增强,有机质分解加速结果导致氧气的好氧和氧化还原电位的降低,使 $Fe^{3+}$ 还原为 $Fe^{2+}$,磷从正磷酸铁和氢氧化铁沉淀物中释放出来。

**pH 值** 研究表明,在没有其他因素影响的情况下,湖水 pH 值为 7.0 左右时底泥磷的释放最小。降低 pH 值磷酸盐以溶解为主,铝磷最先释放。升高 pH 值以离子交换为主,$OH^-$ 与被束缚的磷酸盐阴离子产生竞争,磷的释放增强。

郭志勇等(2007 年)研究了玄武湖沉积物中磷形态分布情况,并通过室内模拟实验研究了不同 pH 值条件下沉积物中不同形态磷的释放行为。结果表明,在玄武湖沉积物的总磷(TP)中,NaOH – P 赋存比例最高(370.42 ~ 414.65 mg/kg),其次是 HCl – P(359.41 ~ 378.64 mg/kg),有机磷(OP)含量最低(237.23 ~ 276.86 mg/kg)。酸性条件下,促进 HCl – P 的释放,沉积物中 NaOH – P 含量百分率显著升高,而 OP 和 HCl – P 的含量百分率则均明显下降;碱性条件下,促进 NaOH – P 的释放,HCl – P 的含量百分率升高,OP 和 NaOH – P 的含量百分率则均出现了下降现象。

张登峰等在昆明翠湖的研究结果表明,pH 值是影响内源磷释放的重要因素,pH 值在 5 ~ 9,沉积物中各种形态磷的释放水平较低;酸性范围内,pH 值 = 3 的极端酸性条件下,沉积磷释放量最大,在连续 38 d 的释放时间内,TP 最大释放量可达 1 147 mg/kg;在 pH 值 = 11 的极端碱性条件下,能大幅提高沉积磷的释放量,其中 TP 释放量最高达 14 127 mg/kg(张登峰等,2008)。

**溶解氧** 好氧、厌氧模拟实验是通过不断充空气和氮气进行的。根据测定水中的溶解性氧,表明厌氧加速沉积物中磷的释放,好氧抑制磷的释放,两者差一个数量级。因为水中的溶解氧会影响沉积物的氧化还原电位,在厌氧状况下,容易发生 $Fe^{3+} \rightarrow Fe^{2+}$ 化学反应,Fe—P 表面的 $Fe(OH)_3$ 保护层转化为 $Fe(OH)_2$,然后溶解释放,扩散到上覆水,使得水体磷含量上升。Fe—P 是沉积物向水体释磷的主要形态。研究表明,底质所释放的磷主要为溶解性正磷酸盐,是水生生物最易吸收的形式,这样就为大型水生生物和藻类的增殖提供条件,加速其生长繁殖的速度。而这些死亡后的生物残体不能及时取走,由于微生物分解、腐烂,消耗水中的溶解氧,使水体更加缺氧,这种缺氧的环境反过来加速底质磷的释放,形成恶性循环。研究表明,随着沉积物深度的增加,硫酸盐的浓度迅速降低,在 0~2 cm 内降低了 90%。这意味着沉积物中的溶解氧随深度增加而减少,因此底泥越深,磷的释放量越大,磷浓度最大值出现在底层。在珠江广州河段磷的形态研究中,发现磷的含量有底层值大于表层值的现象。但有的学者认为,在好氧状态下,沉积物也会发生磷释放,只是释放速度和释放量要比厌氧状态下小得多,好氧释放的机制主要是沉积物的矿化以及有机物质的好氧分解。

根据太湖沉积物各形态磷厌氧释放实验的所得结果,沉积物中 Fe—P、Al—P、有机磷都有不同程度的减少,而 Ca—P,闭蓄磷不断增加。但沉积物中的总磷浓度是减少的。这一结果与各形态磷的性质相吻合,例如闭蓄磷表面有一层不溶性的 $Fe(OH)_3$ 胶膜,Ca—P 的溶解度极小,在湖泊天然 pH 值 8.0 条件下,可能会发生某些化学沉淀或在表面形成难溶性羟基磷酸钙使 Ca—P、闭蓄磷增加。又如有机磷在厌氧条件下,通过微生物的分解作用转化成无机磷。各形态磷之间的迁移转化及其动态平衡,造成了水体中磷素含量的变化。

**生物**　据报道,湖泊底部的藻类物质会加速底泥中分子结合态磷向水相的迁移。相应的研究也表明,浮游蓝藻会加速底泥磷的释放,有机磷和铝磷(Al—P)是藻类存在时优先释放的形态,具有很好的生物可利用性(华兆哲,2000)。Anderson 认为丹麦六个浅水湖中磷的释放可能是由于富有植物的强烈的光合所用导致 pH 值上升造成的。研究表明,尽管湖水中的磷浓度足够藻类繁殖的需要,但是当蓝藻水华爆发时,底泥中最大量的磷的释放仍旧可能发生。

微生物的活动也是沉积物磷释放的重要影响因素,由微生物分解有机质而释放磷,与由沉积物再悬浮或由其他机制产生的磷不同,前者是一个不可逆的过程,由此而造成的水体富营养化状况是较严重的(Holdren G C,David E,1980)。有实验说明,在无微生物状态下,沉积物中磷的释放几乎为零(Macia H 等,1980),而由于微生物的参与,沉积物释放的磷比无菌状态下高出 50% ~ 100%(Pomeroy LR 等,1965)。

**扰动**　扰动对浅水水体来说,是影响水沉积物界面反应的重要物理因素。风浪、船只行驶作用等的扰动使沉积物颗粒再悬浮,显著地增加沉积物中磷的释放量。同时,沉积物间隙水中可溶解的磷约是上覆水的 103 倍,扰动使这部分磷很快扩散到上覆水中,而上覆水与间隙水交换的结果将会提高间隙水的 pH 值,促使更多的磷从固相转向间隙水。实验还发现,完全搅拌比仅搅动上覆水更有利于促进磷的释放。但在静止状态下,若藻类生长引起湖水碱分足够高,沉积物释磷量也与搅动状态下碱分低时的状况相当,这说明了 pH 值在释磷过程中所起的重要作用。虽然扰动增加了水体内的溶解氧,不利于沉积物中磷的释放,但这和底泥与水之间的混合交换造成的释磷效果相比,也显得不太重要了。因此有人提出,在其他条件溶解氧、pH 值等相同的情况下,扰动使沉积物中磷的释放量增大了 2 倍。

# 第七节 沉积物氮释放影响因素研究

国内外对沉积物中氮的释放影响因素的研究略少于对磷的研究,归纳总结主要提出了以下几种影响因子:

**沉积物性质** 其影响主要是指沉积物的矿物组成、有机质含量和粒度等。沉积物的矿物组成与各形态氮的结合方式对其从沉积物向水体的释放有一定的影响,如以黏土为主的大亚湾海域沉积物对 $NH_4^+ - N$ 和 $NO_3^- - N$ 有较高的吸附能力,其表层沉积物中含量相对较高(丘耀文,2001)。沉积物的粒度对氮在表层沉积物分布的影响也是很明显的,Simon 研究了交换态的 $NH_4^+$ 在沙质沉积物中的解吸,发现交换态的 $NH_4^+$ 在风力造成水体紊动的条件下,经 2 h 就可以完全解离出来,进入水体(Simon NS,1989)。

**pH 值和盐度** pH 值和盐度直接影响氮在沉积物中的吸附降解能力,有机质的厌氧分解、硝化作用产生氢离子,具有降低水体 pH 值的可能。硝酸盐和亚硝酸盐的解吸在海水 pH 值 2～10 范围内基本不变;而铵盐的解吸则在 pH 值为 2～8 时,随 pH 值降低而增大,在 pH 值 8～10 时,随 pH 值升高而增加(丘耀文,王肇鼎,高红莲等,2000)。pH 值还会影响到氮的硝化和各形态间的转化,硝化细菌最适的 pH 值是 7～8.5;当 pH 值大于8.5 时更利于亚硝化细菌的生存,$NO_2 - N$ 增加。

**氧气** 沉积物中的氧气量及氧气渗透的深度会影响到各形态氮的释放及硝化和反硝化之间的平衡。胡雪峰等研究了上海市郊河流底泥氮的释放规律,发现厌气条件下 $NH_3$释放速率比通气条件下更长时间地维持在高的水平,而 $NO_3^- - N$ 的释放量在通气条件下比厌气条件下高得多。另外,还发现含大量易降解有机质的鱼塘底泥,即使 K - N 的含量并不高,$NH_4^+ - N$ 的释放量也很大(胡雪峰等,2001)。

**氮负荷** 沉积物中氮的负荷与沉积物间隙水中的可溶性 $NH_4^+ - N$ 的含量也有一定关系。Schroeder(1987)测得养殖期为一个月的鱼塘,沉积物(0～4 cm)间隙水中氨氮的含量是 10 mg/L,而养殖时间长,投入含氮肥料更多的同种鱼塘中,其沉积物间隙水中氨氮的含量则为 100 mg/L,远高于前者的含量。而范成新等对太湖沉积物间隙水中的 $NH_4^+ - N$ 含量和沉积物中 TN 的含量进行了相关性分析,两者的相关性水平较低,几乎无对应关系,表明太湖沉积物中赋存氮物质的多少,并不是其间隙水中 $NH_4^+ - N$ 含量大小的决定因素(范成新,杨龙元,张路等,2000)。这可能是由于具体环境条件的差异引起的(Schroeder GL,1987)。

**生物活动** 海洋沉积物中无脊椎生物的活动能深入到 8～10 cm 范围内,而从沉积物扩散到水体中的氨氮,有 50% 是通过这些生物的洞穴造成的空隙进入水体的(Blackburn T H,1983;Hylleberg J,1980)。Blackburn 等认为从海水养殖鱼塘沉积物中扩散到水体中的溶解性物质,30% 是由于鱼类的索食扰动沉积物造成的(Blackbum T H,1988)。

# 第八节　沉积物污染源释放控制技术

## 一、供氧控制技术

水体溶解氧的含量是反映水体污染状态的一个重要指标,受污染水体溶解氧浓度变化的过程反映了水体的自净过程。水体的溶解氧消耗主要是有机物的好氧生物降解、氨氮的硝化、底泥的耗氧、还原性物质的氧化、水生生物和植物生长等化学、生化以及生物合成的过程,而水体的溶解氧主要来源于大气复氧和水生植物的光合作用,并且大气复氧是主要的作用。当总耗氧量大于复氧量的时候,水体的溶解氧会逐渐减少,当水体的溶解氧消耗殆尽之后,水体将会呈现无氧状态,有机物的分解将从有氧分解转为无氧分解,水质恶化,并最终影响到水体的生态系统。地表水体缺氧还会使底泥释放出氮磷,从而增加了水体的营养负荷,可能会促使水体发生富营养化。向缺氧水体提供溶解氧,是目前应用广泛的水体水质修复和管理的一种方法。

目前,世界上采用较多的供氧方式是人工曝气充氧。人工曝气按是否会破坏水体分层,可以分为破坏分层和深水曝气两类,后者只对底层水进行曝气,可以减少水体混合引起的不利影响。深水曝气的目的包括:不改变水体分层的条件下达到提高溶解氧的目的,改变冷水鱼类的生长环境和增加食物的供给,改变底泥界面厌氧环境为好氧条件来降低内源性磷负荷,降低氨氮、铁和锰等离子性物质的浓度等。从曝气设备所使用的氧源来看,水体充氧设备可分为纯氧曝气系统和空气曝气系统;从设备能否移动来分,可以分为固定式充氧站和移动式充氧平台两种形式;从设备工作原理来看,可以分为鼓风曝气系统、微孔布气管曝气系统、纯氧增氧系统、叶轮吸气推流式曝气器、水下射流曝气器、叶轮式增氧机、无泡供氧曝气技术及悬挂链曝气技术等。

美国 Mediacal 湖采用部分提升和全程提升曝气系统改善水质,结果发现部分提升曝气系统可以减少深层水体的氨氮浓度、总磷浓度以及增加底部水体的温度,而对叶绿素 a、浮游植物量、底部水体的硝态氮和溶解氧等没有明显的影响。全程提升系统亦可以减少底部水体的总磷和氨氮浓度,并且可以增加深层水体的溶解氧和温度,而对叶绿素 a 浓度没有影响。澳大利亚 Maryborough 的水源地底泥会释放出锰离子,从而导致水体中的锰含量过高,而采用曝气装置对水体进行曝气,则可以大大降低源水中的锰离子浓度。E. E. Prepas 等研究了 1988 ~ 1993 年周期性地对 Amisk 湖深层注入纯氧(不改变湖泊的热分层)所引起的湖泊的溶解氧和营养盐浓度的变化。结果表明,随着纯氧注入强度的增加,夏季深层溶解氧的平均浓度由 1.0 mg · L$^{-1}$ 增加到 4.6 mg · L$^{-1}$,使得深层 TP 的平均浓度则由 0.123 mg · L$^{-1}$ 下降到 0.056 mg · L$^{-1}$,并且氨氮的平均浓度由 0.120 mg · L$^{-1}$ 下降到 0.042 mg · L$^{-1}$,表层 TP 和叶绿素 a 平均浓度则分别下降了 87% 和 45%,冬季深层的平均溶解氧浓度则由 2.5 mg · L$^{-1}$ 增加到 7.2 mg · L$^{-1}$,深层的总磷平均浓度由 0.096 mg · L$^{-1}$ 下降到 0.051 mg · L$^{-1}$。

$CaO_2$ 和 $H_2O_2$ 均能与水反应产生氧气,因而它们亦可以向水体供氧。袁文权等采用实验室模拟试验研究了三种供氧方式:曝气、投加过氧化氢和投加过氧化钙对水库底泥氮磷释放的影响,研究结果表明:曝气、投加过氧化氢和投加过氧化钙均能显著提高底部水体的溶氧水平,并能有效抑制底泥氮磷的释放。三种供氧方式对底泥释磷的控制效率依次为投加 $CaO_2$ > 曝气 > 投加 $H_2O_2$,对氨氮释放的控制效率则为曝气 > 投加 $CaO_2$ > 投加 $H_2O_2$。袁文权等还对比分析了三种供氧方式的优缺点,见表1-7。

表1-7 三种供氧方式的优缺点对比分析

| 操作特性 | 曝气充氧 | 投加 $CaO_2$ | 投加 $H_2O_2$ |
|---|---|---|---|
| 所需设备 | 曝气设备 | 投药装置,船只 | 投药装置,船只 |
| 建设成本 | 较高 | 较低 | 较低 |
| 常规维护 | 需长期维护 | 无需长期维护 | 无需长期维护 |
| 动力消耗 | 较大 | 很小 | 很小 |
| 操作手段 | 灵活 | 灵活 | 灵活 |
| 抑磷效果 | 较好 | 最佳 | 一般 |
| 抑氮效果 | 最佳 | 较好 | 一般 |
| 实践经验 | 丰富 | 较少 | 较少 |
| 其他缺点 | 空气充氧效果差、纯氧充氧成本高 | 提高 pH 值和碱度,危及水生态环境 | 分解过快 |

## 二、原位处理控制技术

底泥原位处理主要通过向底泥直接注入化学药剂或者微生物,以达到臭味控制、营养盐钝化、某些有机污染物的生物降解以及生物栖息地改善等目的。常见的化学药剂主要包括硝酸钙[$Ca(NO_3)_2$]、氯化铁($FeCl_3$)和氢氧化钙[$Ca(OH)_2$]。硝酸钙的作用机制是通过反硝化作用降解底泥有机物,并且还可以阻止 $Fe^{3+}$ 和 $SO_4^{2-}$ 的减少,另外还可以促使 $Fe^{3+}$ 的生成,进而达到控制底泥磷释放的目的。氯化铁用来与硫化氢反应,以及形成更多的氢氧化铁,提高对磷的钝化作用。氢氧化钙常用来调节 pH 值。

Ripl 最先提出了采用向底泥注入硝酸盐的方法用于底泥磷释放的控制。Murphy T. P. 等采用硝酸钙对日本湖的底泥进行了处理,结果发现采用硝酸钙可以沉淀孔隙水中97%以上的磷,并且通过现场试验还发现投加硝酸钙使得表层底泥(0~11.5 cm)约79%的孔隙水磷得到沉淀,以及93%的硫化物得到去除。Foy R. H. 评价了采用硝酸盐减少底泥磷释放的有效性,结果表明,采用硝酸盐可以减少底泥磷的释放,并且还可以减少底泥铁离子的释放速率,而对于锰离子的释放速率的减少则没有影响,对于氨氮的释放速率亦没有影响。加拿大国家水研究所则采用[$Ca(NO_3)_2$]和有机调理剂对汉密尔顿港受污染底泥进行了原位处理,发现197天之内底泥中的78%油和68%的PAHs被生物降解。Macrae J. D. 等研究了采用硝酸盐作为电子受体促进底泥多环芳烃降解的效果,结果表明,缺氧条件下低分子量多环芳烃的半衰期为33~88天,而分子量较高的多环芳烃的降解则很慢,半衰期为143~812天。硝酸钙的投加方式可以是直接注入底泥,或者直接向底部水体投加溶解性或者颗粒态的硝酸钙。硝酸钙还可以与三价铁离子混合投加。

虽然该技术自20世纪70年代就开始发展起来,但是目前还没有被广泛运用。一方面,这可能与该技术对水环境的不利影响尚没有完全清楚有关,另一方面表层底泥利用硝态氮的持续时间比较短(因为硝酸盐极易溶于水),这直接影响了硝酸盐控制底泥磷释放的效率。为此,Gerlinde W.等开发了一种包含三价铁离子和硝酸盐的缓释药剂,并应用于德国Dagowsee湖底泥污染物释放的控制,结果表明可以有效地控制底泥磷释放达一年时间。

## 三、覆盖控制技术

底泥覆盖控制技术是指将清洁物质放置于污染的底泥上面以有效地控制底泥对上覆水体影响的技术。底泥覆盖的目的主要包括:①物理性地分开污染底泥和底栖环境;②使污染底泥固定,阻止底泥的再悬浮和迁移;③降低进入上覆水体的溶解性底泥污染物的释放通量。

常见的底泥覆盖系统所采用的材料包括清洁的沉积物、沙子和砾石等,目前国内外已经做了大量的研究。Azcue J. M.等考察了采用粗糙的沙子构造的覆盖系统(厚度35 cm)控制加拿大Ontario湖的Hamilton港口污染底泥的污染物释放,结果表明所有微量元素包括(Zn、Cr和Gd等)的释放通量均大大降低。Bona等曾采用一种整体性评价方法包括化学分析、毒性测定以及栖息地质量评价,评价了意大利Venice环礁湖Lag dei Teneri区沙土覆盖法治理污染沉积物的工程效果,评价结果表明对于水动力强度不大、污染程度不太高的沉积物,沙土覆盖可以有效地阻止污染沉积物扩散,使水底栖息地的氧含量能够满足底栖生物的需要。Liu C. H.等考察了模拟条件下15 cm厚沙子覆盖层对底泥金属释放的影响,结果表明地下水排放促进了底泥金属元素的释放;无地下水排放影响的条件下,覆盖层促进了底泥Mo的释放以及初期Mn的释放,而对Fe释放通量的抑制影响不大,存在地下水排放影响的条件下,覆盖层对底泥Mo、Mn和Fe释放的影响明显增强;模拟存在地下水排放的情况下,覆盖层促进了底泥Gd的释放以及初期Ni、Cu和Zn的释放,而抑制了Cr和Pb的释放,以及减少了Ni、Cu、Zn和Fe的稳态释放通量,并且与无地下水排放影响相比,覆盖效率下降。Mohana R. K.等则讨论了覆盖系统设计的标准和理论基础,指出成功设计一个底泥的覆盖系统需要正确应用水力、化学以及土工等工程原理。目前,国外已经采用覆盖控制技术用于底泥污染物释放的控制,国外的一些底泥覆盖的应用实例,见表1-8。

表1-8　国外底泥覆盖的应用实例

| 工程位置 | 污染物 | 场地条件 | 覆盖条件 | 施工方法 |
|---|---|---|---|---|
| 日本 Kihamalnner | 营养物 | 3 700 m² | 细沙,5 cm 和 20 cm 厚 | — |
| 日本 Akanoi 海湾 | 营养物 | 20 000 m² | 细沙,20 cm 厚 | — |
| 华盛顿 Denny 海湾 | PAHs PCBs | 靠岸边 1.2 hm²,深 6~8 m | 0.79 m 砂质底泥 | 用驳船散布 |
| 华盛顿 Saimpson-tacoma 海湾 | 焦油 PAHs,TCDD | 靠岸 6.88 hm²,不同深度 | 1.2~6.1 m 砂质底泥 | "沙箱"水力喷射 |

续表 1-8

| 工程位置 | 污染物 | 场地条件 | 覆盖条件 | 施工方法 |
|---|---|---|---|---|
| 华盛顿 Eagle 海湾 | 木焦油 | 22 hm$^2$ | 0.9 m 砂质底泥 | 用驳船散布和水力喷射 |
| 威斯康星 sheboygan 河 | PCBs | 浅河的几个地区、洪泛平原 | 沙子和石块 | 直接机械拖放 |
| 哈密尔顿海港 | PAHs,金属 | 一个工业海港 | 0.5 m 沙子 | 用导管放入 |
| 安大略湖 | 营养物 | 10 000 m$^2$ | 0.5 m 沙子 | 用导管放入 |
| 纽约的圣路易斯河 | PCBs | 6 968 m$^2$ | 沙、砾、石块 | 从驳船上用桶放下 |

　　为了进一步提高底泥覆盖系统控制底泥污染物释放的效率,Jacobs P. H. 等提出了底泥活性覆盖系统的概念,即采用可以吸附或供沉淀污染物的材料构造的底泥覆盖系统。文献还认为可以采用天然沸石构造底泥活性覆盖系统以控制底泥阳离子污染物的释放,并且还认为可以通过改性以提高沸石对非极性污染物和阴离子污染物的吸附能力,从而改进沸石活性覆盖系统对底泥非极性污染物和阴离子污染物释放的控制效率。

　　Jacobs P. H 等考察了包含斜发沸石的沙子活性覆盖系统对底泥二价铁和锰离子释放的抑制效果,结果表明,一定条件下活性覆盖层通过离子交换作用可以有效地控制底泥二价铁和锰离子的释放,而钙离子、黏土矿物以及腐殖质等会影响到活性覆盖系统对底泥二价铁和锰离子释放的控制。Simpson S. L. 等对比分析了清洁的沉积物、沙子和沸石对底泥释放的控制效果,结果表明对于底泥释放的抑制效果,5 mm 的清洁沉积物效果最好,其次为 10 mm 的沙子和沸石混合物,大大降低了 2 个星期之内的底泥 Zn 的释放通量,而 20 mm 的沙子覆盖层对于底泥 Zn 释放的抑制则没有效果。Berg U. 等提出可以采用方解石来构造活性覆盖系统用于底泥磷释放的控制,通过试验结果表明模拟试验 1 cm 条件下厚的方解石覆盖层可以抑制底泥 80% 磷释放通量至少 2 ~ 3 个月,并且方解石覆盖层对底泥磷释放控制的效率可以通过调整水体的水化学状况加以优化。Barry T. H. 等考察了三种形式的碳酸钙(破碎的石灰石和 2 种沉淀方解石)构造的覆盖层控制底泥磷释放的效率,结果表明,试验所用的 2 种沉淀方解石可以有效地控制厌氧状态下底泥磷的释放,而石灰石对控制底泥磷释放的效果较差。薛传东等选取天然红土,添加适量的粉煤灰及石灰粉作为掩蔽覆盖物,对滇池富营养化水体进行现场修复试验,结果表明用天然矿物材料减小底泥内源营养盐负荷的释放,以及修复富营养化水体的效果良好红土是有效的底泥覆盖材料,添加粉煤灰和石灰粉有助于消减底泥的释放量。叶恒朋等对比分析了粉煤灰、水泥、沸石、河砂和玻璃珠等控制底泥磷释放的效果及机理,结果表明培养温度25 ℃和覆盖材料为 6.0 kg·m$^{-2}$ 条件下,玻璃珠、河砂、沸石、粉煤灰和水泥对底泥磷释放的抑制率分别为 40.0%、46.7%、60.0%、75.6% 和 88.9%;随着温度的升高,覆盖材料对底泥磷释放的抑制率降低,对于水泥、粉煤灰、沸石、河砂,要达到 50.0% 的磷释放抑制率,对应的用量分别为 2.0、2.0、6.0、10.0 kg·m$^{-2}$,选用粉煤灰作为覆盖材料较合适。覆盖材料对底泥磷释放的抑制作用可归结为覆盖材料的覆盖效应、化学效应和吸附效应。

Darren A. 等通过模拟试验评价了改性膨润土控制底泥磷释放的效果,结果表明采用改性膨润土可以明显降低底泥植物可利用磷的释放。Robb M. 等研究发现,Phoslock TM(一种改性的黏土)可以有效地控制底泥磷的释放,并且还可以以泥浆的形式投加用于去除上覆水的磷;夏季藻类爆发之前连续投加 Phoslock TM 可能是一种有效的上覆水磷浓度的管理手段。

# 第二章 研究思路和技术路线

## 第一节 研究的目的和意义

2012 年,中国国务院出台了"国务院关于实施最严格的水资源管理制度的意见",以应对日益严峻的水资源挑战。这份通常被称为"三条红线"的文件的主要目标包括:①到 2030 年,全国用水总量控制在 7 000 亿 m³ 以内;②到 2030 年,用水效率达到或接近世界先进水平,体现为万元工业增加值用水量和农田灌溉水有效利用系数两个指标;③到 2030 年,主要污染物入河湖总量控制在水功能区纳污能力范围之内。

世界资源研究所利用三年(2001 年、2010 年和 2015 年)的用水数据对全国基准水压力进行了分析。基准水压力被定义为年度总用水量(生活、工业和农业用水量)占年度可用地表水总量的百分比。数值越高,用户之间的竞争越激烈——数值高于 40% 被认为是"高水资源压力",数值高于 80% 为"极高"。

通过分析显示,从 2001 年到 2015 年,水资源压力的整体模式一直保持一致,我国北方比南方的缺水压力更大。与 2010 年相比,随着"三条红线"的实施,2015 年我国面临高水资源压力地区的总面积几乎没有发生变化。

2010～2015 年,居住在高水资源压力地区的人口增加了 3%。与 2001～2010 年相比,黄河上游和长江上游地区的水资源压力有所减轻,而黄河下游地区的水资源压力加剧。具有争议的华北平原和京津冀地区在 2001～2015 年期间始终处于极高水资源压力下,分行业的数据显示农业灌溉用水量在华北平原的大部分地区不断下降,例如北京市的农业灌溉用水量在 2001～2010 年期间下降了一半以上;天津南部地区所在的流域,其境内农业灌溉用水在 2001～2015 年期间持续下降,而该区域的工业用水一直保持上升趋势。

据《2013 年中国水资源公报》统计显示,全国评价的 20.8 万 km 的河流中,Ⅰ 类水河长占评价河长的 4.8%,Ⅱ 类水河长占 42.5%,Ⅲ 类水河长占 21.3%,Ⅳ 类水河长占 10.8%,Ⅴ 类水河长占 5.7%,劣 Ⅴ 类水河长占 14.9%。全国 Ⅰ～Ⅲ 类水河长比例为 68.6%。从水资源分区看,西南诸河区、西北诸河区水质为优,珠江区、东南诸河区水质为良,长江区、松花江区水质为中,黄河区、辽河区、淮河区水质为差,海河区水质为劣。

全国开发利用程度较高和面积较大的 119 个主要湖泊,水质为 Ⅰ～Ⅲ 类的湖泊有 38 个,Ⅳ～Ⅴ 类湖泊 50 个,劣 Ⅴ 类湖泊 31 个,分别占评价湖泊总数的 31.9%、42.0% 和 26.1%。主要污染项目是总磷、五日生化需氧量和氨氮。湖泊营养状态评价显示,大部分湖泊处于富营养状态。贫营养湖泊 1 个,占评价湖泊总数的 0.8%;中营养湖泊 35 个,占评价湖泊总数的 29.4%;富营养湖泊 83 个,占评价湖泊总数的 69.8%。

由此可以看出,水资源短缺和水环境污染仍旧是 21 世纪中国面临的水危机的一个主要方面,可见水资源的保护与治理在社会可持续性发展过程中具有重要意义。

漳泽水库作为一座以工业、城市供水,灌溉,防洪为主,兼顾养殖和旅游等的大型水库,自投入运用以来,为长治市工农业发展发挥了巨大作用。建库近五十年来,累计向长治地区工业、城市供水 15 亿 $m^3$,农业灌溉供水 2.0 亿 $m^3$,提供商品鱼 972 万 kg。水库受益区包括长治市郊区、屯留、潞城、平顺等四区(县)19.8 万亩农田和长治钢铁厂、漳泽发电厂、漳山发电厂、长治北火车站、长治煤气化公司气源厂、长治市合成化学厂、潞城兴水工业供水公司、王曲电厂等工业企业。据 2000~2017 年的营养评价结果显示,漳泽水库 83% 的年份呈轻度富营养状态。

本书旨在通过对沉积物和水样的分析测试和室内模拟实验,弄清漳泽水库系统中氮、磷形态及其分布规律,研究水库系统中控制因素对底泥氮磷释放的影响。

(1)对水库内源污染导致富营养研究有重要的理论意义和实际意义。

(2)对水库系统富营养化污染的修复与重建提供科学依据。

(3)为水库水污染控制提供对策。

# 第二节　研究目标和研究内容

## 一、研究目标

通过对漳泽水库沉积物氮磷含量以及释放分析,探明水库沉积物及水体氮磷污染状况,水体和沉积物氮磷之间的关系,以及其对上覆水体富营养化的作用。

## 二、研究内容

(1)勘查漳泽水库上游污染源。水库上游污染源的调查是整个治理工作顺利进行的前提,通过实地勘查与流域内水质变化情况明确漳泽水库接纳的主要污染物来源,通过水质监测了解主要污染物的浓度变化。

(2)分析不同采样点底泥氮磷污染物的特征。通过不同采样点底泥的性状特征以及污染物浓度分析,确定污染物的来源以及分布情况。

(3)在实验室内模拟漳泽水库不同季节温度、pH 值、DO 值,分析漳泽水库底泥中氮、磷的各种形态在不同温度、pH 值、溶解氧的化学条件下的释放规律。

(4)通过试验分析不同采样点底泥在不同物理化学条件下的释放规律,掌握不同采样点底泥对水体造成污染的范围、程度等。

# 第三章　研究区域概况及污染分析

## 第一节　漳泽水库地理位置及概况

### 一、地理位置

漳泽水库,又名太行湖,位于山西省长治市郊区,是海河流域漳卫南运河水系浊漳河南源干流上的一座以工业、城市供水,灌溉,防洪为主,兼顾养殖和旅游等综合利用的大(Ⅱ)型多年调节水库。水库兴建于 1959 年 11 月,1960 年 4 月竣工蓄水投入运用。1989年 10 月至 1995 年 6 月进行了除险加固改建。水库控制流域面积 3 176 km²,总库容 4.27亿 m³。防洪标准为 100 年一遇洪水设计,2 000 年一遇洪水校核。自投入运用以来,为上党盆地,特别是对长治工农业发展发挥了巨大作用。承担长治钢铁厂、漳泽发电厂、王曲发电厂等十余个工业企业的供水任务。建库近五十年来,累计向长治地区工业、城市供水15 亿 m³,农业灌溉供水 2.0 亿 m³,提供商品鱼 972 万 kg。

漳泽水库所在河流——浊漳河南源属海河流域漳卫南运河水系,南源流域地理坐标为东径 112°30′~113°10′, 北纬 36°05′~36°20′。流域东西宽约 75 km,南北长约 45 km,干流发源于长子县发鸠山黑虎岭,至襄垣县甘村与浊漳西源汇合,全长 104 km。水库坝址以上干流长 72.3 km,控制流域面积 3 176 km²,占浊漳河南源全流域面积 3 580 km² 的89%。漳泽水库流域包括壶关县、长治县、长子县、屯留县、长治市城郊区。流域上游壶关县境内的庄头水库、西堡水库、长治县境内的淘清河水库、长子县境内的申村水库、鲍家河水库、屯留县境内的屯绛水库等六座中型水库共控制流域面积 1 551 km²,区间流域面积1 625 km²,设计天然年径流 2.25 亿 m³,见图 3-1。

### 二、气象

浊漳河南源流域位于我国东部季风区暖温带半湿润区。多年平均年降水量 620 mm,全流域年平均最大降水量为 913 mm(1971 年),最小平均年降水量为 356 mm(1965 年)。单站实测最大降水量 1 075.6 mm(1971 年长子县),单站实测最小降水量 283.4 mm(1965年),降水量年内变化极不均匀,汛期降水量约占全年的 60% 左右,流域内多年平均蒸发量为 1 686 mm。

流域全年日照时数在 2 600 h 左右,平均年气温在 8.6 ℃,最大冻深为 70 cm,多年平均水面蒸发能力在 1 700 mm。

### 三、水文

浊漳河南源现设有漳泽水库基本水文站、北张店小河水文站和申村水库、屯绛水库、

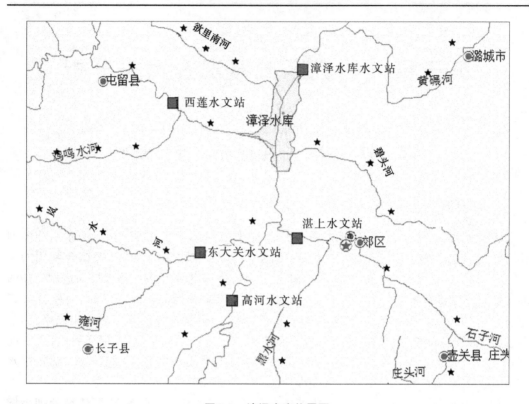

**图 3-1　漳泽水库位置图**

陶清河水库、西堡水库等专用水文站。20 世纪 60 年代已撤的有长子县东王内、长治县上秦、郊区黄碾、屯留县西莲等水文站。

浊漳河南源漳泽水库断面多年平均径流量 2.65 亿 m³。漳泽水库站 1961～1996 年 35 年实测入库年平均径流量 1.75 亿 m³,最大径流量为 1962 年 5.261 亿 m³,最小径流量为 1986 年 2 835 万 m³,年际变化较大。浊漳河南源的水资源还有连续丰水年后又出现连续枯水年的现象。如漳泽水库 1962～1964 年连续三年特丰水年,三年来水量分别为 5.261 亿 m³、5.255 亿 m³ 和 4.018 亿 m³;1977～1995 年连续 19 年来水量低于均值,平均来水量为 7 994.4 万 m³。

浊漳南源流域内河道的冰冻期一般为 11 月下旬至次年 3 月上旬,最早结冰期在 11 月 11 日,最迟融冰期在 3 月 20 日。

### 四、泥沙

浊漳河南源(漳泽)天然多年平均输沙量 363 万 t,侵蚀模数 1 143 t/(km² · a)。

### 五、旱、涝、碱灾害与水土流失

浊漳河南源各河流经的地区,特别是河流经过的上党盆地内,历史上曾发生多次洪水灾害。史料明确记载的 1890 年以前大洪灾有 15 次之多,其中 1482 年秋洪水最大,据调查估算,当时浊漳河南源高河一带洪峰流量达 8 080 m³/s,是漳卫南运河水系山西境内最大的洪水。1962 年 7 月,浊漳河南源也发生过一次全流域性的暴雨洪水,漳泽水库入库洪峰达到 5 160 m³/s(仅次于 1482 年洪水时漳泽洪峰 5 400 m³/s)。

流域内的干旱灾害较洪灾发生更频繁,历史记载的自唐以来大范围旱灾也有近 20 次,大旱引发的饥荒中多次发生人吃人现象。

## 六、社会经济情况

浊漳河南源包括长治市城区、郊区全部,屯留、长子、长治县和壶关县、潞城市、沁县和襄垣县的一部分。南源地区约有人口 184 万,耕地面积 230 万亩。这里地势平坦,宜于灌溉,城镇密集,工业发达,集中了全市主要工矿企业。市区人口约 40 万的长治市是山西南部最大的中心城市。

流域内上党盆地是长治市农业比较发达的地区,传统农业以种植小麦、玉米、谷子、果菜为主,其他经济作物为辅。浊漳河南源流域内工业也较发达,分布有煤炭、电力、冶金、化工、机械等大型能源重工业和一些大型轻工企业,乡镇企业和第三产业也比较发达。

## 七、河道整治

浊漳河南源初步治理河道 80 km。

## 八、水资源开发利用

新中国成立以来,浊漳南源流域内修建了众多的水库,其中有大(2)型水库 1 座,中型水库 6 座,小型水库 46 座。其中申村水库(中型)和漳泽水库(大型)建于浊漳河南源干流上。

漳泽水库位于浊漳河南源干流上的长治市郊区交漳—淹村间,是浊漳河南源干流上的控制性工程,属大(2)型水库,控制流域面积 3 176 km²。1959 年 11 月兴建,1960 年 4 月竣工蓄水,1995 年除险加固改造后,总库容由原来的 1.995 亿 m³ 增加到现在的 4.273 亿 m³,兴利库容 1.104 亿 m³。水库大坝为均质土坝,坝高 22.5 m,溢洪道泄量为 2 100 m³/s,设计洪水标准为 100 年一遇,校核洪水标准为 2 000 年一遇。现已建成为一座具有防洪、供水、灌溉、养鱼、旅游等综合功能的水利工程。该库保护下游郊区、潞城市、襄垣县的部分乡镇以太焦铁路、309 国道、榆长公路、潞矿等。

申村水库位于浊漳河南源干流上的长子县石哲乡申村村东,是浊漳河南源干流上游的控制性工程,属中型水库。控制流域面积 236.2 km²。1958 年 4 月兴建,1958 年 7 月竣工蓄水,1992 年除险加固改造后,总库容 3 381 万 m³。水库大坝为黏土心墙坝,坝高 24 m,设计洪水标准为 100 年一遇,校核洪水标准为 1 000 年一遇。现已建成为一座具有防洪、供水、灌溉、养鱼、旅游等综合功能的水利工程。该库保护下游 31 个村庄的人畜和耕地及太焦铁路、208 国道、省县乡公路等。

位于支流上的屯绛、鲍家河、西堡、陶清河、庄头 5 座中型水库累计总库容 1.40 亿,累计控制流域面积 1 315.1 km²。46 座小型水库累计总库容 4 888.9 万 m³,累计控制流域面积 390.15 km²。

流域内现有万亩以上自流灌区 4 处,万亩以上提水灌区 6 处,井灌区 10 余处。有效灌溉面积达到 58 万亩。漳泽水库作为长治市工农业供水的主要水源,每年提供工业用水和城市居民生活用水 5 000 余万 $m^3$。

流域内有漳泽电厂利用给漳泽水库回水发电的三联电站,装机 1 300 kW。

浊漳河南源水资源的开发利用可采用库群、库泉联合调度和从浊漳河西源的后湾水库调水,相互补充,调度灵活,利用率高。

规划的水利工程有引沁(河)入漳工程,设计年引水 4 000 万 $m^3$;吴家庄水库(待建)给长治市工业供水。

## (一)丹河

丹河(也称小丹河)是浊漳河南源的一级支流,发源于长子、高平两县交界的琉璃山(丹朱岭)北麓,与山南麓的沁河支流丹河源以一岭(丹朱岭)相隔。河自西而东流经张店、崔庄,而后蜿蜒北上,经田良、佈村、郭村、邹村、韩坊、交里等村,在交里村北归入浊漳河南源。河流全长 18 km,流域面积 120 $km^2$,主河道宽 5 ~ 20 m。小支流固益河在邹村东北从左侧汇入丹河。

丹河是上党盆地南部边沿流向盆地内的河流,流域地形为南部高北部低,东西高中部低。河源琉璃山海拔 1 200.5 m,河口一带海拔 917 m。流域地貌为土石山区,占 40%,丘陵阶地占 60%。河道纵坡 1/100 ~ 1/300,河床糙率 0.05 ~ 0.08。流域地形南高北低,南部为缓坡土石山区,面积 25 $km^2$;中部丘陵区(黄土台地),面积 35.4 $km^2$;下游段为冲积平原区,面积 59.6 $km^2$;上游植被有稀疏的乔木林和灌木混生,植被度达 60%。

流域的上游为多雨地带,年降水量 669 mm,蒸发量 1 695.6 mm,年均气温 9.6 ~ 9.3 ℃。流域内年径流量 630 万 $m^3$。多年平均清水流量 0.07 $m^3/s$。

小丹河流域包括大堡头、慈林 2 个乡镇 60 个行政村,耕地面积 8.22 万亩,5.6 万人,人均耕地 1.45 亩。

丹河流域内工业欠发达,有规模的项目仅有采煤业一项。农业种植以小麦、谷子、玉米为主。建立了高效农业种植示范园区,引种和扩大国外名特品种果菜。

流域内现有机井 317 眼,小型机电灌站 5 处。农田灌溉用水 379 万 $m^3$,其中地表水 19 万 $m^3$,地下水 360 万 $m^3$。水保治理面积 5.4 万亩,其中基本农田建设 1.7 万亩,水保造林 2 万亩,封山育林 1.7 万亩。修建淤地坝 11 座、谷坊 1 020 座。河道于 20 世纪 80 年代进行了截弯取直,筑土堤 2.5 km。

流域内常见的旱灾主要有春旱、初夏旱、伏旱和秋旱。洪涝灾害多发生在 6 ~ 9 月。山区水土流失较严重,在丹河的下游段、柳树、郭村村南沿河片为盐碱下湿地。近几年来,由于干旱少雨,地下水位下降,盐碱现象已明显减轻。

## (二)陶清河

陶清河是浊漳河南源的一级支流。源于壶关、陵川两县交界附近壶关县常行乡西马安村北,其主流流经壶关、长治、长子三县,全长 78.7 km,是一条季节性洪水河道。在壶关境内,河流先是自南向北流经东井岭乡西马安,百尺镇韩庄、流泽,店上镇店上、固村;而后向西北经龙泉镇西堡(西堡水库)、紫岩掌、宋堡,在宋堡村南转向西南,经过黄山乡新庄村入长治县西池乡河头村、西池村入陶清河水库;再次改向西偏北方向,过东和乡、北呈乡北岭头、六家后,沿长治、长子两县交界蜿蜒北流,最后在长子县宋村乡南李末村北注入浊漳河南源。陶清河流域面积 735.18 km²，其中壶关县 321.88 km²，长治县 351.5 km²，长子县 61.8 km²。较大支流有荫城河、师庄河（色头河）。

流域中陶清河水库上游为黄土丘陵区和土石山区，区内沟壑纵横，诸山峰高程均在 1 100 ~ 1 400 m，旱垣高程在 1 000 ~ 1 100 m。陶清河水库下游为河谷阶地与平川区。该河河道为洪水河道，平时为干河槽。上游河流两岸为 5 ~ 10 m 高的黄土崖，河槽宽 50 ~ 100 m。下游河谷宽阔，河槽宽 50 ~ 100 m。西堡上游河道平均纵坡 8.53‰，西堡—陶清河水库河段平均纵坡 4.57‰，陶清河水库下游平均纵坡为 2‰。

多年平均降水量为 580 mm，总趋势为自上游向下游递增，流域上游东部为 550 mm，流域西部支流荫城河及下游平均为 604 mm。降水有 70% 以上集中在 6 ~ 9 月。流域上游地区多年平均蒸发量 1 564 mm，下游地区多年平均蒸发量 1 621 mm。极端最低气温 −22.2 ℃，极端最高气温 37.3 ℃。

径流年际变化较大，据西堡水库 21 年实测资料分析，变差系数为 1.02。年径流最大值为 1 970 万 m³，最小值全年径流量为 0。属季节性暴雨型山区河流。洪水暴涨暴落，河川径流量的季节性变化极为显著，洪枯流量相差悬殊。河川径流量以洪水流量为主，清水流量甚微。陶清河多年平均输沙量 63 万 m³。

流域上游的壶关县是山西严重缺水的县区，西堡水库近年来因入库径流过少连续干枯。陶清河水库渗漏严重，需进行治漏改造。流域内的灾害以暴雨引发的洪灾和全流域性的旱灾为主。1962 年曾发生较大洪水。

流域范围内包括 15 个乡镇 358 个行政村，人口 316 252，耕地约 40 万亩。农作物以玉米、谷子、小麦为主。流域下游机械、建材、铸造及煤炭采掘业比较发达。交通运输情况较好，公路四通八达，贯穿该流域。

陶清河流域内有中型水库 2 座（西堡、陶清河水库）、小型水库 9 座（葡萄山、脚步河、石门口、流泽、北宋、东庄、河头、仙泉、坎上等水库）。

西堡水库位于陶清河上游壶关县龙泉镇西堡村，其下游 8.4 km 处是陶清河水库。西堡水库是一座具有防洪、灌溉、水产养殖的中型水库。1958 年 9 月开工，1959 年 9 月竣工蓄水，控制流域面积 222.5 km²，设计总库容 3 364 万 m³，兴利库容 1 709 万 m³。设计洪水标准为 20 年一遇，校核洪水标准为 100 年一遇，大坝为均质土坝，坝高 36 m。2002 年批准了"西堡水库除险加固工程初步设计"，项目包括大坝加固和溢洪道改造。改造后总库容 3 542 万 m³，设计洪水标准为 50 年一遇，校核洪水标准为 1 000 年一遇，为年调节水库。西堡水库和陶清河水库联合运用后，防洪保护区为太焦铁路、207 国道、工矿区、沿途村庄的居民和农田。西堡水库灌区原设计灌溉面积 1.55 万亩，现有效灌溉面积 0.55 万亩。

陶清河水库位于陶清河上长治县东和乡曹家沟村南，是陶清河流域的控制性工程，其上游 8.4 km 处是西堡水库。陶清河水库是一座具有防洪、灌溉、水产养殖和工业供水的多功能中型水库。1959 年 10 月开工，1960 年 4 月竣工蓄水，控制流域面积 615.3 km²，区间流域面积 393 km²，设计总库容 3 970 万 m³，兴利库容 1 750 万 m³。设计洪水标准为 100 年一遇，大坝为均质土坝，坝高 24.1 m。2002 年批准了"陶清河水库除险加固工程初步设计"，项目包括大坝加固、库区治漏和溢洪道改造。改造后总库容 3 432 万 m³，设计洪水标准为 50 年一遇,校核洪水标准为 1 000 年一遇,为年调节水库。水库防洪保护区为水库以下的太焦铁路、207 国道、工矿区、42 个村庄的居民和农田,并与大(2)型的漳泽水库联合调度,以减轻浊漳河南源和干流的防洪压力。陶清河水库灌区原规划灌溉面积 2 万亩,其中自流 1 万亩,高灌 1 万亩。

葡萄山水库位于陶清河支流黄家川村东,1961 年 1 月竣工,属小(1)型水库,控制流域面积 6.8 km$^2$,总库容 258 万 m$^3$,其中兴利库容 130 万 m$^3$,水库大坝为均质土坝,坝高 24 m,溢洪道最大泄量为 18.2 m$^3$/s,设计洪水标准为 50 年一遇,校核标准为 100 年一遇,设计灌溉面积 0.03 万亩,该库保护下游 500 人、1 500 亩耕地。

脚步河水库位于陶清河支流店上镇固村,1972 年 10 月竣工,属小(1)型水库,控制流域面积 5.6 km$^2$,总库容 128 万 m$^3$,水库大坝为均质土坝,坝高 23 m,溢洪道最大泄量为 34.3 m$^3$/s,设计洪水标准为 50 年一遇,校核洪水标准为 100 年一遇,设计灌溉面积 0.03 万亩,该库保护下游 1 个村庄、500 人、1 500 亩耕地、县乡公路。

石门口水库位于陶清河支流店上镇涑上村,1974 年 6 月竣工,属小(1)型水库,控制流域面积 25.6 km$^2$,总库容 350 万 m$^3$,其中兴利库容 212 万 m$^3$,水库大坝为均质土坝,坝高 32 m,溢洪道最大泄量为 115 m$^3$/s,设计洪水标准为 50 年一遇,校核标准为 100 年一遇,设计灌溉面积 0.07 万亩,该库保护下游村庄、人口、耕地和县乡公路。

流泽水库位于陶清河支流百尺乡韩庄村西,1958 年 7 月竣工,属小(1)型水库,控制流域面积 35.6 km$^2$,总库容 708 万 m$^3$,其中兴利库容 252 万 m$^3$,水库大坝为均质土坝,坝高 27.3 m,溢洪道最大泄量为 98.2 m$^3$/s,设计洪水标准为 50 年一遇,校核标准为 300 年一遇,设计灌溉面积 0.15 万亩,该库保护下游 3 个村庄、1 650 人、1 400 亩耕地、县乡公路。

北宋水库位于陶清河支流荫城河次级支流内王河上的南宋乡北宋村,1960 年 3 月竣工,属小(1)型水库,控制流域面积 43.1 km$^2$,总库容 470 万 m$^3$,其中兴利库容 240 万 m$^3$,水库大坝为均质土坝,坝高 11.5 m,溢洪道最大泄量为 184 m$^3$/s,设计洪水标准为 50 年一遇,校核标准为 500 年一遇,设计灌溉面积 1 万亩,供水 210 万 m$^3$,该库保护下游 710 人、8 000 亩耕地、县乡公路和两个工厂。

东庄水库位于陶清河支流荫城河次级支流五集河上的西火镇东庄村,1974 年 10 月竣工,属小(1)型水库,控制流域面积 7 km$^2$,总库容 278 万 m$^3$,其中兴利库容 103 万 m$^3$,水库大坝为均质土坝,坝高 22.5 m,溢洪道最大泄量为 72 m$^3$/s,设计洪水标准为 50 年一遇,校核标准为 200 年一遇,设计灌溉面积 0.1 万亩,供水 0.5 万 m$^3$,该库保护下游 3 个村、1 900 人、5 000 亩耕地、县乡公路。

河头水库位于陶清河支流上的西池乡河头村,1973 年竣工,属小(1)型水库,控制流域面积 10.2 km$^2$,总库容 173 万 m$^3$,其中兴利库容 101 万 m$^3$,水库大坝为均质土坝,坝高 23 m,溢洪道最大泄量为 2.5 m$^3$/s,设计洪水标准为 50 年一遇,校核标准为 100 年一遇,设计灌溉面积 0.4 万亩,该库保护下游 3 个村、1 500 人、200 亩耕地、县乡公路。

仙泉水库位于陶清河支流上的西池乡仙泉村,1972 年竣工,属小(2)型水库,控制流域面积 3 km$^2$,总库容 22.5 万 m$^3$,水库大坝为均质土坝,坝高 12.5 m,设计洪水标准为 30 年一遇,校核标准为 50 年一遇,该库保护下游 2 个村、500 亩耕地、县乡公路。

坟上水库位于陶清河支流上的西池乡坟上村,1970 年竣工,属小(2)型水库,控制流域面积 3 km²,总库容 61.5 万 m³,水库大坝为均质土坝,坝高 19.3 m,设计洪水标准为 30 年一遇,校核标准为 50 年一遇,该库保护下游 2 个村、500 亩耕地、县乡公路。

建成人畜饮水解困工程 3 处。其中:西堡深井工程可解决 1.6 万人的饮水问题;八义集中供水工程,解决 12 个人畜饮水困难村,人口 17 437,大畜 446 头;西池集中供水工程,解决 11 个人畜饮水困难村,人口 16 000,大畜 563 头。机电井 492 眼总装机容量 2 700 kW,旱井 11 098 眼,旱池 162 个,以及七里栈供水工程输水管网等。发展各种节水灌溉面积 30 770 亩。

壶关县目前林地保存面积为 17.97 万亩,占流失面积的 58%,其中乔木林 10.64 万亩,经济林 1.51 万亩,灌木林 5.82 万亩,果园 0.855 万亩,基本农田 16.73 万亩,补植补播 5.8 万亩。修建筑骨干坝 1 座、闸谷坊 2 590 座,修排引洪区 63 条、长 57 km,初步取得了明显的经济效益、生态效益和社会效益。1997 年以来,又配合修筑了生态防护墙。

长治县陶清河流域累计完成水土流失治理面积 177 600 亩,其中包括建成高标准水平梯田 17 645 亩,沟坝地 7 305 亩,滩地 9 615 亩,旱垣坪地 56 520 亩,种植水保林 38 275 亩,种草 4 349 亩,封山育林面积 46 834 亩。流域共完成土堤修筑加固 21 km,石堤修筑 14.43 km。河道整治形式为顺河堤截弯取直,河道宽度 10~100 m。建成通堤路 4.5 km,沿河绿化带 8.6 km。

**(三)荫城河**

荫城河为陶清河的一级支流。源于长治县西火镇上西掌村,流经西火、东蛮掌、横河、石炭峪、荫城、桑梓、王坊、李坊等村,在李坊村北入陶清河水库而汇入陶清河,河流全长 20 km,流域面积 157.3 km²,糙率 0.04。河流在上西掌—西火段为向东流,西火—横河为自南向北流,横河—河口流向为北偏西。在桑梓村东,有支流南宋河从左岸注入。总的地貌特征是山岭连绵,丘陵起伏,河谷穿插,沟壑纵横。该流域所处多为土石山区,水土流失现象较严重,所挟带泥沙中含大量推移质。域内植被覆盖情况较差,除有少量林区外,一般只有灌木、草丛被覆,属中等侵蚀区。

荫城河为洪水河道,仅在雨后短时内有径流。河流为山区河流,河床为土砂质。该河是丘陵阶地上覆的黄土遇水形成冲沟而扩展的河道,现河床大致稳定。

荫城河多年平均年径流量 440 万 m³,年输沙量 13 万 m³。

在支流南宋河上建有小(1)型水库 1 座——北宋水库,总库容 470 万 m³,控制流域面积 43.1 km²。

荫城河流域涉及长治、壶关两县,西火、荫城、南宋、百尺共 4 个乡镇 90 个行政村,现有住户 21 375 户,人口 81 493(其中农业劳动力 39 451 个),耕地面积 88 143 亩。区域内工业以煤炭采掘为主。

荫城河流域累计完成顺河堤修筑工程 9.9 km(其中土堤 6.2 km,石堤 3.7 km),荫城河河道宽度为 10~80 m。修筑通堤路 2.5 km,建成沿河绿化带 3.1 km。

建成水利工程包括:北宋水库、东庄水库;节水工程 35 处,节水灌溉面积 8 805 亩;塘坝 33 处,总库容 251 万 m³。水保治理面积达到 112 875 亩,其中水平梯田 11 610 亩,沟坝地 3 344 亩,滩地 6 270 亩,旱垣坪地 30 300 亩,水保林面积 18 070 亩,种草 3 644 亩,封山育林面积达到了 35 220 亩。

### (四)岚水河

岚水河为浊漳河南源的一级支流。发源于屯留县盘秀山东麓的丰宜镇桥华沟和沙则沟,自西向东流经黑家口、吴寨、西流寨、丰宜,在丰宜以东入长子县境,继续东流经过营里、鲍家河水库,在东里村南流向东偏南方向,沿途经过关村、岚水、东贾、李庄,而后又向东偏北经大关村、董村进入长治市郊区,在杨暴村北注入浊漳河南源,河流全长 58.43 km,流域面积 463.36 km²。该河在长子县吴村以上流经土石山区,比降为 20‰~15‰;吴村以下流经黄土丘陵区和冲积平原,比降 5.2‰~0.63‰。岚水河的主要支流有金丰河、雍河。

河源至屯留西丰宜河段,河床以砂卵石为主,部分出露为基岩,河道较顺直,河床稳定。西丰宜至岚水河段穿过黄土丘陵阶地,河道左右折冲不定。岚水以下河道进入上党盆地的冲积平原区,河势变缓,蜿蜒曲折。

岚水河流域地形为西高东低,西部诸山峰均在海拔 1 000 m 以上,最高为长子、安泽两县交界的顶顶山,海拔 1 538 m。东部地势平缓,河口高程只有 905 m 左右。流域地貌按面积划分,大约为西部土石山区占 49.6%,中部黄土丘陵区占 16.8%,东部冲积平原区占 34.6%。上游山区有二叠系石千峰组砂岩,沿河多为冲积淤积层,属第四纪上更新世亚黏土、亚砂土,河漫滩及河床为冲积层,有亚砂土、粉细砂,并夹有砾石。干流在长子县流经地区为丘陵前缘的高台地地带,地形低下。

流域多年平均年降水量 588.2 mm,年内年际变化也较大。一年中 70% 以上的降水发生在 6~9 月,且多以暴雨形式出现。最大年降水量 964.7 mm(1971 年),最小年降水量 371.1 mm(1965 年),年平均蒸发量为 1 599 mm。

岚河多年平均年径流量 2 499 万 m³,该河径流来源主要在上游山区,各支流均有清水流量,枯水期清水流量 0.216 m³/s。河流冰封期一般在 11 月上旬至第二年 3 月上旬。年输沙量约 30 万 m³,主要为粉细砂。

据史料分析统计,流域内旱灾平均 1.3 年发生一次。岚河两岸台地的小涝约 5 年一次,中涝约 10 年一次,较大的洪水 30~40 年发生一次。近年来由于地下水位大幅下降,流域东部岚河谷地的渍害已自然消失。

流域内包括屯留县丰宜镇、长子县碾张乡、岚水乡、鲍店镇、宋村乡,共 68 个行政村,有耕地 17.756 万亩,人口 6.754 8 万,农作物以小麦、玉米、谷物为主。

流域内水利工程有 1 座中型水库(鲍家河),3 座小型水库,万亩自流灌区 1 处,机电井 452 眼,小型电灌站 20 余处。由于地下水位大幅下降,目前碱害已基本消失。

鲍家河水库位于岚河干流上长子县碾张乡鲍家河村,是岚河上游的控制性工程。是一座具有防洪、灌溉、水产养殖综合效益的中型水库。1976 年 11 月开工,1979 年 7 月竣工蓄水,控制流域面积 175.4 km²,设计总库容 1 442 万 m³,其中兴利库容 443 万 m³。大坝为均质土坝,坝高 21 m。设计洪水标准为 100 年一遇,校核洪水标准为 200 年一遇,为年调节水库。水库包括鲍家河库区和关村库区[原为小(1)型水库]两部分。水库防洪保护区为水库以下村庄的居民和农田,并与大(2)型的漳泽水库联合调度,以减轻浊漳河南源和干流的防洪压力。

鲍家河水库灌区设计灌溉面积 3.85 万亩,其中南灌区 1.65 万亩,北灌区 2.2 万亩(未实施)。

石泉水库位于岚水河支流屯留县丰宜镇石泉村,1958 年 10 月竣工,属小(1)型水库,控制流域面积 5.3 km²,总容库 100 万 m³,其中兴利库容 64 万 m³,水库大坝为黏土心墙坝,坝高 13 m,溢洪道最大泄量为 21.5 m³/s,设计洪水标准为 50 年一遇,校核标准为 500 年一遇,设计灌溉面积 0.15 万亩,该库保护下游 0.1 万亩耕地。

陈家庄水库位于岚水河支流屯留县丰宜镇陈家庄,1977 年竣工,属小(2)型水库,控制流域面积 5 km²,总容库 39.6 万 m³,其中兴利库容 32.4 万 m³,水库大坝为均质土坝,坝高 19.7 m,设计洪水标准为 30 年一遇。

流域内水保治理面积 6.2 万亩,其中基本农田建设 1.76 万亩,水保造林 4.26 万亩,种草 0.18 万亩。建骨干坝 1 座,淤地坝 35 座,谷坊 2 100 座。

岚水河河道疏浚河道 17 km,筑土坝 12.7 km,砌石护坡 2.8 km,通路绿化 30 km。

### (五)雍河

雍河是岚水河的一条较大支流。发源于长子县常张乡西部黄龙泉山下,由西向东方向流。经壁村、韩村至坝里村东向东北方向,又经王坡底、朱坡底、大京、南李庄至何村村南汇入岚水河。雍河全长 28 km,流域面积 106 km²。流域包括常张、石哲、丹朱、宋村四个乡(镇)。雍河是条平川型河流,上游段河道纵坡 1.0‰,中游段河道两侧为土质岸壁,土堤高于河外耕地 1 ~ 1.5 m。河床为 V 型和 U 型断面,下游段河床为滩地,河道纵坡为 6‰ ~ 1.6‰,平均纵坡 2.6‰,水流较为平缓,河床内有稀疏水草和水生植物。河床糙率 0.03 ~ 0.05。

流域地形西高东低,西部黄龙泉山海拔 1 256 m,是流域的最高峰,由西向东逐渐低缓。按地貌分区,西部为土石山区,面积 12 km²;中部为黄土丘陵区,面积 37.7 km²;东部为平川区,面积 56.3 km²。上游植被较好,有茂密的松林;中部的黄土丘陵区,沟壑纵横,是流域内最主要的水土流失区。

流域内气候温和,年降水量 648.5 mm,年均气温 9.3 ℃,年均蒸发量 1 695.6 mm。雍河流域年均径流量 531 万 m³,可控制利用 265 万 m³,其中雍河水库上游 152 万 m³,区间清水 45 万 m³,池塘 68 万 m³。清水流量平均为 0.08 m³/s,壁村以上段 0.013 m³/s(入库流量),雍河与岚水河交汇处 0.114 m³/s。雍河系土质河床,年输泥沙量 1.4 万 m³。沿河两侧的耕地,遇涝年即为下湿地。

流域内包括石哲、常张、丹朱、宋村四个乡(镇)的 54 个村 43 000 人,耕地面积 8.47 万亩。

雍河流域内已开发利用水资源 340 万 m³,其中地表水 5 万 m³,地下水 335 万 m³。

雍河水库位于岚水河支流雍河上的长子县常张乡韩村,1957 年竣工,属小(1)型水库,控制流域面积 22 km²,总容库 121 万 m³,其中兴利库容 44 万 m³,水库大坝为黏土心墙坝,坝高 9 m,溢洪道最大泄量为 165 m³/s,设计洪水标准为 50 年一遇,设计灌溉面积 0.2 万亩,该库保护下游 3 个村 2 100 人、6 000 亩耕地、县乡公路。

流域水土保持治理面积 2.07 万亩,其中基本农田 0.85 万亩,水保造林 1.0 万亩,封山育林 0.22 万亩,水保工程有淤地坝 26 座,谷坊 1 100 座。

### （六）石子河

石子河是浊漳河南源一级支流。其主河道始于壶关县石坡乡盘马池村东,向西北方向经晋庄镇北庄、西七里、晋庄、东崇贤、庄头水库、杜家河、集店等村进入长治市区,经过石桥、壶口、桃园等村后,自东向西从长治市主城区北部穿过,再过紫坊、邱村、蒋村之后向北流至北塞村西汇入浊漳河南源,河流总长46 km,流域面积385.33 km²。石子河上中游河道为石山区河道或有黄土覆盖的土石山区河道,仅在暴雨时产生洪水径流,平时干涸无水。石子河上中游沟道宽度一般在50 m以上,河(沟)道比降平均15‰,坡陡流急,洪水危害严重。下游河道宽10~25 m,比降5‰左右,个别河段如市区桃园段因人工改道,河宽仅5 m左右,行洪不畅,壶口一带有民居挤占河道现象。石子河主要支流有龙丽河、东排洪渠(长治城东的人工河道)、南护城河、黑水河等。在长治市主城区的东西两侧分别有支流东排洪渠和黑水河汇入石子河。

流域上中游地貌为石山区和土石山区,下游为河流阶地与平川区。流域涉及壶关县、长治市城郊区和长治县。地势为东高西低。石子河干流源头盘马池附近山峰海拔1 747 m,长治市区地面高程为910~940 m,河口高程仅902 m左右。流域内石山区面积约90 km²,占23.4%;土石山区面积80 km²,占20.8%;河流阶地与平川区164 km²,占42.5%;丘陵区约51.25 km²,占13.3%。

流域多年平均降水量582.6 mm,降水量年内变化极不均匀,多集中于7~9月。流域多年平均蒸发量1 591.3 mm。

石子河多年平均径流量约2 000万m³,多为下游河段接纳的城市生活污水和工业废水。枯水流量(污水)0.3~0.5 m³/s。据水环境监测部门监测结果,多年石子河紫坊断面水质仅符合灌溉用水(四级)标准。

石子河是一条洪水多发的河道,由于其上游比降大,洪水来势猛,多次造成较大洪灾。有记载的历史洪水多达20余次,最近的几次洪水分别发生于1906年、1913年、1950年和1962年。这四次中以发生于1950年7月13日的洪水最大,洪峰流量达1 370 m³/s,石子河两岸洪水漫溢,长治市区石子河以南、黑水河以东、南护城河以北大部分主城区及桃园、捉马、紫坊一带均被淹没,损失巨大。长治市城东排洪渠就是在这次洪水后,为防御市区东山暴雨洪水,紧急人工开挖的一条长5.8 km的人工河道。

石子河流域基本上以旱年为主,春旱发生最多。史料记载的大雹与涝灾也较多。近四十年来,流域内以大范围的干旱为主要灾害,洪涝灾害只是发生于局部。

石子河流域涉及壶关县石坡乡、晋庄镇、龙泉镇、集店乡的89个村、8.313 8万人、8万亩土地;长治市城区10个街办事处34万人;长治县的西池乡、韩店镇、苏店镇、郝家庄乡的47个村、7.162 6万人、93 838亩耕地;长治市郊区的堠北庄镇、大辛庄镇的4个村、0.542 1万人、6 225亩耕地。共计约50万人。

石子河流域内的农业以种植玉米、谷物、小麦、蔬菜为主。中上游地区由于地表水源稀少,地下水埋藏过深,农业生产基本处于"靠天吃饭"状态。下游为上党盆地的一部分,农业灌溉条件较好。石子河流域内的长治市是山西南部最大的综合性工业城市,各方面工业基础较好。流域内乡镇企业也比较发达,以冶炼、建材、陶瓷、采煤、加工业等为主。

石子河上曾先后修建中型水库3座、小型水库2座。近几年,逐步疏浚拓宽整治了市区河道。但是,市区河道上的部分桥、涵不达行洪标准,仍是影响长治市区防洪安全的隐患。在石子河下游建设长治市污水处理厂的前期准备也正在进行中。污水处理工程建成后,将大大减轻城市污水对漳泽水库的污染。石子河流域内的中小型水库均以防洪为主;深井、旱井、旱池等工程均以解决人畜饮水为主,其中深井供水工程可解决近9万的人畜饮水问题;近年来,利用其富余水量发展了节水灌溉面积2 400亩。

杜家河水库位于石子河上壶关县龙泉镇杜家河村,是一座以防洪为主的中型水库。1958年4月开工,1958年8月竣工蓄水,控制流域面积134.8 km²,设计总库容1 067万 m³,兴利库容250万 m³。大坝为均质土坝,坝高30 m。设计洪水标准为50年一遇,为年调节水库。1994年淤积量达720万 m³,占总库容的67.5%。

庄头水库是在杜家河水库严重淤积,调蓄能力降低,不能正常发挥防洪效益的情况下,在杜家河水库上游2.5 km处壶关县晋庄镇庄头村又兴建的一座中型水库。1974年10月动工,1977年10月竣工蓄水,取代了杜家河水库的供水效益和防洪功能。控制流域面积119.1 km²,总库容1 675万 m³,其中兴利库容821万 m³。大坝为均质土坝,坝高44 m。设计洪水标准为100年一遇,校核洪水标准为300年一遇,经1983年"三查三定"确定:设计洪水标准为100年一遇,校核洪水标准为1 000年一遇,为年调节水库。水库防洪保护区为水库以下城市村庄的居民和农田,并与大(2)型的漳泽水库联合调度,以减轻浊漳河南源和干流的防洪压力。

龙丽河水库位于石子河支流壶关县龙泉镇东街,1960年2月竣工,属小(1)型水库,控制流域面积48.3 km²,总库容795万 m³,其中兴利库容151万 m³,水库大坝为均质土坝,坝高21.5 m,溢洪道最大泄量为52 m³/s,设计洪水标准为50年一遇,校核标准为300年一遇,设计灌溉面积0.25万亩,供水10万 m³,该库保护下游县乡公路。

天河水库位于石子河支流黑水河上长治县苏店街天河村,1972年竣工,属小(2)型水库,控制流域面积5 km²,总库容45.5万 m³,水库大坝为均质土坝,坝高20 m,设计洪水标准为30年一遇,校核洪水标准为50年一遇(现达100年校核),该库保护下游县乡和公路。

石子河支流东排洪渠是70年代初开挖的一条人工渠道,长5.8 km、宽25 m、深1.5 m,大部分为土堤,小部分为干石砌成,共有大小桥涵10座;黑水河支流南排洪渠和南护城河下游东西段也是70年代开挖的人工河渠。

石子河、黑水河城区段河道进行了取直、拓宽、浆砌石结合混凝土空心块护坡,两岸设置护栏等,整治后河段的行洪能力已达到中等城市50年一遇的标准。

1958年8月曾在现长治市郊区长井村建成一座设计库容695.8万 m³的石子河水库,1962年大坝加高,库容相应增加到1 860万 m³。

## (七)黑水河

黑水河为石子河的一级支流。发源于长治县韩店镇黎岭村,自南向北经柳林、林移、司马、安城、北郭等村后入长治市城区,又经针漳、西南关、长子门村后在主城区西部沿城西路继续北流,在城区紫坊村东南注入石子河。河流全长15.1 km,平均降3.6‰,流域面积108.45 km²。在市区西南关—长子门河段,支流南排洪渠和南护城河从右岸汇入。黑水河是上党盆地中的平川河流,河谷宽浅,北郭村上游河段天然土质河道宽5~15 m,长子门村段河道仅10 m左右,阻水严重。

黑水河中下游河道平缓,水流不畅,对长治市主城区西南部及西部防洪造成较大压力。1960 年 7 月 16 日该河曾发生流量为 409 m³/s 的洪峰,冲毁房屋 360 间、桥涵 7 座,受淹面积 18 km²,淹死 26 人。以后结合长治城市防洪加快黑水河整治改造,黑水河城区段长子门至紫坊村口段 1965 年进行了拓宽,1995 年又进行了浆砌石结合预制空心块护坡,断面 50 m×3.5 m,整治长 2.6 km。1984 年在黑水河支流南护城河兴建了南关氧化塘,1994 年对它进行了改造治理,氧化塘往西至长子门与黑水河汇合处全部为浆砌石护坡,长 4.7 km。

黑水河流域涉及城区 4 个街道办事处、7 个行政村、约 14 万人,长治县西池乡、韩店镇、苏店镇、郝家庄乡的 47 个行政村、人口 71 626、耕地面积 93 838 亩。

### (八)绛河

绛河是浊漳河南源最大的一条支流,它分为南、北两源。北源也称庶纪河,始于沁县西南部南泉乡里庄村北的官道沟和西沟村北,分别经大平村和庶纪村,在下安庄汇合,向南流入屯留县张店镇,过宜林后改向东南流。当地习惯上以南源为绛河主源,南源始于屯留、安泽交界处盘秀山以北屯留县张店镇烟火沟,向东北方向流经八泉、七泉、西石、张村等村,在张店镇张店村南与北源汇合。绛河自西向东,横贯屯留县全境,经过丈八庙、牛王庙、店上、河神庙、屯留县城、崔郚等县(镇),在东司徒村南注入浊漳南源的漳泽水库。沿途有下立寨河、城咀河、枣臻河、西曲河、余吾河、鸡鸣河等 20 余条小支流汇入。

绛河全长 84.9 km,流域面积 876.71 km²。河流比降从里庄至牛王庙为 1/300 ~ 1/600,牛王庙至店上为 1/300 ~ 1/600,河神庙至汇入浊漳河南源河口处为 1/400 ~ 1/1 000。屯绛水库(店上)以上河道为典型的山区河流,坡降大,河床深。屯绛水库以下河流进入丘陵地区,河床为细砂组成,河宽 50 ~ 60 m。河道蜿蜒曲折,主流摆动频繁。河道下游段受漳泽水库回水影响淤积严重,行洪不畅。

绛河流域西部为土石山区,东部为河流阶地,总的地势为西高东低。流域内最高点为屯留、安泽交界处的盘秀山,海拔 1 573.8 m;最低点为东司徒村南的绛河河谷,海拔 902 m。流域北隔分水岭与浊漳河西源相邻,最高峰为老爷山,海拔 1 266 m,流域南与岚水河流域相邻。

流域多年平均降水量 620 m,降雨年内分配不均,7 ~ 9 月降水量占全年降水量的 60% 以上,年最大降水量为 750 mm,年最小降水量 490 mm,流域内年平均气温 9.1 ℃,最高温度 37.4 ℃,最低温度零下 22 ℃。流域多年平均蒸发量 1 588 mm。

绛河多年平均年径流量约 7 500 万 m³,年径流年际分配不匀。根据屯绛水库统计资料,水库坝址多年平均径流量 5 220 万 m³,实测最大年径流量 13 600 万 m³(1971 年),实测最小年径流仅 1 110 万 m³,丰枯比达 12.3。绛河清水流量约 0.5 ~ 0.8 m³/s,河流一般在 12 月下旬封冻,次年 2 月末 3 月初开河。屯留是个传统农业县,工业不发达,绛河流域地表水体基本无污染。据 2018 年及多年监测结果,绛河北张店、东司徒两个断面水质均符合饮用和渔业用水(二级)标准。

北张店水文站,1959 年建在主流上游的张店镇张店村,观察年限达 50 多年,为该流域的水文气象情况提供了宝贵的资料。

绛河流域涉及长治市的沁县、长子、屯留三县和临汾地区安泽县,屯留县部分占了

93.5%的流域面积。流域内屯留县部分涉及张店、河神庙、麟绛、余吾、李高及上村 6 个乡镇,总耕地面积 40.4 万亩,总人口 146 620,其中非农业人口 14 707,农业人口 131 913,除张店镇人口分布分散外,其他 5 个乡镇都比较集中,且人口密集度也高,是长治市重要的产粮基地。屯留县城坐落在绛河南岸,是绛河流域人类社会经济活动的中心。流域内土地肥沃,耕作条件好。农作物种植以小麦、玉米为主。

流域内建成的水库 20 座,其中中型水库 1 座,小(1)型水库 2 座,小(2)水库 17 座,万亩自流灌区 1 处。

屯绛水库也称屯绛八一水库,位于绛河干流上的屯留县河神庙乡店上村西,是绛河上的控制性工程,属中型水库。1958 年 8 月竣工,控制流域面积 407 km²,总库容 3 770 万 m³,兴利库容 2 128 万 m³。水库大坝为均质土坝,坝高 30 m,溢洪道泄量为 498 m³/s,设计洪水标准为 100 年一遇,校核洪水标准为 1 000 年一遇。设计灌溉面积 8.65 万亩(屯绛灌区)。现已成为一座具有防洪、灌溉、发电、养鱼综合功能的水利工程。它的兴建使主流的洪峰流量由原来的 14 800 m³/s 削减为 7 545 m³/s,有力地保障了沿岸人民生命财产的安全。该库保护下游 5 个乡镇 55 个村、2.4 万人、1.5 万亩耕地、漳泽水库和国、省、县、乡、公路等。

在绛河支流上还建有 2 座小(1)型水库和 17 座小(2)型水库。两座小(1)型水库是东洼水库(总库容 102 万 m³,集雨面积 13.2 km²)和贾庄水库(总库容 163.3 万 m³,集雨面积 12 km²)。19 座小(2)型水库,合计总库容 531.2 万 m³,流域面积 67.93 km²。

另外,流域内各乡村在主流和支流上修建了 40 多处提水工程、10 余条自流渠。为使河流内的水资源利用与生态环境建设相结合,河道内修建人字闸 6 处。

水力资源理论储量为 2 910 kW,可开发水力资源 1 300 kW,至今没有得到开发。

**(九)余吾河**

余吾河又称交川河,是浊漳河南源水系中绛河的支流。余吾河发源于屯留县余吾镇交川村西北的白龙坡,自北而南,流经交川、上莲、李村、余吾等村,在余吾村北折向东南,经东邓、后河、苏村,在河头村南汇入绛河。河流全长 20 km,河宽 5 ~ 15 m,流域面积 100 km²。余吾河流域涉及屯留县的余吾镇、路村乡、麟绛镇,河型为蜿蜒型。流域内有小型水库 3 座。东洼水库位于余吾河支流许村河上,总库容 102 万 m³,控制流域面积 13.2 km²;武庄水库在余吾河支流石林河上,总库容 11 万 m³;上莲水库位于支流后上莲沟内,总库容 72.5 万 m³,控制流域面积 3.5 km²。

# 第二节　水质状况及主要污染物变化趋势

## 一、采样方案

水质评价监测断面布设于水库大坝出水口位置(E113°36′33″, N36°19′21″),采样时间为每月上旬,每年采样 12 次。监测项目主要包括:pH 值、DO、高锰酸盐指数($COD_{Mn}$)、化学需氧量($COD_{Cr}$)、总磷(TP)、总氮(TN)、氨氮($NH_3 - N$)、氟化物($F^-$)、砷、汞、六价铬($Cr^{6+}$)、氰化物、挥发酚、硫酸盐($SO_4^{2-}$)、氯化物($Cl^-$)、硝酸盐($NO_3^-$)、石油类等。

分析方法采用《地表水环境质量标准》(GB 3838—2002)基本项目分析方法。现场采样选择晴空、无风的天气下进行,分别采集水面以下 0.5 m 表层水样和底层以上 0.5 m 底层水样各 500 mL ,混合后加入相应保存试剂后密封保存,带回实验室在规定保存时间内进行测定,见表 3-1。

表 3-1　监测项目及保存方法

| 监测项目 | 分析方法 | 方法来源 | 保存方法及保存剂 | 保存时间 |
|---|---|---|---|---|
| pH 值 | 玻璃电极法 | GB/T 6920—1986 | | 12 h |
| DO | 碘量法 | GB/T 7489—1987 | 加入 $MnSO_4$,碱性 KI、$NaN_3$ 溶液,现场固定 | 24 h |
| $COD_{Mn}$ | 塞氏 | GB/T 11892—1989 | $0 \sim 4$ ℃避光保存 | 2 d |
| $COD_{cr}$ | 重铬酸钾法 | HJ 828—2017 | $H_2SO_4$,pH 值≤2 | 2 d |
| $NH_3 - N$ | 纳氏试剂分光光度法 | HJ 535—2009 | $H_2SO_4$,pH 值≤2 | 24 h |
| TN | 碱性过硫酸钾消解紫外分光光度法 | HJ 636—2012 | $H_2SO_4$,pH 值≤2 | 7 d |
| TP | 钼酸铵分光光度法 | GB/T 11893—1989 | HCl,$H_2SO_4$,pH 值≤2 | 24 h |
| $F^-$ | 氟试剂分光光度法 | HJ 488—2009 | $0 \sim 4$ ℃避光保存 | 14 d |
| 砷 | 原子荧光法 | SL 327—2005 | 1 L 水样加浓 $HNO_3$ 10 mL | 14 d |
| 汞 | 原子荧光法 | SL 327—2005 | 1 L 水样加浓 $HNO_3$ 10 mL | 14 d |
| $Cr^{6+}$ | 二苯碳酰二肼分光光度法 | HJ 908—2017 | NaOH,pH 值 = $8 \sim 9$ | 14 d |
| 氰化物 | 容量法和分光光度法 | HJ 484—2009 | NaOH,pH 值≥9 | 12 h |
| 挥发酚 | 4 - 氨基安替比林分光光度法 | HJ 503—2009 | 用 $H_3PO_4$ 调至 pH 值 = 2,用 $0.01 \sim 0.02$ g $C_6H_8O_6$ 除去残余氯,$0 \sim 4$ ℃避光保存 | 24 h |
| $SO_4^{2-}$ | EDTA 滴定法 | SL 85 - 1994 | $0 \sim 4$ ℃避光保存 | 30 d |
| $Cl^-$ | 硝酸银滴定法 | GB/T 11896—1989 | $0 \sim 4$ ℃避光保存 | 30 d |
| $NO_3^-$ | 紫外分光光度法 | SL 84—1994 | $0 \sim 4$ ℃避光保存 | 24 h |
| 石油类 | 红外分光光度法 | HJ 637—2012 | HCl,pH 值≤2 | 7 d |

## 二、水质状况分析

通过分析 2007 ~ 2017 年漳泽水库的监测数据,发现 2007 年开始漳泽水库已经恶化至 V 类和劣 V 类的水质,与 2000 年漳泽水库Ⅲ类水质相比较,主要超标指标为总磷、总氮、氨氮以及化学需氧量,总氮、总磷以及高锰酸盐指数 75% 以上月份的测定值大于 2000 年月平均值。2007 ~ 2017 年监测数据及与 2000 年均值比较统计详见表 3-2。

表 3-2　2007~2017 年监测数据及与 2000 年均值比较统计

| 监测项目 | | pH | DO | $COD_{Mn}$ | $COD_{cr}$ | $NH_3-N$ | TN | TP | $F^-$ | 砷 | 汞 | 铜 | 锌 | $Cr_6^+$ | 氧化物 | 挥发酚 | $SO_4^{2-}$ | $Cl^-$ | $NO_3^-$ |
|---|---|---|---|---|---|---|---|---|---|---|---|---|---|---|---|---|---|---|---|
| 样品总数（个） | | 132 | 132 | 132 | 132 | 132 | 132 | 132 | 132 | 132 | 132 | 60 | 60 | 132 | 132 | 132 | 74 | 74 | 132 |
| 最小值（mg/L） | | 7.01 | 4.4 | 2.8 | 5 | 0.02 | 0.91 | 0.051 | 0.37 | 0.0001 | 0.00001 | 0.002 | 0.001 | 0.002 | 0.0002 | 0.0002 | 200 | 35.4 | 0.04 |
| 最大值（mg/L） | | 8.65 | 12.7 | 7.2 | 32.8 | 1.31 | 15.3 | 0.346 | 1.04 | 0.0088 | 0.00042 | 0.002 | 0.177 | 0.008 | 0.0187 | 0.0016 | 82 | 116 | 2.37 |
| 平均值（mg/L） | | 7.9 | 9 | 4.6 | 17.6 | 0.55 | 2.37 | 0.094 | 0.62 | 0.0027 | 0.00002 | 0.002 | 0.008 | 0.002 | 0.0020 | 0.0005 | 130 | 76.4 | 1.05 |
| 与地表水Ⅲ类标准相比 | 标准值（mg/L） | 6~9 | ≥5 | 6 | 20 | 1.0 | 1.0 | 0.05 | 1.0 | 0.05 | 0.0001 | 1.0 | 1.0 | 0.05 | 0.2 | 0.005 | 250 | 250 | 10 |
| | 超标次数 | 0 | 2 | 4 | 37 | 5 | 131 | 103 | 1 | 0 | 0 | 0 | 0 | 0 | 0 | 0 | 0 | 0 | 0 |
| | 超标率（%） | 0 | 1.5 | 3 | 28 | 3.8 | 99.2 | 78 | 1 | 0 | 0 | 0 | 0 | 0 | 0 | 0 | 0 | 0 | 0 |
| 与2000年均值相比 | 年均值（mg/L） | 8.2 | 8.3 | 3.89 | | 0.6 | 1.27 | 0.04 | 0.63 | 0.002 | 0.000005 | | | | 0.002 | 0.001 | 121 | 79.4 | 0.57 |
| | 超标次数 | 0 | 45 | 103 | | 51 | 125 | 119 | 49 | 79 | 0 | 4 | 0 | | 4 | 2 | 52 | 39 | 104 |
| | 超标率（%） | 0 | 34 | 78 | | 39 | 95 | 90 | 37 | 60 | 0 | 3 | 0 | 0 | 3 | 2 | 70 | 53 | 79 |
| 水质类别 | | Ⅰ | Ⅰ | Ⅲ | Ⅲ | Ⅲ | Ⅴ | Ⅳ | Ⅰ | Ⅰ | Ⅰ | Ⅰ | Ⅰ | Ⅱ | Ⅰ | Ⅰ | Ⅰ | Ⅰ | Ⅰ |

### 三、污染物变化趋势

肯达尔趋势检验法分析结果表明,漳泽水库水体主要污染物含量无显著升降趋势。

#### (一)有机污染物含量变化

2007～2017年,库区$COD_{Mn}$和$COD_{cr}$含量年际变化见图3-2～图3-3,水库水体$COD_{Mn}$年均含量未超出地表水Ⅲ类水标准,但均已经超出2000年平均值,2009年以后库区$COD_{Mn}$含量有较为明显的上升,直到2017年又略有下降,但是仍旧未回到2000年水平。多年$COD_{cr}$含量在Ⅲ类水标准附近变化,其中2016年平均值超出了Ⅲ类水标准,2017年又有所回落。

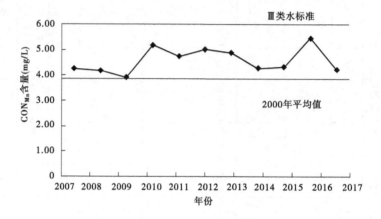

图 3-2　库区 $COD_{Mn}$ 含量年际变化

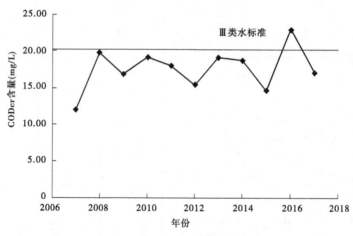

图 3-3　库区 $COD_{Cr}$ 含量年际变化

#### (二)氮磷含量变化

库区氮磷含量从2007年开始均有下降趋势,其中$NH_3-N$含量2014年开始下降较为明显,2007～2017年$NH_3-N$含量均在地表水Ⅲ类标准之下,个别年份(2008年、2010年、2014年)$NH_3-N$含量在2000年平均值之上,见图3-4。

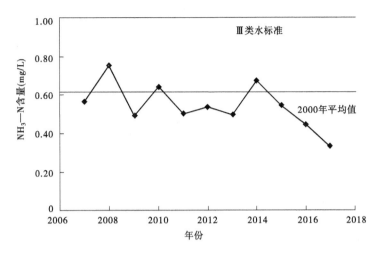

**图 3-4 库区 NH₃-N 含量年际变化**

库区总氮、总磷含量变化趋势较为相似,2009 年之前总氮含量下降较为明显,之后年份虽有上升,但是基本维持在一个固定浓度范围内;总磷含量则是 2010 年之前呈现下降趋势,2012 年之后在固定浓度范围内上下波动;但是 TN、TP 含量均在地表水Ⅲ类标准以及 2000 年平均值之上,见图 3-5、图 3-6。

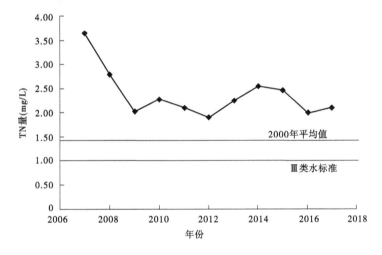

**图 3-5 库区 TN 含量年际变化**

**(三)无机盐含量变化**

库区氟化物、硫酸盐、氯化物、硝酸盐等无机盐的含量均未超出Ⅲ类水标准限制,其变化趋势表现为氟化物含量近 10 年在 2000 年平均值上下波动;硝酸盐含量在 2000 年平均值上方上下波动;硫酸盐、氯化物表现为 2007～2013 年逐年上升趋势,详见图 3-7～图 3-9。

**(四)金属有毒物含量变化**

库区砷、汞、铜、锌、$Cr^{6+}$ 含量均未超出Ⅲ类水标准。其含量变化表现为,砷含量多年

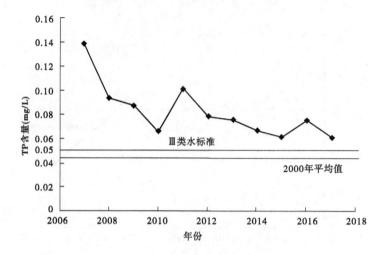

图3-6 库区 TP 含量年际变化

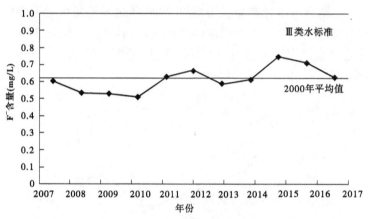

图3-7 库区 F⁻ 含量年际变化

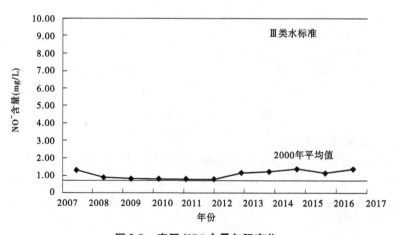

图3-8 库区 NO⁻ 含量年际变化

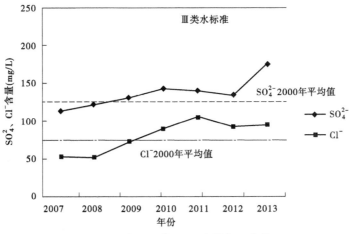

图 3-9　库区 $SO_4^{2-}$、$Cl^-$含量年际变化

在 2000 年平均值处上下波动;汞含量则表现为 2012 之前基本无波动,2012 年之后大幅波动;铜、锌表现为 2013 ~ 2017 年基本无波动;$Cr^{6+}$ 表现为 2010 ~ 2017 年基本无波动;详见图 3-10 ~ 图 3-13。

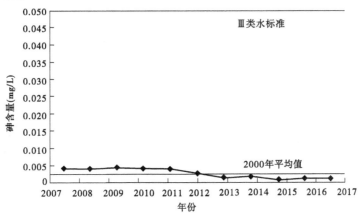

图 3-10　库区砷含量年际变化

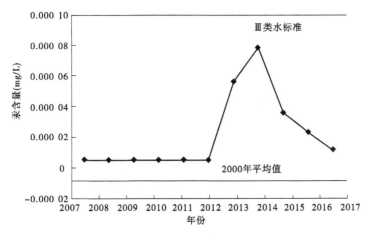

图 3-11　库区汞含量年际变化

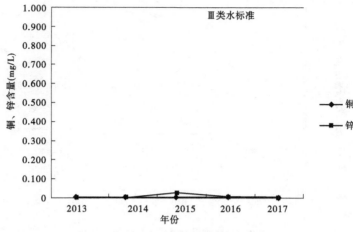

图 3-12　库区铜、锌含量年际变化

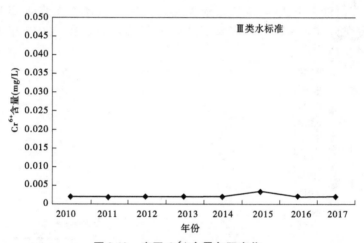

图 3-13　库区 $Cr^{6+}$ 含量年际变化

# 第三节　水体营养评价及藻类分析

## 一、采样方案

水库富营养评价和藻类分析监测点布设于 $S_1$（湖心岛：E113°03′06″,N36°17′27″）、$S_2$（出水口：E113°03′38″,N36°19′19″）及 $S_3$（养鱼网箱附近：E113°03′21″,N36°19′19″）。采样时间为非冰冻期即 5~11 月上旬,每年采样 7 次。监测参数为总磷（TP）、总氮（TN）、高锰酸盐指数（$COD_{Mn}$）、透明度（SD）、叶绿素 a（Chl. a）和浮游植物,见图 3-14。

本书收集了 2010 年 5 月至 2018 年 11 月漳泽水库的监测资料,其中 2010 年 5 月至 2013 年 8 月采样点为 $S_1$、$S_2$、$S_3$,2013 年 8 月以后由于漳泽水库管理局整治水库污染,拆除了网箱养鱼,因此采样点缩减为 $S_1$、$S_2$,见表 3-3。

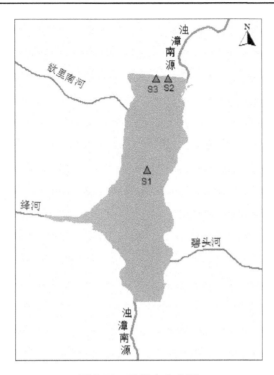

**图 3-14　采样点分布图**

**表 3-3　监测项目及保存方法**

| 监测项目 | 分析方法 | 方法来源 | 保存方法及保存剂 | 保存时间 |
|---|---|---|---|---|
| TP | 钼酸铵分光光度法 | GB/T 11893—1989 | HCl,$H_2SO_4$,pH 值≤2 | 24 h |
| TN | 碱性过硫酸钾消解紫外分光光度法 | HJ 636—2012 | $H_2SO_4$,pH 值≤2 | 7 d |
| $COD_{Mn}$ | 高锰酸盐指数法 | GB/T 11892—1989 | 0~4 ℃避光保存 | 2 d |
| SD | 塞氏圆盘法 | SL 87—1994 | 现场测定 | |
| Chl. a | 分光光度法 | SL 88—2012 | 每升加入 1 mL 1% 碳酸镁悬浊液,避光保存、低温运输 | 25 d |
| 浮游植物 | 内陆水域浮游植物监测技术规程 | SL 733—2016 | 加入1%(V/V)鲁哥氏液固定 | 1 年 |

## 二、富营养评价方法

富营养化状况评价采用综合营养状态指数法,评价参数选用叶绿素 a(Chl. a)、总磷(TP)、总氮(TN)、透明度(SD)、高锰酸盐指数($COD_{Mn}$),综合营养状态指数计算式为:

$$TLI(\sum) = \sum_{j=1}^{m} W_j TLI(j) \tag{3-1}$$

式中:$TLI(\sum)$为综合营养状态指数;$W_j$为第$j$项参数的营养状态指数的相关权重;$TLI(j)$为第$j$项参数的营养状态指数。

以 Chl. a 作为基准参数,则第$j$项参数的归一化的相关权重计算公式为:

$$W_j = \frac{r_{ij}^2}{\sum_{j=1}^{m} r_{ij}^2} \tag{3-2}$$

式中:$r_{ij}$为第$j$项参数与基准参数 Chl. a 的相关系数;$m$为评价参数的个数。

各项参数营养状态指数计算式为:

$$TLI(\text{Chl. a}) = 10(2.5 + 1.086\ln\text{Chl. a}) \tag{3-3}$$

$$TLI(\text{TP}) = 10(9.436 + 1.624\ln\text{TP}) \tag{3-4}$$

$$TLI(\text{TN}) = 10(5.453 + 1.694\ln\text{TN}) \tag{3-5}$$

$$TLI(\text{SD}) = 10(5.118 - 1.94\ln\text{SD}) \tag{3-6}$$

$$TLI(\text{COD}_{\text{Mn}}) = 10(0.109 + 2.66\ln\text{COD}_{\text{MN}}) \tag{3-7}$$

式中:叶绿素 Chl. a 单位为 $mg/m^3$;透明度 SD 单位为 m;其他指标单位为 mg/L。

采用 0 ~ 100 系列连续数字对水库营养状态进行分级:$TLI(\sum) < 30$ 为贫营养;$30 \leqslant TLI(\sum) \leqslant 50$ 为中营养;$50 < TLI(\sum) \leqslant 60$ 为轻度富营养;$60 < TLI(\sum) \leqslant 70$ 为中度富营养;$TLI(\sum) > 70$ 为重度富营养。

### 三、营养状态评价成果

本书共整理了湖心岛、养鱼网箱附近以及出水口 3 个站点 148 组原始数据,营养状态为中营养状态 23 组、占 5%,轻度富营养状态 106 组、占 72%,中度富营养状态 19 组,占 13%。其中湖心岛共整理 62 组数据,中营养状态 11 组,轻度富营养状态 46 组,中度富营养状态 5 组。出水口共整理 61 组数据,中营养状态 10 组,轻度富营养状态 43 组,中度富营养状态 8 组,与湖心岛数据基本保持一致。养鱼网箱附近共整理 25 组数据,中营养状态 2 组,轻度富营养状态 17 组,中度富营养状态 6 组。各监测点综合营养指数评分成果以及各类营养状态数量及占比见表 3-4、表 3-5。

表 3-4　各站点综合营养指数评分成果

| 采样时间 | | 站点 | 水温(℃) | pH 值 | DO | 单项评分 | | | | | 综合评分 | 营养状态 |
|---|---|---|---|---|---|---|---|---|---|---|---|---|
| 年 | 月 | | | | | chl. a | TP | TN | SD | COD_Mn | | |
| 2010 | 5 | S1 | 14.0 | 7.0 | 9.9 | 53.94 | 50.94 | 71.85 | 68.96 | 46.44 | 58.0 | 轻度富营养 |
| 2010 | 5 | S2 | 14.0 | 7.1 | 6.4 | 48.89 | 47.55 | 71.73 | 53.22 | 45.45 | 52.9 | 轻度富营养 |
| 2010 | 5 | S3 | 14.0 | 7.0 | 8.1 | 51.91 | 46.35 | 71.54 | 53.22 | 48.75 | 54.0 | 轻度富营养 |
| 2010 | 6 | S1 | 23.0 | 7.6 | 11.6 | 32.69 | 46.96 | 72.86 | 61.09 | 48.75 | 50.7 | 轻度富营养 |
| 2010 | 6 | S2 | 24.0 | 7.5 | 11.1 | 49.32 | 54.33 | 64.77 | 61.09 | 48.75 | 55.1 | 轻度富营养 |

续表 3-4

| 采样时间 | | 站点 | 水温（℃） | pH 值 | DO | 单项评分 | | | | | 综合评分 | 营养状态 |
| 年 | 月 | | | | | chl. a | TP | TN | SD | COD_{Mn} | | |
| 2010 | 6 | S3 | 23.5 | 7.6 | 11.8 | 42.52 | 48.94 | 68.64 | 58.10 | 46.92 | 52.1 | 轻度富营养 |
| 2010 | 7 | S1 | 27.0 | 7.8 | 11.6 | 71.12 | 60.46 | 77.06 | 68.96 | 47.85 | 65.5 | 中度富营养 |
| 2010 | 7 | S2 | 27.0 | 7.8 | 10.2 | 96.45 | 53.34 | 56.60 | 64.63 | 43.36 | 65.6 | 中度富营养 |
| 2010 | 7 | S3 | 27.5 | 7.9 | 11.7 | 51.80 | 52.29 | 55.83 | 58.10 | 47.39 | 53.0 | 轻度富营养 |
| 2010 | 8 | S1 | 26.0 | 7.9 | 11.6 | 71.45 | 56.80 | 63.32 | 64.63 | 47.85 | 61.7 | 中度富营养 |
| 2010 | 8 | S2 | 27.0 | 7.8 | 10.9 | 64.30 | 55.96 | 60.23 | 61.09 | 48.30 | 58.5 | 轻度富营养 |
| 2010 | 8 | S3 | 27.0 | 7.9 | 11.2 | 70.57 | 56.30 | 62.28 | 61.09 | 46.92 | 60.3 | 中度富营养 |
| 2010 | 9 | S1 | 20.0 | 7.8 | 11.2 | 62.29 | 49.46 | 61.62 | 61.09 | 44.43 | 56.3 | 轻度富营养 |
| 2010 | 9 | S2 | 22.0 | 7.7 | 10.7 | 60.48 | 50.22 | 62.39 | 60.45 | 45.95 | 56.2 | 轻度富营养 |
| 2010 | 9 | S3 | 22.0 | 7.8 | 11.3 | 76.29 | 51.17 | 62.91 | 59.54 | 44.43 | 60.3 | 中度富营养 |
| 2010 | 10 | S1 | 14.0 | 7.8 | 9.7 | 46.51 | 63.22 | 65.58 | 62.78 | 44.94 | 55.8 | 轻度富营养 |
| 2010 | 10 | S2 | 15.5 | 7.7 | 9.3 | 36.60 | 58.66 | 65.93 | 55.51 | 42.82 | 50.6 | 轻度富营养 |
| 2010 | 10 | S3 | 15.5 | 7.8 | 8.3 | 72.09 | 55.96 | 66.10 | 54.33 | 41.10 | 59.0 | 轻度富营养 |
| 2010 | 11 | S1 | 5.5 | 8.2 | 10.0 | 63.22 | 58.66 | 65.58 | 59.54 | 37.97 | 57.5 | 轻度富营养 |
| 2010 | 11 | S2 | 7.0 | 8.2 | 9.7 | 50.23 | 57.13 | 65.93 | 55.51 | 43.90 | 54.1 | 轻度富营养 |
| 2010 | 11 | S3 | 6.5 | 8.1 | 9.8 | 49.69 | 54.89 | 66.10 | 56.76 | 37.97 | 52.8 | 轻度富营养 |
| 2011 | 5 | S1 | 19.0 | 8.0 | 11.6 | 53.68 | 64.39 | 67.02 | 67.11 | 45.45 | 59.0 | 轻度富营养 |
| 2011 | 5 | S2 | 22.0 | 8.1 | 13.7 | 72.98 | 57.13 | 61.62 | 64.63 | 48.75 | 62.0 | 中度富营养 |
| 2011 | 5 | S3 | 21.0 | 8.1 | 12.4 | 61.82 | 63.33 | 65.76 | 66.67 | 49.19 | 61.4 | 中度富营养 |
| 2011 | 6 | S1 | 25.0 | 7.9 | 11.1 | 66.81 | 57.29 | 58.58 | 68.96 | 47.39 | 60.4 | 中度富营养 |
| 2011 | 6 | S2 | 26.0 | 7.9 | 13.2 | 73.47 | 57.13 | 57.19 | 65.83 | 50.88 | 61.9 | 中度富营养 |
| 2011 | 6 | S3 | 26.0 | 7.9 | 11.8 | 68.79 | 59.79 | 56.90 | 66.67 | 48.30 | 60.8 | 中度富营养 |
| 2011 | 7 | S1 | 26.0 | 8.0 | 10.8 | 57.77 | 59.79 | 60.11 | 66.67 | 46.44 | 58.1 | 轻度富营养 |
| 2011 | 7 | S2 | 26.0 | 8.0 | 6.0 | 63.29 | 61.84 | 61.06 | 62.78 | 45.95 | 59.3 | 轻度富营养 |
| 2011 | 7 | S3 | 26.5 | 7.9 | 7.6 | 66.26 | 63.33 | 61.51 | 60.45 | 47.85 | 60.4 | 中度富营养 |
| 2011 | 8 | S1 | 26.0 | 7.9 | 8.6 | 66.13 | 56.80 | 60.59 | 68.96 | 49.62 | 60.9 | 中度富营养 |
| 2011 | 8 | S2 | 27.0 | 7.9 | 7.0 | 56.30 | 59.09 | 59.99 | 66.67 | 50.47 | 58.3 | 轻度富营养 |
| 2011 | 8 | S3 | 28.0 | 8.0 | 7.5 | 57.90 | 55.43 | 57.04 | 62.78 | 48.75 | 56.5 | 轻度富营养 |
| 2011 | 9 | S1 | 23.0 | 7.8 | 8.1 | 68.34 | 64.90 | 61.84 | 68.96 | 41.68 | 61.8 | 中度富营养 |
| 2011 | 9 | S2 | 22.0 | 7.8 | 6.8 | 61.74 | 60.46 | 60.94 | 63.87 | 43.90 | 58.5 | 轻度富营养 |

续表 3-4

| 采样时间 | | 站点 | 水温 | pH值 | DO | 单项评分 | | | | | 综合评分 | 营养状态 |
|---|---|---|---|---|---|---|---|---|---|---|---|---|
| 年 | 月 | | (℃) | | | chl. a | TP | TN | SD | COD$_{Mn}$ | | |
| 2011 | 9 | S3 | 22.5 | 7.9 | 6.4 | 63.43 | 60.33 | 60.94 | 63.13 | 42.82 | 58.6 | 轻度富营养 |
| 2011 | 10 | S1 | 17.0 | 7.8 | 8.5 | 54.84 | 67.30 | 59.36 | 64.63 | 46.92 | 58.3 | 轻度富营养 |
| 2011 | 10 | S2 | 17.5 | 7.7 | 7.4 | 42.26 | 57.60 | 61.17 | 58.10 | 45.95 | 52.1 | 轻度富营养 |
| 2011 | 10 | S3 | 18.0 | 7.8 | 8.2 | 44.81 | 61.10 | 62.39 | 61.09 | 46.92 | 54.4 | 轻度富营养 |
| 2011 | 11 | S1 | 9.5 | 7.5 | 10.4 | 62.74 | 48.12 | 65.84 | 61.09 | 30.31 | 54.3 | 轻度富营养 |
| 2011 | 11 | S2 | 11.0 | 7.7 | 9.8 | 62.26 | 65.10 | 64.20 | 59.54 | 35.89 | 57.8 | 轻度富营养 |
| 2011 | 11 | S3 | 12.0 | 7.6 | 9.1 | 55.11 | 47.26 | 66.69 | 58.10 | 30.31 | 51.7 | 轻度富营养 |
| 2012 | 5 | S1 | 23.5 | 7.6 | 7.3 | 40.32 | 62.08 | 65.76 | 61.09 | 41.10 | 52.9 | 轻度富营养 |
| 2012 | 5 | S2 | 24.0 | 7.6 | 6.0 | 36.93 | 60.98 | 65.58 | 58.10 | 39.26 | 50.9 | 轻度富营养 |
| 2012 | 5 | S3 | 23.5 | 7.7 | 5.2 | 42.26 | 58.51 | 66.27 | 56.76 | 39.26 | 51.7 | 轻度富营养 |
| 2012 | 6 | S1 | 24.0 | 7.8 | 8.0 | 40.06 | 65.96 | 65.76 | 66.67 | 49.19 | 56.1 | 轻度富营养 |
| 2012 | 6 | S2 | 24.0 | 7.6 | 6.0 | 32.53 | 63.66 | 65.58 | 59.54 | 47.85 | 52.1 | 轻度富营养 |
| 2012 | 6 | S3 | 20.0 | 7.7 | 5.8 | 36.93 | 63.98 | 66.27 | 62.78 | 43.90 | 53.3 | 轻度富营养 |
| 2012 | 7 | S1 | 29.5 | 7.7 | 4.5 | 36.93 | 63.55 | 63.42 | 56.76 | 42.82 | 51.4 | 轻度富营养 |
| 2012 | 7 | S2 | 29.5 | 7.7 | 4.6 | 25.00 | 63.11 | 64.39 | 53.22 | 41.68 | 47.4 | 中营养 |
| 2012 | 7 | S3 | 31.0 | 7.7 | 4.7 | 32.53 | 65.39 | 63.82 | 54.33 | 43.90 | 50.4 | 轻度富营养 |
| 2012 | 8 | S1 | 25.0 | 7.3 | 7.0 | 30.37 | 52.51 | 61.95 | 58.10 | 39.26 | 46.9 | 中营养 |
| 2012 | 8 | S2 | 26.0 | 7.3 | 6.6 | 22.16 | 47.84 | 65.22 | 53.22 | 38.62 | 43.4 | 中营养 |
| 2012 | 8 | S3 | 26.5 | 7.3 | 5.8 | 25.22 | 55.79 | 62.28 | 54.33 | 45.45 | 46.6 | 中营养 |
| 2012 | 9 | S1 | 23.0 | 7.6 | 7.4 | 36.93 | 48.40 | 59.86 | 68.96 | 44.43 | 50.4 | 轻度富营养 |
| 2012 | 9 | S2 | 24.0 | 7.6 | 6.6 | 32.53 | 41.25 | 58.58 | 55.51 | 43.90 | 45.1 | 中营养 |
| 2012 | 9 | S3 | 25.0 | 7.6 | 5.9 | 32.53 | 54.33 | 60.82 | 55.51 | 39.89 | 47.3 | 中营养 |
| 2012 | 10 | S1 | 18.0 | 7.8 | 7.5 | 65.59 | 61.60 | 62.81 | 61.09 | 47.39 | 60.2 | 中度富营养 |
| 2012 | 10 | S2 | 18.0 | 7.8 | 5.8 | 63.92 | 57.76 | 62.70 | 56.76 | 46.92 | 58.1 | 轻度富营养 |
| 2012 | 10 | S3 | 18.5 | 7.8 | 5.3 | 61.57 | 59.24 | 62.70 | 58.10 | 44.94 | 57.6 | 轻度富营养 |
| 2012 | 11 | S1 | 8.0 | 7.8 | 9.6 | 60.38 | 51.17 | 59.74 | 61.09 | 43.90 | 55.6 | 轻度富营养 |
| 2012 | 11 | S2 | 9.0 | 7.8 | 8.0 | 58.06 | 54.89 | 59.74 | 56.76 | 44.94 | 55.1 | 轻度富营养 |
| 2012 | 11 | S3 | 10.0 | 7.8 | 8.6 | 61.57 | 48.67 | 59.61 | 61.09 | 49.19 | 56.4 | 轻度富营养 |
| 2013 | 5 | S1 | 19.0 | 8.1 | 8.0 | 69.59 | 56.80 | 65.22 | 64.63 | 46.44 | 61.2 | 中度富营养 |
| 2013 | 5 | S2 | 20.0 | 8.0 | 8.9 | 62.74 | 62.31 | 67.42 | 61.09 | 46.44 | 60.2 | 中度富营养 |

续表3-4

| 采样时间 | | 站点 | 水温<br>(℃) | pH 值 | DO | 单项评分 | | | | | 综合<br>评分 | 营养状态 |
| 年 | 月 | | | | | chl. a | TP | TN | SD | COD$_{Mn}$ | | |
|---|---|---|---|---|---|---|---|---|---|---|---|---|
| 2013 | 5 | S3 | 21.0 | 8.0 | 9.0 | 72.63 | 62.43 | 67.18 | 62.78 | 45.95 | 63.0 | 中度富营养 |
| 2013 | 6 | S1 | 24.0 | 8.1 | 7.8 | 66.29 | 57.76 | 59.74 | 66.67 | 52.85 | 61.1 | 中度富营养 |
| 2013 | 6 | S2 | 23.0 | 7.8 | 7.6 | 69.63 | 64.80 | 59.99 | 64.63 | 47.85 | 62.1 | 中度富营养 |
| 2013 | 6 | S3 | 26.0 | 8.1 | 7.4 | 63.23 | 57.76 | 60.23 | 64.63 | 52.08 | 59.9 | 轻度富营养 |
| 2013 | 7 | S1 | 31.0 | 8.4 | 7.8 | 61.23 | 52.51 | 61.29 | 64.63 | 42.26 | 56.7 | 轻度富营养 |
| 2013 | 7 | S2 | 32.0 | 8.4 | 7.6 | 69.26 | 50.46 | 58.84 | 66.67 | 47.85 | 59.5 | 轻度富营养 |
| 2013 | 7 | S3 | 33.0 | 8.4 | 7.4 | 61.15 | 58.37 | 62.28 | 66.24 | 44.94 | 58.8 | 轻度富营养 |
| 2013 | 8 | S1 | 30.0 | 7.6 | 7.1 | 60.79 | 56.97 | 74.50 | 59.54 | 40.50 | 58.6 | 轻度富营养 |
| 2013 | 8 | S2 | 32.0 | 8.0 | 6.5 | 61.19 | 48.12 | 73.14 | 58.10 | 37.97 | 56.0 | 轻度富营养 |
| 2013 | 8 | S3 | 33.0 | 8.0 | 6.9 | 59.51 | 54.52 | 73.86 | 58.10 | 33.64 | 56.1 | 轻度富营养 |
| 2013 | 9 | S1 | 24.0 | 7.6 | 6.9 | 52.86 | 50.70 | 67.65 | 62.78 | 38.62 | 54.3 | 轻度富营养 |
| 2013 | 9 | S2 | 23.0 | 7.6 | 6.6 | 55.11 | 48.67 | 66.61 | 59.54 | 37.97 | 53.6 | 轻度富营养 |
| 2013 | 10 | S1 | 18.0 | 7.9 | 8.9 | 47.58 | 51.17 | 69.78 | 61.09 | 43.36 | 53.9 | 轻度富营养 |
| 2013 | 10 | S2 | 20.0 | 7.9 | 5.2 | 53.66 | 46.96 | 70.91 | 58.10 | 45.45 | 54.8 | 轻度富营养 |
| 2014 | 5 | S1 | 16.0 | 7.6 | 6.7 | 47.58 | 53.54 | 77.01 | 54.33 | 42.26 | 54.2 | 轻度富营养 |
| 2014 | 5 | S2 | 16.0 | 8.0 | 5.8 | 50.01 | 50.70 | 76.78 | 47.64 | 41.10 | 52.9 | 轻度富营养 |
| 2014 | 6 | S1 | 24.5 | 7.9 | 7.8 | 44.46 | 39.45 | 73.03 | 55.51 | 41.10 | 50.0 | 轻度富营养 |
| 2014 | 6 | S2 | 24.0 | 7.9 | 8.1 | 46.13 | 36.86 | 72.91 | 51.18 | 41.10 | 49.2 | 中营养 |
| 2014 | 7 | S1 | 27.5 | 8.1 | 6.5 | 59.96 | 45.71 | 67.34 | 60.45 | 39.26 | 54.9 | 轻度富营养 |
| 2014 | 7 | S2 | 28.0 | 8.1 | 6.7 | 59.05 | 44.36 | 66.27 | 58.10 | 39.26 | 53.8 | 轻度富营养 |
| 2014 | 8 | S1 | 23.0 | 7.9 | 5.7 | 52.86 | 52.29 | 66.02 | 61.09 | 36.60 | 53.6 | 轻度富营养 |
| 2014 | 8 | S2 | 23.0 | 7.7 | 7.1 | 51.04 | 58.37 | 60.11 | 56.76 | 37.97 | 52.7 | 轻度富营养 |
| 2014 | 9 | S1 | 24.5 | 7.6 | 7.7 | 51.99 | 48.12 | 64.49 | 55.51 | 42.82 | 52.5 | 轻度富营养 |
| 2014 | 9 | S2 | 24.5 | 7.8 | 7.2 | 51.99 | 49.46 | 65.22 | 56.76 | 39.26 | 52.4 | 轻度富营养 |
| 2014 | 10 | S1 | 19.0 | 7.9 | 6.2 | 47.58 | 38.46 | 67.34 | 54.33 | 35.89 | 48.5 | 中营养 |
| 2014 | 10 | S2 | 19.0 | 8.1 | 9.8 | 46.13 | 52.08 | 70.05 | 55.51 | 39.89 | 52.1 | 轻度富营养 |
| 2014 | 11 | S1 | 14.5 | 7.6 | 7.0 | 44.46 | 47.55 | 69.08 | 44.65 | 41.68 | 49.0 | 中营养 |
| 2014 | 11 | S2 | 14.0 | 7.3 | 6.8 | 44.46 | 46.96 | 68.04 | 47.64 | 39.26 | 48.8 | 中营养 |
| 2015 | 5 | S1 | 16.5 | 7.8 | 9.5 | 28.65 | 59.38 | 69.43 | 56.50 | 38.62 | 48.7 | 中营养 |
| 2015 | 5 | S2 | 17.0 | 8.1 | 8.5 | 25.53 | 46.35 | 71.60 | 54.79 | 37.97 | 45.3 | 中营养 |

续表3-4

| 采样时间 | | 站点 | 水温 | pH值 | DO | 单项评分 | | | | | 综合 | 营养状态 |
|---|---|---|---|---|---|---|---|---|---|---|---|---|
| 年 | 月 | | （℃） | | | chl. a | TP | TN | SD | COD_Mn | 评分 | |
| 2015 | 6 | S1 | 20.0 | 8.6 | 8.8 | 51.04 | 53.14 | 69.92 | 62.78 | 39.26 | 54.8 | 轻度富营养 |
| 2015 | 6 | S2 | 20.0 | 8.4 | 8.5 | 47.58 | 45.05 | 70.19 | 57.02 | 37.97 | 51.1 | 轻度富营养 |
| 2015 | 7 | S1 | 25.0 | 8.0 | 7.7 | 60.38 | 51.17 | 62.91 | 53.22 | 43.90 | 54.8 | 轻度富营养 |
| 2015 | 7 | S2 | 25.0 | 8.0 | 6.3 | 55.77 | 46.03 | 59.10 | 52.80 | 38.62 | 50.8 | 轻度富营养 |
| 2015 | 8 | S1 | 27.0 | 7.1 | 7.2 | 55.70 | 51.40 | 62.06 | 59.54 | 38.62 | 53.6 | 轻度富营养 |
| 2015 | 8 | S2 | 27.0 | 7.0 | 6.9 | 58.76 | 56.80 | 61.62 | 62.43 | 37.29 | 55.6 | 轻度富营养 |
| 2015 | 9 | S1 | 21.0 | 7.8 | 5.5 | 48.86 | 49.72 | 62.17 | 61.09 | 38.62 | 51.8 | 轻度富营养 |
| 2015 | 9 | S2 | 21.0 | 7.8 | 5.1 | 48.86 | 50.46 | 62.70 | 59.54 | 37.97 | 51.6 | 轻度富营养 |
| 2015 | 10 | S1 | 17.0 | 7.8 | 8.0 | 44.46 | 49.72 | 67.96 | 68.01 | 37.97 | 52.8 | 轻度富营养 |
| 2015 | 10 | S2 | 17.0 | 7.7 | 6.3 | 47.58 | 46.03 | 67.58 | 61.09 | 36.60 | 51.3 | 轻度富营养 |
| 2015 | 11 | S1 | 11.0 | 8.0 | 9.6 | 66.10 | 54.33 | 71.97 | 61.09 | 42.82 | 59.7 | 轻度富营养 |
| 2015 | 11 | S2 | 11.0 | 8.0 | 8.5 | 61.57 | 49.46 | 71.54 | 61.09 | 40.50 | 57.1 | 轻度富营养 |
| 2016 | 5 | S1 | 17.8 | 8.3 | 9.3 | 62.77 | 50.70 | 67.42 | 63.87 | 44.94 | 58.3 | 轻度富营养 |
| 2016 | 5 | S2 | 17.8 | 8.2 | 8.0 | 46.68 | 54.33 | 66.85 | 55.51 | 43.36 | 52.7 | 轻度富营养 |
| 2016 | 6 | S1 | 20.0 | 7.8 | 5.2 | 65.33 | 52.72 | 61.29 | 61.09 | 39.26 | 56.7 | 轻度富营养 |
| 2016 | 6 | S2 | 20.4 | 7.7 | 4.4 | 64.50 | 48.12 | 63.12 | 59.54 | 39.26 | 55.6 | 轻度富营养 |
| 2016 | 7 | S1 | 24.0 | 8.6 | 5.2 | 72.94 | 59.24 | 48.49 | 61.09 | 46.92 | 59.0 | 轻度富营养 |
| 2016 | 7 | S2 | 24.0 | 8.5 | 5.9 | 72.83 | 61.72 | 52.93 | 59.54 | 43.90 | 59.4 | 轻度富营养 |
| 2016 | 8 | S1 | 26.5 | 8.0 | 7.2 | 68.48 | 57.60 | 58.17 | 66.24 | 36.60 | 58.3 | 轻度富营养 |
| 2016 | 8 | S2 | 26.8 | 8.0 | 7.4 | 61.68 | 49.46 | 58.97 | 64.24 | 46.92 | 56.7 | 轻度富营养 |
| 2016 | 9 | S1 | 27.0 | 7.9 | 6.1 | 54.70 | 47.26 | 59.10 | 62.78 | 46.44 | 54.1 | 轻度富营养 |
| 2016 | 9 | S2 | 27.0 | 7.9 | 5.9 | 53.81 | 46.35 | 58.04 | 61.09 | 43.90 | 52.7 | 轻度富营养 |
| 2016 | 10 | S1 | 11.0 | 8.0 | 6.5 | 52.94 | 42.49 | 57.04 | 55.51 | 44.94 | 50.7 | 轻度富营养 |
| 2016 | 10 | S2 | 11.0 | 7.9 | 5.6 | 53.35 | 40.37 | 63.32 | 51.18 | 46.92 | 51.1 | 轻度富营养 |
| 2016 | 11 | S1 | 10.0 | 7.9 | 8.7 | 63.55 | 49.46 | 64.49 | 61.75 | 46.44 | 57.6 | 轻度富营养 |
| 2016 | 11 | S2 | 10.0 | 8.0 | 7.1 | 58.52 | 51.17 | 69.22 | 60.45 | 41.68 | 56.3 | 轻度富营养 |
| 2017 | 5 | S1 | 16.4 | 8.3 | 7.7 | 55.44 | 40.82 | 67.58 | 49.33 | 46.44 | 52.1 | 轻度富营养 |
| 2017 | 5 | S2 | 16.4 | 8.3 | 8.3 | 50.74 | 46.35 | 67.34 | 47.64 | 42.26 | 50.8 | 轻度富营养 |
| 2017 | 6 | S1 | 21.2 | 7.9 | 5.2 | 51.04 | 52.08 | 62.39 | 62.78 | 38.62 | 53.1 | 轻度富营养 |
| 2017 | 6 | S2 | 21.0 | 7.9 | 5.2 | 51.04 | 53.34 | 63.01 | 61.09 | 35.89 | 52.7 | 轻度富营养 |

续表3-4

| 采样时间 | | 站点 | 水温（℃） | pH值 | DO | 单项评分 | | | | | 综合评分 | 营养状态 |
| 年 | 月 | | | | | chl. a | TP | TN | SD | COD_{Mn} | | |
|---|---|---|---|---|---|---|---|---|---|---|---|---|
| 2017 | 7 | S1 | 26.0 | 8.1 | 7.4 | 67.72 | 56.13 | 56.75 | 62.78 | 49.62 | 59.4 | 轻度富营养 |
| 2017 | 7 | S2 | 26.5 | 8.0 | 2.6 | 70.06 | 48.94 | 55.19 | 59.54 | 47.85 | 57.4 | 轻度富营养 |
| 2017 | 8 | S1 | 27.5 | 7.9 | 8.5 | 41.14 | 84.94 | 55.36 | 59.84 | 32.85 | 53.8 | 轻度富营养 |
| 2017 | 8 | S2 | 27.0 | 7.9 | 7.3 | 42.06 | 83.74 | 59.10 | 59.54 | 36.60 | 55.1 | 轻度富营养 |
| 2017 | 9 | S1 | 24.0 | 8.1 | 5.9 | 41.53 | 42.49 | 59.61 | 56.76 | 32.85 | 46.1 | 中营养 |
| 2017 | 9 | S2 | 23.6 | 8.0 | 5.1 | 39.47 | 41.25 | 59.49 | 62.78 | 35.16 | 46.9 | 中营养 |
| 2017 | 10 | S1 | 18.0 | 7.9 | 7.1 | 56.45 | 39.92 | 69.29 | 58.66 | 34.41 | 52.0 | 轻度富营养 |
| 2017 | 10 | S2 | 19.0 | 7.9 | 6.1 | 57.96 | 44.70 | 68.86 | 58.10 | 33.64 | 53.0 | 轻度富营养 |
| 2017 | 11 | S1 | 14.0 | 8.0 | 7.2 | 65.36 | 50.70 | 64.20 | 57.55 | 33.64 | 55.1 | 轻度富营养 |
| 2017 | 11 | S2 | 14.0 | 8.1 | 8.5 | 65.64 | 50.94 | 65.04 | 58.66 | 33.64 | 55.6 | 轻度富营养 |
| 2018 | 5 | S1 | 17.0 | 7.9 | 9.4 | 52.77 | 31.62 | 36.75 | 54.33 | 29.41 | 41.9 | 中营养 |
| 2018 | 5 | S2 | 17.5 | 7.9 | 9.4 | 64.16 | 35.09 | 44.09 | 57.29 | 28.48 | 47.3 | 中营养 |
| 2018 | 6 | S1 | 22.5 | 7.8 | 6.0 | 37.29 | 54.33 | 49.20 | 60.77 | 33.64 | 46.3 | 中营养 |
| 2018 | 6 | S2 | 25.0 | 8.0 | 6.0 | 52.69 | 49.97 | 49.20 | 58.66 | 35.89 | 49.6 | 中营养 |
| 2018 | 7 | S1 | 26.0 | 8.3 | 6.5 | 46.77 | 45.05 | 46.43 | 59.54 | 33.64 | 46.3 | 中营养 |
| 2018 | 7 | S2 | 26.0 | 8.3 | 6.3 | 54.04 | 68.22 | 58.45 | 54.33 | 36.60 | 54.3 | 轻度富营养 |
| 2018 | 8 | S1 | 30.6 | 7.7 | 6.1 | 52.43 | 40.82 | 53.30 | 64.63 | 32.85 | 49.0 | 中营养 |
| 2018 | 8 | S2 | 29.8 | 7.8 | 6.0 | 49.83 | 35.70 | 61.17 | 56.76 | 30.31 | 46.9 | 中营养 |
| 2018 | 9 | S1 | 24.0 | 8.0 | 6.4 | 53.02 | 41.67 | 54.01 | 62.78 | 29.41 | 48.5 | 中营养 |
| 2018 | 9 | S2 | 24.0 | 8.1 | 6.4 | 52.69 | 40.37 | 53.30 | 57.55 | 31.19 | 47.4 | 中营养 |
| 2018 | 10 | S1 | 17.5 | 8.0 | 7.0 | 62.67 | 54.89 | 63.32 | 68.96 | 33.64 | 57.2 | 轻度富营养 |
| 2018 | 10 | S2 | 18.5 | 8.2 | 7.6 | 54.19 | 52.51 | 67.73 | 59.54 | 34.41 | 53.7 | 轻度富营养 |
| 2018 | 11 | S2 | 13.0 | 8.0 | 7.8 | 64.01 | 52.51 | 56.90 | 61.09 | 36.60 | 55.0 | 轻度富营养 |

表3-5 各类营养状态数量及占比

| 站点 | 数量（组） | 中营养 | | 轻度富营养 | | 中度富营养 | |
| | | 数量（组） | 占比 | 数量（组） | 占比 | 数量（组） | 占比 |
|---|---|---|---|---|---|---|---|
| S1 | 62 | 11 | 18% | 46 | 74% | 5 | 8% |
| S3 | 61 | 10 | 16% | 43 | 71% | 8 | 13% |
| S2 | 25 | 2 | 8% | 17 | 68% | 6 | 24% |
| 合计 | 148 | 23 | 15% | 106 | 72% | 19 | 13% |

通过整理各站点年平均监测值和进行营养指数综合评价,可以看出湖心岛和水库出水口综合营养指数呈现总体下降趋势,而养鱼网箱附近2010~2013年综合营养指数呈现上升趋势,如图3-15~图3-17所示。

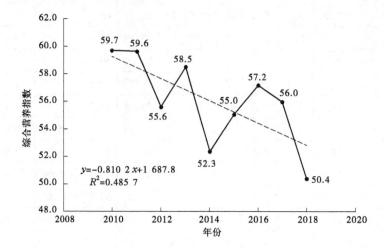

图 3-15　湖心岛综合营养指数年际变化

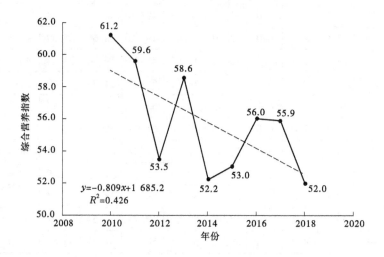

图 3-16　出水口综合营养指数年际变化

不同季节各监测点综合营养指数变化也略有不同,由于养鱼网箱附近2013年9月整体拆除,本书仅对2010年5月至2013年9月的养鱼网箱附近数据进行分析。夏季(6~8月)养鱼网箱附近2010~2013年综合营养指数呈现折线分布,总体变化趋势并不明显;湖心岛和出水口则是在2012年降到阶段低点后,2013年有所反弹,之后又呈现较为明显的下降趋势,其中7月和8月下降更为明显。夏季各监测点综合营养指数变化见图3-18~图3-20。

秋季(9~11月)各站点综合营养指数变化趋势较夏季更平缓,其中9月略有总体下降趋势,近几年10月和11月则是较为平滑的上下浮动,总体向上向下趋势均不明显,见图3-21~图3-23。

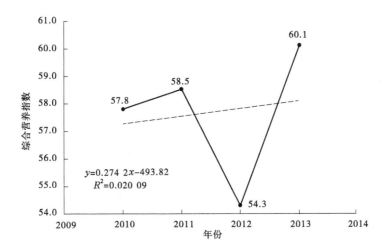

图 3-17　养鱼网箱附近综合营养指数年际变化

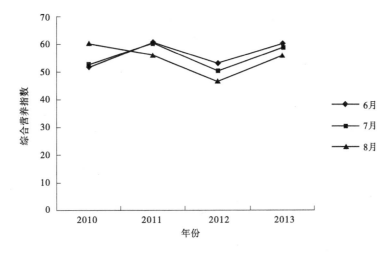

图 3-18　夏季养鱼网箱附近综合营养指数年际变化

## 四、藻类多样性评价方法

　　浮游藻类的群落构成在正常的水体中是相对稳定的,当水体受到不同程度污染后,群落中不耐污染的敏感种类往往会减少或消失,而耐污种类的个体数量则大大增加。因此,在水体富营养的研究中,常引入生物多样性结合理化指标来评价水体水质。

　　浮游植物多样性指数评价采用 Shannon—Wiener 和 Margalef 分级标准,其中 Shannon—Wiener 多样性指数计算式为:

$$H' = - \sum_{i=1}^{s} P_i \log_2 p_i \qquad (3-8)$$

式中:$s$ 为种类数;$P_i$ 为样品中第 $i$ 种生物的个体数占总个体数的比值。

　　当 $H' < 1$ 时,表示水体重污染;$H' = 1 \sim 3$ 时,表示水体中度污染,其中,当 $H' = 1 \sim 2$ 时,表示 $\alpha$——中度污染(重中污染),当 $H' = 2 \sim 3$ 时,表示 $\beta$——中度污染(轻中污染);

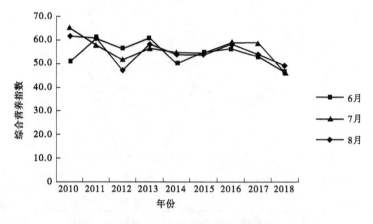

图 3-19　夏季湖心岛综合营养指数年际变化

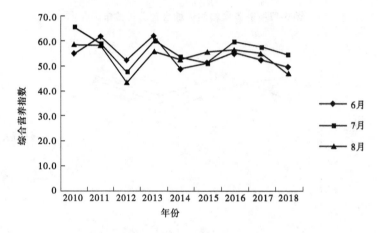

图 3-20　夏季出水口综合营养指数年际变化

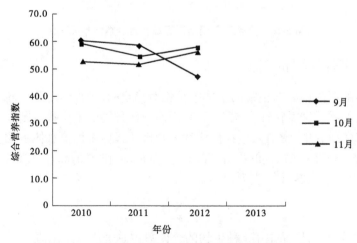

图 3-21　秋季养鱼网箱附近综合营养指数年际变化

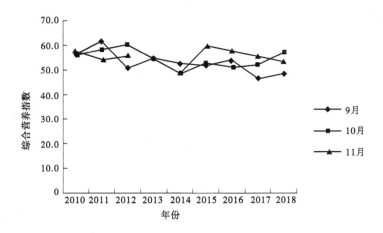

图 3-22 秋季湖心岛综合营养指数年际变化

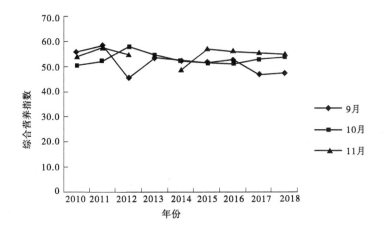

图 3-23 秋季出水口综合营养指数年际变化

当 $H' > 3$ 时,表示水体轻污染;当 $H' > 6$ 时,表示水体无污染。

Margalef 多样性指数计算式为:

$$D = \frac{S - 1}{\ln N} \tag{3-9}$$

式中:$S$ 为种类数;$N$ 为总个体数。

当 $D > 5$ 时,表示水体清洁;当 $D = 4 \sim 5$ 时,表示水体轻度污染;当 $D = 3 \sim 4$ 时,表示水体中度污染;当 $D < 3$ 时,表示水体重度污染。

## 五、藻类多样性评价成果

本书选取了养鱼网箱拆除前 2010 年、2011 年、2012 年以及养鱼网箱拆除后 2015 年、2017 年、2018 年 6 年的数据进行分析。

**（一）藻类种类构成及变化**

在 2010 年、2011 年、2012 年以及 2015 年、2017 年、2018 年 6 年漳泽水库藻类监测结果中，共观察到浮游植物 8 门 68 属，其中绿藻门 41 属、占 60.3%，硅藻门 9 属、占 13.2%，蓝藻门 9 属、占 13.2%，裸藻门 3 属、占 4.5%，甲藻门 1 属、占 1.5%，隐藻门 2 属、占 2.9%，黄藻门 1 属、占 1.5%，金藻门 2 属、占 2.9%。不同监测站点中，湖心岛共观察到 8 门 61 属，出水口 6 门 55 属，养鱼网箱附近 7 门 51 属。各监测站浮游植物的群落构成及所占比例，如表 3-6 和图 3-24 所示。

表 3-6　漳泽水库各监测点浮游植物群落构成及所占比例

| 门类名称 | 合计 | | 湖心岛 | | 出水口 | | 养鱼网箱附近 | |
|---|---|---|---|---|---|---|---|---|
| | 属（个） | 占比（%） | 属（个） | 占比（%） | 属（个） | 占比（%） | 属（个） | 占比（%） |
| 硅藻门 | 9 | 13.2 | 8 | 13.1 | 9 | 16.4 | 7 | 13.7 |
| 甲藻门 | 1 | 1.5 | 1 | 1.6 | 1 | 1.8 | 1 | 2.0 |
| 蓝藻门 | 9 | 13.2 | 8 | 13.1 | 6 | 10.9 | 5 | 9.8 |
| 绿藻门 | 41 | 60.3 | 36 | 59.0 | 35 | 63.6 | 33 | 64.6 |
| 裸藻门 | 3 | 4.5 | 3 | 5.0 | 3 | 5.5 | 3 | 5.9 |
| 隐藻门 | 2 | 2.9 | 2 | 3.3 | 1 | 1.8 | 1 | 2.0 |
| 黄藻门 | 1 | 1.5 | 1 | 1.6 | 0 | 0.0 | 1 | 2.0 |
| 金藻门 | 2 | 2.9 | 2 | 3.3 | 0 | 0.0 | 0 | 0.0 |
| 合计 | 68 | 100.0 | 61 | 100.0 | 55 | 100.0 | 51 | 100.0 |

从表 3-6 和图 3-24 可以看出，在漳泽水库指示水体污染的绿藻门、蓝藻门等是被发现种类较多的门类，而指示水体洁净的黄藻门、金藻门则被发现种类很少；另外，不同站点藻类群落构成无明显的空间差异。

为进一步了解各监测点多年藻类构成变化情况，本书对各监测点历年藻类构成及占比进行了统计，如表 3-7 和图 3-25 所示。从表和图上可以清楚地看出，2010~2012 年三个监测点藻类群落构成变化不大，三个监测站点发现藻类属种均在 40 个左右，而 2015~2018 年藻类群落构成呈明显下降趋势，由 2010 年的 40 多属种降至 2018 年的 30 多属种。

另外，绿藻门种类多年均是三个监测点的优势种类，其发现属种均占到发现总属种数量的 60% 以上，同时其占比有不明显的上升趋势。以 2010 年、2018 年为例，湖心岛分别发现绿藻门 27 属和 21 属，分别占当年发现总属种的 62.8% 和 70%；出水口分别发现绿藻门 26 属和 22 属，分别占当年发现总属种的 63.4% 和 71%；养鱼网箱附近分别发现绿藻门 24 属，占当年发现总属种的 60%。黄藻门、金藻门仅在湖心岛和养鱼网箱附近有观察到，观察年份均为 2012 年。其中湖心岛 2012 年观察到黄藻门 1 属、金藻门 2 属，养鱼网箱附近观察到黄藻门 1 属。

分析同一时间不同站点藻类群落构成，可以看出相同时间段各监测点藻类群落构成

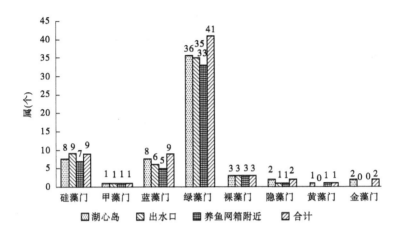

**图3-24　各监测点浮游植物的群落构成**

无明显空间差异,不同站点观察到的各类门属大致相同。以2012年为例,三个监测点发现藻类总属种分别为40属、40属、41属,其中,绿藻门、蓝藻门、甲藻门、隐藻门被发现属种数量一致,分别为27属、3属、1属、1属;硅藻门和裸藻门被发现属种相差数量也小于等于2属。

**表3-7　漳泽水库各监测点历年浮游植物群落构成及所占比例**

| 站点 | 年份 | 项目 | 硅藻门 | 甲藻门 | 蓝藻门 | 绿藻门 | 裸藻门 | 隐藻门 | 黄藻门 | 金藻门 | 合计 |
|------|------|------|--------|--------|--------|--------|--------|--------|--------|--------|------|
| S1 | 2010 | 属 | 6 | 1 | 5 | 27 | 3 | 1 | — | — | 43 |
| | | 占比(%) | 14.0 | 2.3 | 11.6 | 62.8 | 7.0 | 2.3 | — | — | 100 |
| | 2011 | 属 | 6 | 1 | 4 | 24 | 3 | 2 | — | — | 40 |
| | | 占比(%) | 15.0 | 2.5 | 10.0 | 60.0 | 7.5 | 5.0 | — | — | 100 |
| | 2012 | 属 | 3 | 1 | 3 | 27 | 2 | 1 | 1 | 2 | 40 |
| | | 占比(%) | 7.5 | 2.5 | 7.5 | 67.5 | 5.0 | 2.5 | 2.5 | 5.0 | 100 |
| | 2015 | 属 | 5 | 1 | 2 | 17 | 2 | 1 | | | 28 |
| | | 占比(%) | 17.9 | 3.6 | 7.1 | 60.7 | 7.1 | 3.6 | | | 100 |
| | 2017 | 属 | 5 | 1 | 3 | 21 | 2 | 1 | | | 33 |
| | | 占比(%) | 15.2 | 3.0 | 9.1 | 63.6 | 6.1 | 3.0 | | | 100 |
| | 2018 | 属 | 2 | 1 | 2 | 21 | 3 | 1 | | | 30 |
| | | 占比(%) | 6.7 | 3.3 | 6.7 | 70.0 | 10.0 | 3.3 | | | 100 |

续表 3-7

| 站点 | 年份 | 项目 | 硅藻门 | 甲藻门 | 蓝藻门 | 绿藻门 | 裸藻门 | 隐藻门 | 黄藻门 | 金藻门 | 合计 |
|---|---|---|---|---|---|---|---|---|---|---|---|
| S2 | 2010 | 属 | 6 | 1 | 4 | 26 | 3 | 1 | — | — | 41 |
| | | 占比(%) | 14.6 | 2.4 | 9.8 | 63.4 | 7.3 | 2.4 | — | — | 100 |
| | 2011 | 属 | 5 | 1 | 3 | 26 | 3 | 1 | — | — | 39 |
| | | 占比(%) | 12.8 | 2.6 | 7.7 | 66.7 | 7.7 | 2.6 | — | — | 100 |
| | 2012 | 属 | 5 | 1 | 3 | 27 | 3 | 1 | — | — | 40 |
| | | 占比(%) | 12.5 | 2.5 | 7.5 | 67.5 | 7.5 | 2.5 | — | — | 100 |
| | 2015 | 属 | 5 | 1 | 1 | 17 | 2 | 1 | — | — | 28 |
| | | 占比(%) | 17.9 | 3.6 | 7.1 | 60.7 | 7.1 | 3.6 | — | — | 100 |
| | 2017 | 属 | 6 | 1 | 2 | 20 | 2 | 1 | — | — | 32 |
| | | 占比(%) | 18.8 | 3.1 | 6.3 | 62.5 | 6.3 | 3.1 | — | — | 100 |
| | 2018 | 属 | 3 | 0 | 3 | 22 | 2 | 1 | — | — | 31 |
| | | 占比(%) | 9.7 | 0.0 | 9.7 | 71.0 | 6.5 | 3.2 | — | — | 100 |
| S3 | 2010 | 属 | 7 | 1 | 4 | 24 | 3 | 1 | — | — | 40 |
| | | 占比(%) | 17.5 | 2.5 | 10.0 | 60.0 | 7.5 | 2.5 | — | — | 100 |
| | 2011 | 属 | 5 | 1 | 4 | 23 | 3 | 1 | — | — | 37 |
| | | 占比(%) | 13.5 | 2.7 | 10.8 | 62.2 | 8.1 | 2.7 | — | — | 100 |
| | 2012 | 属 | 5 | 1 | 3 | 27 | 3 | 1 | 1 | — | 41 |
| | | 占比(%) | 12.2 | 2.4 | 7.3 | 65.9 | 7.3 | 2.4 | 2.4 | — | 100 |

　　为了分析季节变化对种类构成的影响,本书分别统计了各站点不同季节藻类的群落构成及所占比例,如表 3-8 和图 3-26。从图 3-26 可以看出夏秋两季藻类群落构成明显较春季丰富,同时出水口变化幅度低于湖心岛和养鱼网箱附近。以 2010 年为例,春季三个监测站点分别发现藻类群落构成为湖心岛 22 属、出水口 18 属和养鱼网箱附近 20 属;夏季分别发现藻类群落构成为湖心岛 71 属、出水 32 属和养鱼网箱附近 75 属;秋季分别发现藻类群落构成为湖心岛 72 属、出水 37 属和养鱼网箱附近 73 属。

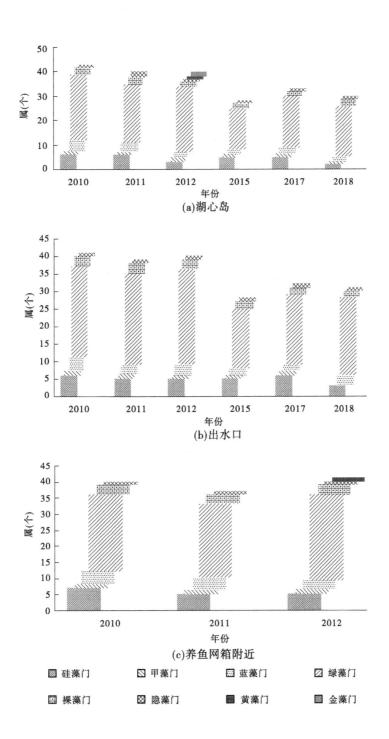

图 3-25 不同监测点浮游植物群落构成历年变化

**表 3-8　不同季节漳泽水库浮游植物群落构成及所占比例**

| 站点 | 年份 | 季节 | 项目 | 硅藻门 | 甲藻门 | 蓝藻门 | 绿藻门 | 裸藻门 | 隐藻门 | 黄藻门 | 金藻门 | 合计 |
|---|---|---|---|---|---|---|---|---|---|---|---|---|
| S1 | 2010 | 春 | 属 | 3 | 1 | 3 | 13 | 1 | 1 | — | — | 22 |
| | | 5月 | 占比(%) | 13.6 | 4.5 | 13.6 | 59.1 | 4.5 | 4.5 | — | — | 100 |
| | 2010 | 夏 | 属 | 12 | 2 | 9 | 38 | 7 | 3 | — | — | 71 |
| | | 6~8月 | 占比(%) | 16.9 | 2.8 | 12.7 | 53.5 | 9.9 | 4.2 | — | — | 100 |
| | 2010 | 秋 | 属 | 12 | 1 | 7 | 44 | 5 | 3 | — | — | 72 |
| | | 9~11月 | 占比(%) | 16.7 | 1.4 | 9.7 | 61.1 | 6.9 | 4.2 | — | — | 100 |
| | 2011 | 春 | 属 | 2 | 1 | 1 | 18 | 1 | 1 | — | — | 24 |
| | | 5月 | 占比(%) | 8.3 | 4.2 | 4.2 | 75 | 4.2 | 4.2 | — | — | 100 |
| | 2011 | 夏 | 属 | 10 | 2 | 7 | 36 | 3 | 3 | — | — | 61 |
| | | 6~8月 | 占比(%) | 16.4 | 3.3 | 11.5 | 59 | 4.9 | 4.9 | — | — | 100 |
| | 2011 | 秋 | 属 | 8 | — | 7 | 31 | 6 | 3 | — | — | 55 |
| | | 9~11月 | 占比(%) | 14.5 | — | 12.7 | 56.4 | 10.9 | 5.5 | — | — | 100 |
| | 2012 | 春 | 属 | 2 | — | 2 | 14 | 1 | 1 | — | — | 20 |
| | | 5月 | 占比(%) | 10 | — | 10 | 70 | 5 | 5 | — | — | 100 |
| | 2012 | 夏 | 属 | 7 | 1 | 5 | 38 | 3 | 3 | — | — | 57 |
| | | 6~8月 | 占比(%) | 12.3 | 1.8 | 8.8 | 66.7 | 5.3 | 5.3 | — | — | 100 |
| | 2012 | 秋 | 属 | 9 | 2 | 3 | 37 | 4 | 3 | 1 | 2 | 61 |
| | | 9~11月 | 占比(%) | 14.8 | 3.3 | 4.9 | 60.7 | 6.6 | 4.9 | 1.6 | 3.3 | 100 |
| | 2015 | 春 | 属 | 3 | 1 | — | 10 | 2 | 1 | — | — | 17 |
| | | 5月 | 占比(%) | 17.6 | 5.9 | — | 58.8 | 11.8 | 5.9 | — | — | 100 |
| | 2015 | 夏 | 属 | 8 | 2 | 2 | 27 | 4 | 3 | — | — | 46 |
| | | 6~8月 | 占比(%) | 17.4 | 4.3 | 4.3 | 58.7 | 8.7 | 6.5 | — | — | 100 |
| | 2015 | 秋 | 属 | 11 | 1 | 2 | 26 | 3 | 3 | — | — | 46 |
| | | 9~11月 | 占比(%) | 23.9 | 2.2 | 4.3 | 56.5 | 6.5 | 6.5 | — | — | 100 |
| | 2017 | 春 | 属 | 2 | | | 7 | 1 | 1 | — | — | 11 |
| | | 5月 | 占比(%) | 18.2 | | | 63.6 | 9.1 | 9.1 | — | — | 100 |
| | 2017 | 夏 | 属 | 8 | 1 | 4 | 22 | 5 | 3 | — | — | 43 |
| | | 6~8月 | 占比(%) | 18.6 | 2.3 | 9.3 | 51.2 | 11.6 | 7 | — | — | 100 |
| | 2017 | 秋 | 属 | 10 | 1 | 5 | 33 | 3 | 3 | — | — | 55 |
| | | 9~11月 | 占比(%) | 18.2 | 1.8 | 9.1 | 60 | 5.5 | 5.5 | — | — | 100 |
| | 2018 | 春 | 属 | 1 | — | 1 | 8 | 1 | 1 | — | — | 12 |
| | | 5月 | 占比(%) | 8.3 | — | 8.3 | 66.7 | 8.3 | 8.3 | — | — | 100 |
| | 2018 | 夏 | 属 | 4 | 1 | 3 | 24 | 3 | 2 | — | — | 37 |
| | | 6~8月 | 占比(%) | 10.8 | 2.7 | 8.1 | 64.9 | 8.1 | 5.4 | — | — | 100 |
| | 2018 | 秋 | 属 | 1 | 1 | 1 | 34 | 3 | 1 | — | — | 41 |
| | | 9~11月 | 占比(%) | 2.4 | 2.4 | 2.4 | 82.9 | 7.3 | 2.4 | — | — | 100 |

续表 3-8

| 站点 | 年份 | 季节 | 项目 | 硅藻门 | 甲藻门 | 蓝藻门 | 绿藻门 | 裸藻门 | 隐藻门 | 黄藻门 | 金藻门 | 合计 |
|---|---|---|---|---|---|---|---|---|---|---|---|---|
| S2 | 2010 | 春 | 属 | 3 | 1 | 1 | 11 | 1 | 1 | — | — | 18 |
| | | 5 月 | 占比(%) | 16.7 | 5.6 | 5.6 | 61.1 | 5.6 | 5.6 | — | — | 100 |
| | 2010 | 夏 | 属 | 6 | 1 | 4 | 17 | 3 | 1 | — | — | 32 |
| | | 6～8 月 | 占比(%) | 18.8 | 3.1 | 12.5 | 53.1 | 9.4 | 3.1 | — | — | 100 |
| | 2010 | 秋 | 属 | 5 | 1 | 3 | 24 | 3 | 1 | — | — | 37 |
| | | 9～11 月 | 占比(%) | 13.5 | 2.7 | 8.1 | 64.9 | 8.1 | 2.7 | — | — | 100 |
| | 2011 | 春 | 属 | 3 | 1 | 2 | 14 | 3 | 1 | — | — | 24 |
| | | 5 月 | 占比(%) | 12.5 | 4.2 | 8.3 | 58.3 | 12.5 | 4.2 | — | — | 100 |
| | 2011 | 夏 | 属 | 4 | 1 | 3 | 20 | 3 | 1 | — | — | 32 |
| | | 6～8 月 | 占比(%) | 12.5 | 3.1 | 9.4 | 62.5 | 9.4 | 3.1 | — | — | 100 |
| | 2011 | 秋 | 属 | 4 | 1 | 3 | 20 | 1 | 1 | — | — | 30 |
| | | 9～11 月 | 占比(%) | 13.3 | 3.3 | 10 | 66.7 | 3.3 | 3.3 | — | — | 100 |
| | 2012 | 春 | 属 | 2 | 1 | 2 | 14 | 2 | 1 | — | — | 22 |
| | | 5 月 | 占比(%) | 9.1 | 4.5 | 9.1 | 63.6 | 9.1 | 4.5 | — | — | 100 |
| | 2012 | 夏 | 属 | 4 | 1 | 2 | 21 | 2 | 1 | — | — | 31 |
| | | 6～8 月 | 占比(%) | 12.9 | 3.2 | 6.5 | 67.7 | 6.5 | 3.2 | — | — | 100 |
| | 2012 | 秋 | 属 | 4 | 1 | 2 | 19 | 2 | 1 | — | — | 29 |
| | | 9～11 月 | 占比(%) | 13.8 | 3.4 | 6.9 | 65.5 | 6.9 | 3.4 | — | — | 100 |
| | 2015 | 春 | 属 | 3 | 1 | — | 10 | 2 | 1 | — | — | 17 |
| | | 5 月 | 占比(%) | 17.6 | 5.9 | — | 58.8 | 11.8 | 5.9 | — | — | 100 |
| | 2015 | 夏 | 属 | 3 | 1 | 2 | 13 | 2 | 1 | — | — | 22 |
| | | 6～8 月 | 占比(%) | 13.6 | 4.5 | 9 | 59.1 | 9.1 | 4.5 | — | — | 100 |
| | 2015 | 秋 | 属 | 5 | 1 | 2 | 14 | 2 | 1 | — | — | 25 |
| | | 9～11 月 | 占比(%) | 20 | 4 | 8 | 56 | 8 | 4 | — | — | 100 |
| | 2017 | 春 | 属 | 4 | — | — | 9 | 2 | 1 | — | — | 16 |
| | | 5 月 | 占比(%) | 25 | — | — | 56.3 | 12.5 | 6.3 | — | — | 100 |
| | 2017 | 夏 | 属 | 6 | 1 | 1 | 17 | 2 | 1 | — | — | 28 |
| | | 6～8 月 | 占比(%) | 21.4 | 4 | 4 | 60.7 | 7.1 | 3.6 | — | — | 100 |
| | 2017 | 秋 | 属 | 5 | — | 2 | 17 | 1 | 1 | — | — | 26 |
| | | 9～11 月 | 占比(%) | 19.2 | — | 8 | 65.4 | 3.8 | 3.8 | — | — | 100 |
| | 2018 | 春 | 属 | 1 | — | 2 | 9 | 1 | 1 | — | — | 14 |
| | | 5 月 | 占比(%) | 7.1 | — | 14 | 64.3 | 7.1 | 7.1 | — | — | 100 |
| | 2018 | 夏 | 属 | 3 | — | 2 | 17 | 2 | 1 | — | — | 25 |
| | | 6～8 月 | 占比(%) | 12 | — | 8 | 68 | 8 | 4 | — | — | 100 |
| | 2018 | 秋 | 属 | — | — | — | 16 | — | 1 | — | — | 17 |
| | | 9～11 月 | 占比(%) | — | — | — | 94.1 | — | 6 | — | — | 100 |

续表3-8

| 站点 | 年份 | 季节 | 项目 | 硅藻门 | 甲藻门 | 蓝藻门 | 绿藻门 | 裸藻门 | 隐藻门 | 黄藻门 | 金藻门 | 合计 |
|---|---|---|---|---|---|---|---|---|---|---|---|---|
| S3 | 2010 | 春 | 属 | 3 | 1 | 2 | 13 | — | 1 | — | — | 20 |
| | | 5月 | 占比(%) | 15 | 5 | 10 | 65 | — | 5 | — | — | 100 |
| | 2010 | 夏 | 属 | 12 | 2 | 10 | 43 | 5 | 3 | — | — | 75 |
| | | 6~8月 | 占比(%) | 16 | 2.7 | 13.3 | 57.3 | 6.7 | 4 | — | — | 100 |
| | 2010 | 秋 | 属 | 10 | 1 | 8 | 46 | 5 | 3 | — | — | 73 |
| | | 9~11月 | 占比(%) | 13.7 | 1.4 | 11 | 63 | 6.8 | 4.1 | — | — | 100 |
| | 2011 | 春 | 属 | 3 | — | 2 | 17 | 2 | 1 | — | — | 25 |
| | | 5月 | 占比(%) | 12 | — | 8 | 68 | 8 | 4 | — | — | 100 |
| | 2011 | 夏 | 属 | 9 | 2 | 8 | 29 | 4 | 3 | — | — | 55 |
| | | 6~8月 | 占比(%) | 16.4 | 3.6 | 14.5 | 52.7 | 7.3 | 5.5 | — | — | 100 |
| | 2011 | 秋 | 属 | 8 | 1 | 6 | 28 | 4 | 3 | — | — | 50 |
| | | 9~11月 | 占比(%) | 16 | 2 | 12 | 56 | 8 | 6 | — | — | 100 |
| | 2012 | 春 | 属 | 1 | 1 | 1 | 14 | 2 | 1 | — | — | 20 |
| | | 5月 | 占比(%) | 5 | 5 | 5 | 70 | 10 | 5 | — | — | 100 |
| | 2012 | 夏 | 属 | 11 | 1 | 4 | 45 | 4 | 3 | — | — | 68 |
| | | 6~8月 | 占比(%) | 16.2 | 1.5 | 5.9 | 66.2 | 5.9 | 4.4 | — | — | 100 |
| | 2012 | 秋 | 属 | 11 | 1 | 5 | 33 | 4 | 3 | 1 | — | 58 |
| | | 9~11月 | 占比(%) | 19 | 1.7 | 8.6 | 56.9 | 6.9 | 5.2 | 1.7 | — | 100 |

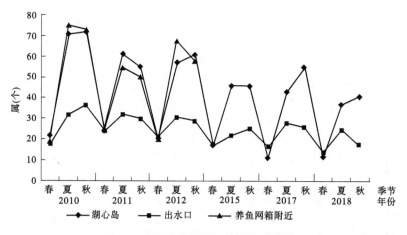

图3-26　浮游植物群落构成随季节变化

从不同季节藻类群落构成看,每个门类属种夏秋季节观察数量均有不同程度的增加,其中蓝藻门、绿藻门和硅藻门变化幅度较大。以2017年为例,湖心岛春季未观察到蓝藻

门,观察到绿藻门7属、硅藻门2属,夏季观察到蓝藻门4属、绿藻门22属、硅藻门8属,
秋季则观察到蓝藻门5属、绿藻门33属、硅藻门10属;出水口春季未观察到蓝藻门,观察
到绿藻门9属、硅藻门4属,夏季观察到蓝藻门1属、绿藻门17属、硅藻门6属,秋季则观
察到蓝藻门2属、绿藻门17属、硅藻门5属,如图3-27所示。

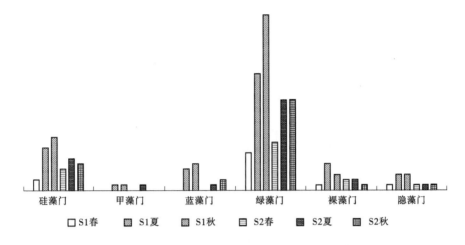

图3-27　2017年湖心岛、出水口浮游植物群落构成随季节变化

### (二)藻类群落细胞变化

在2010年、2011年、2012年及2015年、2017年、2018年6年漳泽水库藻类监测结果
中发现,绿藻门不仅是历年观察到属种最多的门类,同时其观察到细胞数量亦是最多,其
历年细胞数量占总数的37%~75%,呈现绝对优势,这与刘瑞祥等2004年的调查结果
(绿藻占有比例为57.6%)和钟海秀2002年、2003年的调查结果(绿藻占有比例为39.
1%~69.3%)相似。除了绿藻门,隐藻门和蓝藻门也是漳泽水库的次优势藻,其历年细
胞数量分别占总数的7%~25%和5%~31%,如图3-28所示。

从图3-29可以看出,养鱼网箱拆除之前(2013年以前),三个监测点绿藻门细胞数量
均占50%以上,且呈现上升趋势;养鱼网箱拆除之后的2015年,绿藻门细胞数量占比一
度下降至40%以下,但是随后两年又逐渐递升至70%以上,可见养鱼网箱的拆除对水库
绿藻的优势改变只是暂时的。隐藻门的变化则恰恰与绿藻门的变化相反,当绿藻门占比
上升的同时隐藻门细胞数量的占比则会下降。蓝藻门细胞数量一度在2015年占比达到
最高,此后数量占比有所下降,2018年降至10%左右。黄藻门、金藻门仅在2012年湖心
岛和养鱼网箱附近有所观察,其细胞数量非常有限,仅为细胞总数的3%以下。

为分析藻类细胞数量年内变化趋势,本书整理了2012年和2017年三个站点的变化
情况,如图3-29、图3-30所示。

从图3-29可以看出,2012年绿藻门细胞数量在5~11月均占有绝对优势,其细胞数
量百分比47%~85%;湖心岛和养鱼网箱附近优势尤为明显,其逐月数量百分比均达到
60%以上;出水口也仅有5月和9月为50%以下。隐藻门细胞数量所占比例随时间则呈
U字型变化,即8月之前占比逐渐降低,之后缓慢上升,成为5月、10月和11月除绿藻门

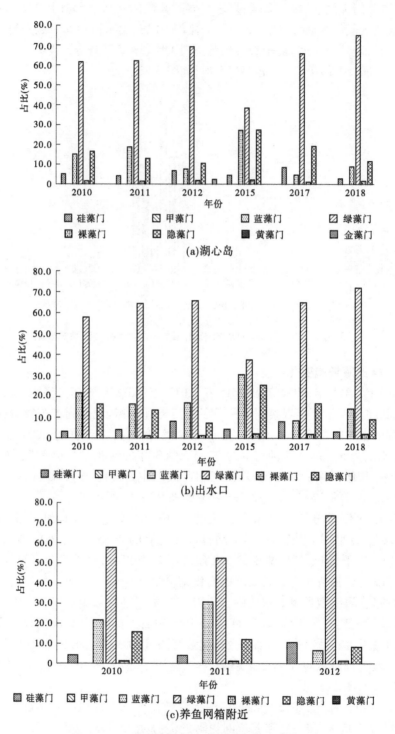

图 3-28 不同种类藻类细胞数量百分比历年变化

外另一个优势藻。蓝藻门细胞数量变化无明显变化规律,在湖心岛和出水口位置逐月均

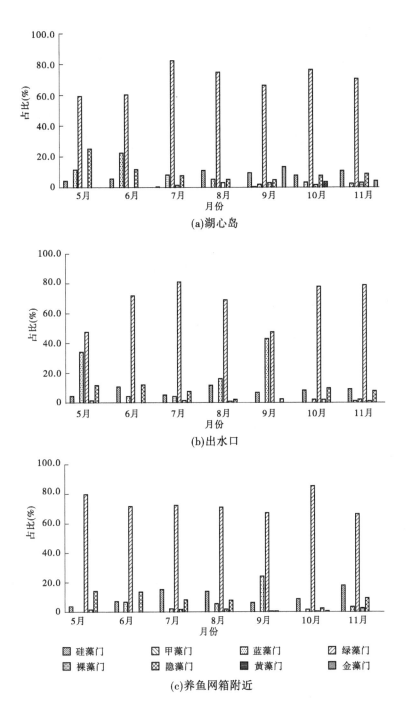

图 3-29 2012 年不同种类藻类细胞数量百分比变化

有出现,一度在 6 月成为湖心岛监测点的第二优势藻,5 月、8 月和 9 月成为出水口监测点的第二优势藻。而硅藻门细胞则是养鱼网箱附近占有比例相对较高,7 月、8 月、10 月和 11 月一度成为养鱼网箱附近监测点的第二优势藻。因此可以总结为,2012 年湖心岛、出

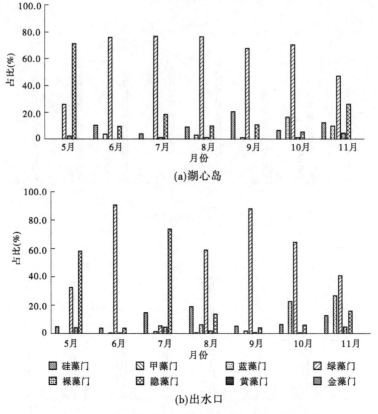

图 3-30　2017 年不同种类藻类细胞数量百分比变化

水口浮游植物以绿藻—隐藻或者绿藻—蓝藻为优势,养鱼网箱附近则以绿藻—隐藻或者绿藻—硅藻为优势。

　　从图 3-30 可以看出,养鱼网箱拆除后湖心岛和出水口监测点隐藻门细胞数量占比有明显提高,已经成为 5 月、7 月和 11 月的第二优势藻,同时硅藻门细胞类数量占比也有所提高,成为夏秋季节的优势藻之一。

**（三）藻类多样性指数评价及结果**

　　浮游植物的生长、繁殖与无机环境有着密切的关系,它的丰盛程度反映了水体生产力的大小,同时反映水质状况,因而常常采用藻类生物多样性来评价水质和生态环境的健康程度。

　　本书整理了漳泽水库养鱼网箱拆除之前 2010 年、2011 年、2012 年以及养鱼网箱拆除 2015 年、2016 年、2017 年 6 年三个监测点的藻类监测数据,并进行了 Margalef 多样性指数和 Shannon—Wiener 多样性指数评价,见表 3-9。各站点浮游藻类多样性指数统计表见表 3-10。

表 3-9　漳泽水库浮游藻类多样性指数

| 年/月 | Margalef 多样性指数 D | | | | Shannon—Wiener 多样性指数 H′ | | | |
|---|---|---|---|---|---|---|---|---|
| | S1 | S2 | S3 | 平均值 ± 标准偏差 | S1 | S2 | S3 | 平均值 ± 标准偏差 |
| 2010/5 | 3.231 | 2.786 | 3.028 | 3.015 ± 0.222 | 3.129 | 3.293 | 2.972 | 3.131 ± 0.160 |
| 2010/6 | 4.118 | 3.055 | 3.380 | 3.517 ± 0.544 | 3.787 | 3.177 | 3.102 | 3.355 ± 0.375 |
| 2010/7 | 3.257 | 2.665 | 3.257 | 3.059 ± 0.341 | 2.821 | 2.510 | 2.827 | 2.719 ± 0.181 |
| 2010/8 | 3.500 | 2.303 | 3.736 | 3.179 ± 0.768 | 3.472 | 1.919 | 3.588 | 2.992 ± 0.932 |
| 2010/9 | 4.011 | 3.645 | 3.628 | 3.761 ± 0.216 | 2.726 | 3.272 | 3.212 | 3.070 ± 0.299 |
| 2010/10 | 4.006 | 4.115 | 3.540 | 3.887 ± 0.305 | 3.735 | 3.743 | 3.646 | 3.707 ± 0.053 |
| 2010/11 | 3.665 | 3.665 | 3.665 | 3.665 ± 0 | 2.940 | 3.305 | 3.441 | 3.228 ± 0.259 |
| 2010 年均值 | 3.684 | 3.176 | 3.462 | 3.440 ± 0.254 | 3.230 | 3.031 | 3.255 | 3.172 ± 0.122 |
| 2011/5 | 3.735 | 3.753 | 3.770 | 3.752 ± 0.017 | 2.971 | 2.930 | 3.303 | 3.067 ± 0.204 |
| 2011/6 | 3.433 | 4.435 | 3.859 | 3.908 ± 0.502 | 2.805 | 3.738 | 3.851 | 3.464 ± 0.574 |
| 2011/7 | 4.100 | 3.532 | 2.778 | 3.469 ± 0.662 | 3.795 | 3.745 | 2.801 | 3.447 ± 0.559 |
| 2011/8 | 2.853 | 2.303 | 2.098 | 2.418 ± 0.390 | 2.550 | 1.919 | 1.850 | 2.106 ± 0.385 |
| 2011/9 | 2.609 | 3.180 | 2.496 | 2.761 ± 0.366 | 2.211 | 2.525 | 2.458 | 2.398 ± 0.165 |
| 2011/10 | 3.761 | 3.299 | 2.939 | 3.333 ± 0.411 | 3.653 | 3.325 | 3.282 | 3.420 ± 0.202 |
| 2011/11 | 3.097 | 3.097 | 3.097 | 3.097 ± 0 | 3.262 | 3.898 | 2.933 | 3.364 ± 0.490 |
| 2011 年均值 | 3.370 | 3.371 | 3.005 | 3.248 ± 0.210 | 3.035 | 3.154 | 2.925 | 3.038 ± 0.114 |
| 2012/5 | 3.342 | 3.719 | 3.253 | 3.437 ± 0.247 | 3.467 | 3.604 | 3.591 | 3.554 ± 0.075 |
| 2012/6 | 3.236 | 3.673 | 4.025 | 3.644 ± 0.395 | 3.561 | 3.759 | 3.908 | 3.742 ± 0.174 |
| 2012/7 | 3.072 | 3.993 | 4.090 | 3.718 ± 0.561 | 3.332 | 3.705 | 3.862 | 3.632 ± 0.272 |
| 2012/8 | 3.486 | 3.017 | 3.702 | 3.401 ± 0.350 | 2.717 | 2.512 | 3.240 | 2.823 ± 0.375 |
| 2012/9 | 3.349 | 2.833 | 3.637 | 3.272 ± 0.407 | 3.340 | 5.400 | 2.880 | 3.873 ± 1.342 |
| 2012/10 | 3.651 | 2.780 | 3.675 | 3.368 ± 0.510 | 3.336 | 2.347 | 3.230 | 2.971 ± 0.542 |
| 2012/11 | 3.247 | 3.247 | 3.097 | 3.196 ± 0.086 | 3.356 | 3.447 | 3.345 | 3.382 ± 0.056 |
| 2012 年均值 | 3.340 | 3.323 | 3.640 | 3.434 ± 0.178 | 3.301 | 3.539 | | 3.420 ± 0.168 |
| 2015/5 | 2.963 | 2.963 | | 2.963 ± 3.140 | 2.768 | 2.768 | | 2.767 ± 2.843 |
| 2015/6 | 2.902 | 2.174 | | 2.538 ± 0.514 | 3.280 | 2.722 | | 3.001 ± 0.394 |
| 2015/7 | 2.718 | 2.718 | | 2.718 ± 6.280 | 2.090 | 2.090 | | 2.090 ± 2.512 |
| 2015/8 | 1.975 | 1.309 | | 1.642 ± 0.471 | 0.737 | 0.616 | | 0.676 ± 0.085 |
| 2015/9 | 2.934 | 2.443 | | 2.688 ± 0.347 | 3.173 | 1.853 | | 2.513 ± 0.933 |
| 2015/10 | 3.122 | 3.251 | | 3.186 ± 0.091 | 2.780 | 2.742 | | 2.761 ± 0.026 |

续表 3-9

| 年/月 | Margalef 多样性指数 $D$ | | | | Shannon—Wiener 多样性指数 $H'$ | | | |
|---|---|---|---|---|---|---|---|---|
| | S1 | S2 | S3 | 平均值 ± 标准偏差 | S1 | S2 | S3 | 平均值 ± 标准偏差 |
| 2015/11 | 2.444 | 2.444 | | 2.444 ±0 | 2.207 | 3.485 | | 2.845 ±0.903 |
| 2015 年均值 | 2.723 | 2.472 | | 2.597 ±0.177 | 2.434 | 2.325 | | 2.379 ±0.076 |
| 2017/5 | 1.919 | 2.802 | | 2.360 ±0.624 | 1.740 | 2.448 | | 2.094 ±0.500 |
| 2017/6 | 2.612 | 3.651 | | 3.131 ±0.734 | 3.234 | 3.714 | | 3.474 ±0.339 |
| 2017/7 | 1.367 | 1.367 | | 1.367 ±1.256 | 1.192 | 1.192 | | 1.191 ±2.360 |
| 2017/8 | 3.161 | 3.395 | | 3.277 ±0.165 | 2.959 | 3.659 | | 3.308 ±0.494 |
| 2017/9 | 2.475 | 2.681 | | 2.577 ±0.145 | 2.290 | 1.773 | | 2.031 ±0.365 |
| 2017/10 | 3.206 | 3.303 | | 3.254 ±0.068 | 2.655 | 2.499 | | 2.577 ±0.110 |
| 2017/11 | 3.498 | 3.498 | | 3.498 ±0 | 3.719 | 3.817 | | 3.767 ±0.068 |
| 2017 年均值 | 2.605 | 2.957 | | 2.780 ±0.248 | 2.541 | 2.729 | | 2.635 ±0.132 |
| 2018/5 | 2.084 | 2.436 | | 2.260 ±0.249 | 1.930 | 2.003 | | 1.966 ±0.051 |
| 2018/6 | 1.973 | 2.068 | | 2.020 ±0.066 | 1.994 | 2.473 | | 2.233 ±0.338 |
| 2018/7 | 3.265 | 2.946 | | 3.105 ±0.225 | 3.392 | 3.071 | | 3.231 ±0.227 |
| 2018/8 | 0.851 | 0.696 | | 0.773 ±0.110 | 0.444 | 0.385 | | 0.414 ±0.041 |
| 2018/9 | 2.131 | 1.386 | | 1.758 ±0.526 | 1.648 | 1.754 | | 1.701 ±0.074 |
| 2018/10 | 2.789 | 2.306 | | 2.547 ±0.341 | 2.319 | 2.394 | | 2.356 ±0.053 |
| 2018/11 | 1.982 | 1.982 | | 1.982 ±0 | 2.414 | 2.654 | | 2.534 ±0.169 |
| 2018 年均值 | 2.154 | 1.974 | | 2.063 ±0.126 | 2.020 | 2.105 | | 2.062 ±0.071 |

　　由表 3-10 统计可见,养鱼网箱拆除之前的 2010～2012 年漳泽水库三个监测点藻类 Margalef 多样性指数 $D$ 值范围为 2.10～4.44,平均值为 3.37 ±0.50,Shannon—Wiener 多样性指数 $H'$ 值范围为 1.85～5.40,平均值为 3.21 ±0.59,$D$ 值和 $H'$ 值极小值出现的时间及位置均相同,均出现在 2011 年 8 月养鱼网箱附近;极大值出现位置相同(即出水口)时间不同,$D$ 值最高值出现在 2011 年 6 月,$H'$ 值最高值出现在 2012 年 9 月。

　　由表 3-10 统计可见养鱼网箱拆除之后的 2015～2018 年漳泽水库两个监测点 $D$ 值范围为 0.70～3.65,平均值为 2.48 ±0.73,$H'$ 值范围为 0.39～3.82,平均值为 2.36 ±0.89。$D$ 值和 $H'$ 值极小值均出现在 2018 年 8 月出水口位置,$D$ 值极大值出现在 2017 年 6 月出水口位置,$H'$ 值极大值出现在 2017 年 11 月出水口位置。

表3-10　潭泽水库浮游藻类多样性指数统计表

| 时间（年） | 项目 | Margalef 多样性指数 D 范围 | | | Shannon—Wiener 多样性指数 H' | | |
|---|---|---|---|---|---|---|---|
| | | S1 | S2 | S3 | S1 | S2 | S3 |
| 2010~2012 年 | Min 值 | 2.609 | 2.303 | 2.098 | 2.211 | 1.919 | 1.850 |
| | Max 值 | 4.118 | 4.435 | 4.090 | 3.795 | 5.400 | 3.908 |
| | 均值±标准偏差 | 3.465±0.405 | 3.29±0.574 | 3.369±0.507 | 3.189±0.438 | 3.242±0.79 | 3.206±0.493 |
| | 中位数 | 3.433 | 3.247 | 3.540 | 3.332 | 3.305 | 3.240 |
| | Min 值出现时间 | 2011-09 | 2010-08 | 2011-08 | 2011-09 | 2010-08 | 2011-08 |
| | Max 值出现时间 | 2010-06 | 2011-06 | 2012-07 | 2011-07 | 2012-09 | 2012-06 |
| 2015~2018 年 | Min 值 | 0.851 | 0.696 | | 0.385 | 0.444 | |
| | Max 值 | 3.498 | 3.651 | | 3.719 | 3.817 | |
| | 均值±标准偏差 | 2.494±0.674 | 2.468±0.797 | | 2.329±0.871 | 2.389±0.928 | |
| | 中位数 | 2.612 | 2.444 | | 2.319 | 2.473 | |
| | Min 值出现时间 | 2018-08 | 2018-08 | | 2018-08 | 2018-08 | |
| | Max 值出现时间 | 2017-11 | 2017-06 | | 2017-11 | 2017-11 | |

　　从年均值变化看,养鱼网箱拆除后 Margalef 多样性指数 $D$ 值和 Shannon—Wiener 多样性指数 $H'$ 值均呈明显下降,2013 年之前,$D$ 值和 $H'$ 值年均值均大于 3,据 Margalef 多样性指数评价标准,漳泽水库水体为中度污染。根据 Shannon—Wiener 多样性指数标准,漳泽水库水体为轻度污染。2013 年之后,$D$ 值和 $H'$ 值均为 2～3,据 Margalef 指数评价标准,漳泽水库水体为重度污染;根据 Shannon—Wiener 指数标准,漳泽水库水体为中度污染。因此,不论是 Margalef 多样性指数评价还是 Shannon—Wiener 多样性指数评价,2013 年之后漳泽水库的水体趋于恶化是一致的,这一结论与水体富营养评价的结果也是一致的。

　　从空间变化上看,Margalef 指数 $D$ 和 Shannon—Wiener 指数 $H'$ 在空间分布上无明显规律。从藻类多样性指数与水体综合营养指数的相关性看,营养指数与藻类多样性指数也无明显的相关性,如图 3-31 所示。

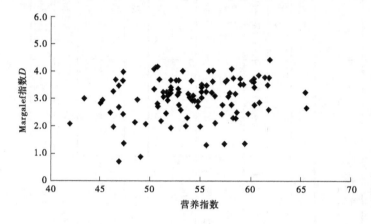

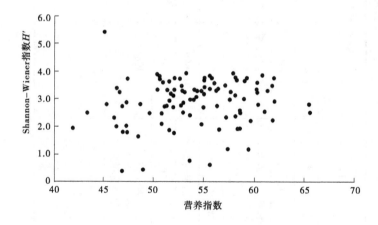

图 3-31　营养指数与藻类多样性指数相关性比较

# 第四节　外源污染分析

## 一、点源污染估算

水污染点源是指以点状形式排放而使水体造成污染的发生源。一般工业污染源和生活污染源产生的工业废水和城市生活污水,经城市污水处理厂或经管渠输送到水体排放口,作为重要污染点源向水体排放。这种点源含污染物多,成分复杂,其变化规律依据工业废水和生活污水的排放规律,即具有季节性和随机性。

### (一)点源污染估算方法

入河排污量按以下方法计算:

(1)在某一时间间隔内,入河排污口的污水排放量按公式(3-10)计算:

$$Q = Vat \tag{3-10}$$

式中:$Q$ 为污废水排放量,t/d;$V$ 为污水平均流速,m/s;$a$ 为过水断面面积,m²;$t$ 为日排污时间,s。

(2)装有污水流量计的排污口,排放量从仪器上读取。

(3)经水泵抽取排放的污水量,由水泵额定流量与开泵时间计算。

当无法测量污水量时,可根据经验计算公式(3-11)推算污水排放量:

$$Q = qwk \tag{3-11}$$

式中:$Q$ 为废污水排放量,t/d;$q$ 为单位产品污水排放量,t/单位产品;$w$ 为产品日产量;$k$ 为污水入河系数。

入河污水物量按公式(3-12)计算:

$$W = QC \tag{3-12}$$

式中:$W$ 为污染物入河量,g/d;$Q$ 为废污水排放量,t/d;$C$ 为污染物浓度,mg/L。

### (二)估算成果

为了分析漳泽水库点源污染,本书整理了 2009 年、2016 年、2017 年和 2018 年漳泽水库上游排污口调查资料。其中,2009 年漳泽水库上游共调查排污口 7 处,主要分布在长治市城区段的石子河、黑水河和护城河;2016 年调查 1 处,2017 年调查 2 处,包括石子河城区段 1 处,绛河屯留段 1 处;2018 年调查排污口 1 处,位于石子河城区段。

通过统计计算,2009 年漳泽水库上游废污水排放量为 5 991.7 万 t/a,2016 年废污水入河量得到了较好的控制,污水排放量减少至 3 989.8 万 t/a,2017 年再降至 2 430.9 万 t/a,2018 年略有回升为 2 762.6 万 t/a。主要污染物中 COD、氨氮入河量下降明显,其中 COD 从 2009 年的 3 380.9 t/a 降至 2018 年的 11.5 t/a;氨氮从 2009 年的 379 t/a 降至 2017 年的 8.0 t/a,2018 年略有回升至 19.7 t/a。总氮、总磷由于 2009 年未做监测,因此比较 2016 年、2017 年、2018 年 3 年的资料可以发现,入河量虽没有氨氮、COD 下降幅度大,但是下降趋势是明显的。从主要污染物平均浓度看,COD 和氨氮浓度下降幅度较大,COD 浓度下降为 2009 年浓度的 7%,氨氮浓度下降至 2009 年的 11%;总磷、总氮浓度与 2016 年相比浓度也下降了 40% 左右,如表 3-11 和图 3-32 所示。

表 3-11　　入河排污口废污水及污染物入河量统计表

| 调查年 | 排污口数量（处） | 废污水入河量（万 t/a） | 主要污染物浓度（mg/L） | | | | 主要污染物入河量（t/a） | | | |
|---|---|---|---|---|---|---|---|---|---|---|
| | | | COD | 氨氮 | 总氮 | 总磷 | COD | 氨氮 | 总氮 | 总磷 |
| 2009 | 7 | 5 991.7 | 56.4 | 6.3 | | | 3 380.9 | 379.0 | | |
| 2016 | 1 | 3 989.8 | 17.1 | 3.5 | 12.8 | 1.0 | 682.7 | 138.5 | 511.0 | 40.0 |
| 2017 | 2 | 2 430.9 | 19.5 | 0.3 | 15.7 | 0.8 | 473.9 | 8.0 | 381.6 | 19.2 |
| 2018 | 1 | 2 762.6 | 4.0 | 0.7 | 11.8 | 0.8 | 110.5 | 19.7 | 326.4 | 22.6 |

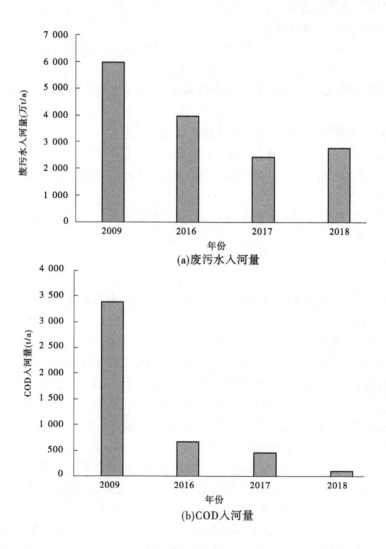

(a)废污水入河量

(b)COD入河量

图 3-32　废污水及主要污染物入河量变化

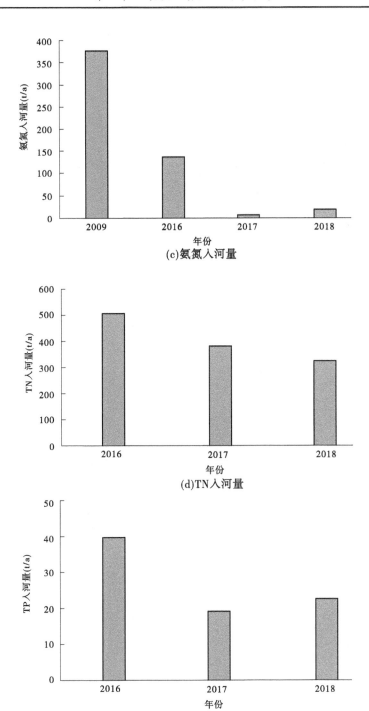

(c)氨氮入河量

(d)TN入河量

(e)TP入河量

续图 3-32

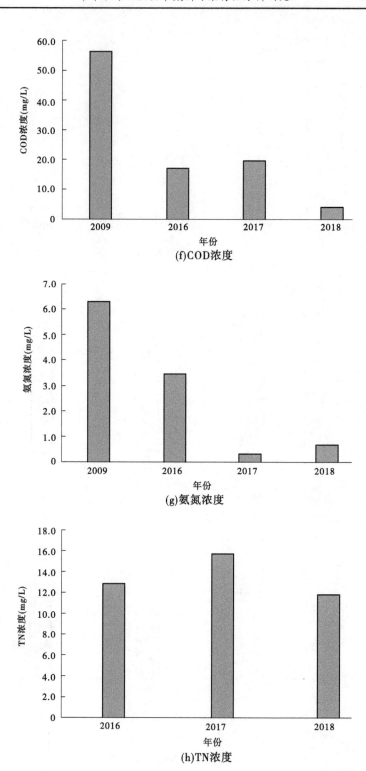

(f)COD浓度

(g)氨氮浓度

(h)TN浓度

续图 3-32

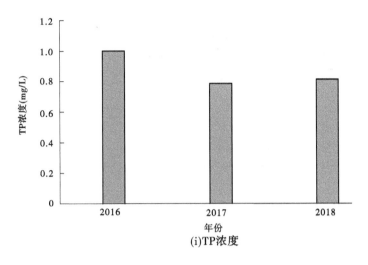

(i)TP浓度

续图3-32

从统计结果可以看出,近几年漳泽水库上游排污口得到了较好的整治与改善,其中2009年调查7处排污口包括混合废污水4处、生活污水2处、工业废水1处,其中不仅包括1处污水处理厂设置的排污口,同时还包括零散设置的工业废水和生活污水的排污口;2017年排污口数量减少至混合废污水2处,且均为污水处理厂设置,进一步说明漳泽水库上游点源污染排放得到了治理;2018年排污口进一步得到控制,减至1处,为污水处理厂排污口。

## 二、面源污染估算

水体面源污染是相对点源污染而言的,是指溶解的和固体的污染物从非特定的地点,在降水(或融雪)冲刷作用下,通过径流过程而汇入受纳水体(包括河流、湖泊、水库和海湾等),并引起水体的富营养化或其他形式的污染(Novotny 和 Olem,1993)。美国清洁水法修正案(1977)对面源污染的定义为:污染物以广域的、分散的、微量的形式进入地表及地下水体。这里的微量是指污染物浓度通常较点源污染低,但污染的总负荷却是非常巨大。

为详细分析漳泽水库面源污染情况,本书从漳泽水库上游包括农村生活面源污染、农田面源污染、分散式畜禽养殖面源污染、地表径流产生的面源污染和水土流失面源污染五类污染进行分析。

### (一)农村生活面源污染

本次调查漳泽水库上游农村生活面源污染主要包括农村生活污水排放与生活固体垃圾遗弃。

人口及用水量估算:漳泽水库上游有6个区(县)即长治市城区、长治市郊区、长治县、壶关县、长子县、屯留县,面积共3 909 km²,如减去水库下游面积(包括郊区140 km²、黄河115 km²、卫河363 km²),漳泽水库流域面积即为3 176 km²。

根据2016年年鉴,6区(县)农村常住人口912 466,如抛去下游人口(包括约壶关县

1/3卫河分区人口、郊区1/2人口、黄河流域山村人口),漳泽水库上游农村常住人口实际约为800 920人,农村居民用水1 481万 m³,见表3-12。

表3-12  漳泽水库流域范围各县区面积和农村常住人口统计

| 区(县) | 计算面积<br>(km²) | 农村常住人口<br>(人) | 农村居民用水<br>(万 m³) | 人均用水<br>[L/(人·d)] |
|---|---|---|---|---|
| 城区 | 55 | 0 | 0 | 0 |
| 郊区 | 139 | 44 260 | 109 | 67 |
| 长治县 | 473 | 215 049 | 402 | 51 |
| 屯留县 | 1 030 | 163 727 | 380 | 64 |
| 壶关县 | 627 | 134 571 | 220 | 45 |
| 长子县 | 852 | 243 313 | 370 | 42 |
| 合计 | 3 176 | 800 920 | 1 481 | 45 |

注:城区、效区是指长治市城区、郊区,下同。

生活污水排放量估算:农村居民生活污水产生量按用水量的60%计算,生活污水中COD含量按750～1 050 mg/L、氨氮按30～60 mg/L、TN 90～120 mg/L、TP 按15～30 mg/L计算。漳泽水库流域农村生活污水年排放量889万 m³,污水中COD污染物年排放量在6 665～93 330 t,氨氮污染物年排放量在267～533 t,TN污染物年排放量在800～1 066 t,TP污染物年排放量在133～267 t,见表3-13。

表3-13  漳泽水库流域农村生活污水污染物排放量估算

| 区(县) | 污水排放量<br>(万 m³) | 生活污水污染物最小排放量(t) | | | | 生活污水污染物最大排放量(t) | | | |
|---|---|---|---|---|---|---|---|---|---|
| | | COD | 氨氮 | TN | TP | COD | 氨氮 | TN | TP |
| 城区 | 0 | 0 | 0 | 0 | 0 | 0 | 0 | 0 | 0 |
| 郊区 | 65 | 491 | 20 | 59 | 10 | 687 | 39 | 78 | 20 |
| 长治县 | 241 | 1 809 | 72 | 217 | 36 | 2 533 | 145 | 289 | 72 |
| 屯留县 | 228 | 1 710 | 68 | 205 | 34 | 2 394 | 137 | 274 | 68 |
| 壶关县 | 132 | 990 | 40 | 119 | 20 | 1 386 | 79 | 158 | 40 |
| 长子县 | 222 | 1 665 | 67 | 200 | 33 | 2 331 | 133 | 266 | 67 |
| 合计 | 889 | 6 665 | 267 | 800 | 133 | 9 330 | 533 | 1 066 | 267 |

农村居民生活污水入库量估算:入库系数取污水排放量的10%。如取0%,即没有污水入河,也即没有污染物入库;如取10%系数计算入库量,流域内生活污水入库量89万 t,各污染物入库量分别为:COD为666～933 t、氨氮为27～53 t、TN为80～107 t、TP为13～27 t,见表3-14。

表 3-14 漳泽水库流域农村生活污水污染物入库量估算

| 区(县) | 入库量(万 t) | 生活污水污染物最小入库量(t) | | | | 生活污水污染物最大入库量(t) | | | |
|---|---|---|---|---|---|---|---|---|---|
| | | COD | 氨氮 | TN | TP | COD | 氨氮 | TN | TP |
| 城区 | 0 | 0 | 0 | 0 | 0 | 0 | 0 | 0 | 0 |
| 郊区 | 7 | 49 | 2 | 6 | 1 | 69 | 4 | 8 | 2 |
| 长治县 | 24 | 181 | 7 | 22 | 4 | 253 | 14 | 29 | 7 |
| 屯留县 | 23 | 171 | 7 | 21 | 3 | 239 | 14 | 27 | 7 |
| 壶关县 | 13 | 99 | 4 | 12 | 2 | 139 | 8 | 16 | 4 |
| 长子县 | 22 | 167 | 7 | 20 | 3 | 233 | 13 | 27 | 7 |
| 合计 | 89 | 666 | 27 | 80 | 13 | 933 | 53 | 107 | 27 |

农村居民生活垃圾污染物排放量估算:采用 0.5~1.0 kg/(人·d) 系数,计算流域内农村居民年产生固体垃圾为 146 168~292 336 t,平均 219 252 t。生活垃圾污染物含量采用经验系数:COD 采用 0.25%、氨氮采用 0.021%、TN 采用 0.21%、TP 采用 0.022%,那么污染物 COD 年排放量 365~731 t、氨氮年排放量 31~61 t、TN 年排放量 307~614 t、TP 年排放量 32~64 t,见表 3-15。

表 3-15 漳泽水库流域农村生活固体垃圾污染物排放量估算

| 区(县) | 固体生活垃圾(t) | 生活固体垃圾污染物含量(t) | | | |
|---|---|---|---|---|---|
| | | COD | 氨氮 | TN | TP |
| 城区 | 0 | 0 | 0 | 0 | 0 |
| 郊区 | 8 077~16 155 | 20~40 | 2~3 | 17~34 | 2~4 |
| 长治县 | 39 246~78 493 | 98~196 | 8~16 | 82~165 | 9~17 |
| 屯留县 | 29 880~59 760 | 75~149 | 6~13 | 63~125 | 7~13 |
| 壶关县 | 24 559~49 119 | 61~123 | 5~10 | 52~103 | 5~11 |
| 长子县 | 44 405~88 809 | 111~222 | 9~19 | 93~186 | 10~20 |
| 合计 | 146 168~292 336 | 365~731 | 31~61 | 307~614 | 32~64 |

农村居民生活垃圾污染物入库系数采用排放量的 0~10%,如系数是 0,居民产生的固体垃圾污染物则无入库量;采用 10% 的入库系数,则流域内固体垃圾污染物年入库量为 14 617~29 234 t,各污染物的年入库量分别为:COD 入库量 36.5~73.1 t、氨氮入库量 3.1~6.1 t、TN 入库量 30.7~61.4 t、TP 入库量 3.2~6.4 t,见表 3-16。

表 3-16　漳泽水库流域农村生活固体垃圾污染物入库量估算

| 区(县) | 固体废弃物入河量(t) | 生活固体垃圾污染物入河量(t) | | | |
|---|---|---|---|---|---|
| | | COD | 氨氮 | TN | TP |
| 城区 | 0 | 0 | 0 | 0 | 0 |
| 郊区 | 808 ~ 1 615 | 2.0 ~ 4.0 | 0.2 ~ 0.3 | 1.7 ~ 3.4 | 0.2 ~ 0.4 |
| 长治县 | 3 925 ~ 7 849 | 9.8 ~ 19.6 | 0.8 ~ 1.6 | 8.2 ~ 16.5 | 0.9 ~ 1.7 |
| 屯留县 | 2 988 ~ 5 976 | 7.5 ~ 14.9 | 0.6 ~ 1.3 | 6.3 ~ 12.5 | 0.7 ~ 1.3 |
| 壶关县 | 2 456 ~ 4 912 | 6.1 ~ 12.3 | 0.5 ~ 1.0 | 5.2 ~ 10.3 | 0.5 ~ 1.1 |
| 长子县 | 4 440 ~ 8 881 | 11.1 ~ 22.2 | 0.9 ~ 1.9 | 9.3 ~ 18.6 | 1.0 ~ 2.0 |
| 合计 | 14 617 ~ 29 234 | 36.5 ~ 73.1 | 3.1 ~ 6.1 | 30.7 ~ 61.4 | 3.2 ~ 6.4 |

根据以上估算可以得出漳泽水库流域内农村居民生活污染物总排放量,其中:

负荷量:漳泽水库流域内农村居民生活污水负荷 889 万 m³,固体垃圾产生量年平均 21.9 万 t。各类污染物年产生量:COD 为 7 030 ~ 10 061 t、氨氮为 298 ~ 595 t、TN 为 1 106 ~ 1 680 t、TP 为 166 ~ 331 t,见表 3-17。

入库量:漳泽水库流域生活污水入库量 89 万 m³,固体垃圾入库量年平均 2.19 万 t。各类污染物年入库量分别为:COD 入库量 703 ~ 1 006 t、氨氮入库量 29 ~ 59 t、TN 入库量 111 ~ 167 t、TP 入库量 16 ~ 33 t,见表 3-17。

表 3-17　漳泽水库流域农村生活污染物排放量和入库量统计

| 区(县) | 生活污染物排放量(t) | | | | 生活污染物入库量(t) | | | |
|---|---|---|---|---|---|---|---|---|
| | COD | 氨氮 | TN | TP | COD | 氨氮 | TN | TP |
| 城区 | 0 | 0 | 0 | 0 | 0 | 0 | 0 | 0 |
| 郊区 | 511 ~ 727 | 21 ~ 43 | 76 ~ 112 | 12 ~ 23 | 51 ~ 73 | 2 ~ 4 | 8 ~ 11 | 1 ~ 2 |
| 长治县 | 1 907 ~ 2 729 | 81 ~ 161 | 299 ~ 454 | 45 ~ 90 | 191 ~ 273 | 8 ~ 16 | 30 ~ 45 | 4 ~ 9 |
| 屯留县 | 1 785 ~ 2 543 | 75 ~ 149 | 268 ~ 399 | 41 ~ 82 | 178 ~ 254 | 7 ~ 15 | 27 ~ 40 | 4 ~ 8 |
| 壶关县 | 1 051 ~ 1 509 | 45 ~ 90 | 170 ~ 262 | 25 ~ 50 | 105 ~ 151 | 4 ~ 9 | 17 ~ 26 | 3 ~ 5 |
| 长子县 | 1 776 ~ 2 553 | 76 ~ 152 | 293 ~ 453 | 43 ~ 86 | 178 ~ 255 | 8 ~ 15 | 29 ~ 45 | 4 ~ 9 |
| 合计 | 7 030 ~ 10 061 | 298 ~ 595 | 1 106 ~ 1 680 | 166 ~ 331 | 703 ~ 1 006 | 29 ~ 59 | 111 ~ 167 | 16 ~ 33 |

## (二)农田面源污染

漳泽水库流域内农田施肥和农药根据 2016 年官方提供的数据,化肥施用量按折纯量计,氮肥 17 827 t、磷肥 7 387 t、复合肥 46 711 t,氮肥使用比磷肥多,施用复合肥最多。按其有效成分计,含氮(N)25 301 t、含磷(P)16 729 t。农药施用量 223 t,长子县用农药最多为 93.5 t,占 42%,见表 3-18。

流失量:COD 污染物的流失量按氮肥有效成分的 80% 计,其年流失量为 20 240 t;氨氮污染物的流失量按氮肥有效成分的2%计,其年流失量为507 t;氮(N)污染物的流失量按氮肥有效成分的20%计,其年流失量为5 060 t;磷(P)污染物的流失量按磷肥有效成分的15%计,其年流失量为2 510 t,见表3-19。

入库量:COD、氨氮、氮(N)污染物入河系数采用15%~25%,磷(P)污染物入河系数采用9%~15%,计算得水库流域 COD、氨氮、氮(N)、磷(P)污染物年入库量分别为3 037~5 060 t、75~126 t、760~1 265 t、227~376 t,贡献比较大的是长子县和屯留县,见表3-18~表3-19。这个结论符合实际情况,屯留县、长子县位于长治盆地,以种殖业为主,且蔬菜大棚种殖量为长治市之首。

表3-18 漳泽水库流域农田施肥和农药施用量统计

| 区(县) | 计算面积 (km²) | 肥料使用折纯量(t) | | | 化肥有效成分(t/a) | | 农药施用量 (t) |
| | | 氮肥 | 磷肥 | 复合肥 | 氮(N) | 磷(P) | |
|---|---|---|---|---|---|---|---|
| 城区 | 55 | 102 | 19 | 130 | 123 | 45 | 1.6 |
| 郊区 | 139 | 2 156 | 715 | 2 255 | 2 517 | 1 166 | 14.4 |
| 长治县 | 473 | 4 299 | 2 609 | 7 065 | 5 429 | 4 022 | 40.7 |
| 屯留县 | 1 030 | 3 839 | 1 230 | 20 050 | 7 047 | 5 240 | 33.0 |
| 壶关县 | 627 | 2 231 | 750 | 5 380 | 3 092 | 1 826 | 39.4 |
| 长子县 | 852 | 5 200 | 2 064 | 11 831 | 7 093 | 4 430 | 93.5 |
| 合计 | 3 176 | 17 827 | 7 387 | 46 711 | 25 301 | 16 729 | 223 |

表3-19 漳泽水库流域农田化肥流失量和入库量估算

| 区(县) | 化肥污染成分流失量(t/a) | | | | 化肥污染成分入库量(t/a) | | | |
| | COD | 氨氮 | 氮(N) | 磷(P) | COD | 氨氮 | 氮(N) | 磷(P) |
|---|---|---|---|---|---|---|---|---|
| 城区 | 98 | 2.5 | 25 | 6.8 | 15~25 | 0.4~0.6 | 4~6 | 0.6~1 |
| 郊区 | 2013 | 50 | 503 | 175 | 302~503 | 8~13 | 76~126 | 16~26 |
| 长治县 | 4 344 | 109 | 1 086 | 603 | 652~1 086 | 16~27 | 163~271 | 54~90 |
| 屯留县 | 5 638 | 141 | 1 409 | 786 | 846~1 409 | 21~35 | 211~352 | 71~118 |
| 壶关县 | 2 473 | 62 | 618 | 274 | 371~618 | 9~15 | 93~155 | 25~41 |
| 长子县 | 5 674 | 142 | 1 419 | 665 | 851~1 419 | 21~35 | 213~355 | 60~100 |
| 合计 | 20 240 | 507 | 5 060 | 2 510 | 3 037~5 060 | 75~126 | 760~1 265 | 227~376 |

漳泽水库流域农药施用量223 t,其含有效成分有机磷按经验系数2.8%估算,含有机氯有效成分按经验系数2.5%估算,则有机磷成分年施用量6.23 t,有机氯成分年施用量5.56 t。那么有机磷年流失量1.25 t,有机氯年流失量1.11 t,见表3-20。

农药入库系数按30%~50%估算,那么有机氯成份年入库量0.374~0.623 t,有机磷年入库量0.334~0.556 t,入库量贡献最大的是长子县,见表3-20。

表3-20　漳泽水库流域农药流失量和入库量估算表

| 区(县) | 农药有效成分(t/a) | | 农药流失量(t) | | 农药入库量(t) | |
|---|---|---|---|---|---|---|
| | 有机磷 | 有机氯 | 有机磷 | 有机氯 | 有机磷 | 有机氯 |
| 城区 | 0.05 | 0.04 | 0.01 | 0.01 | 0.003～0.005 | 0.002～0.004 |
| 郊区 | 0.40 | 0.36 | 0.08 | 0.07 | 0.024～0.040 | 0.022～0.036 |
| 长治县 | 1.14 | 1.02 | 0.23 | 0.20 | 0.068～0.114 | 0.061～0.102 |
| 屯留县 | 0.92 | 0.82 | 0.18 | 0.16 | 0.055～0.092 | 0.049～0.082 |
| 壶关县 | 1.10 | 0.99 | 0.22 | 0.20 | 0.066～0.110 | 0.059～0.099 |
| 长子县 | 2.62 | 2.34 | 0.52 | 0.47 | 0.157～0.262 | 0.140～0.234 |
| 合计 | 6.23 | 5.56 | 1.25 | 1.11 | 0.374～0.623 | 0.334～0.556 |

### (三)分散式蓄禽养殖面源污染

根据2016年山西省统计年鉴,由于郊区有一半面积在水库下游统计时已减去,壶关县除去卫河分区部分,水库流域内养殖情况为大牲畜82 141头、小牲畜1 395 760头、家禽16 546 845只,见表3-21。

畜禽粪便污染物排放量:根据经验系数法,大牲畜每头每天的排泄量约10～20 kg,小牲畜每头每天的排泄量约2～3.5 kg,家禽每只每天的排泄量约0.1 kg。本书取最小系数进行估算,即大牲畜排泄量采用10 kg/(头·d),小牲畜排泄量采用2 kg/(头·d),家禽排泄量约0.1 kg/(只·d)。漳泽水库流域畜禽粪便污染物排放量:大牲畜排泄量299 815 t、小牲畜排泄量1 018 905 t、家禽排泄量603 960 t。大牲畜排泄量最大的是屯留县230 129 t,小牲畜排泄量最大的是长治县341 811 t,家禽排泄量最大的是233 683 t。水库流域内2016年畜禽粪便总排放量为1 922 679 t(192.3万t),排放量最大为长治县552 376 t(55.2万t),次大为长子县540 464 t(54.0万t),第三为屯留县510 098 t(51.0万t),三个县的畜禽粪便排放量占到流域的83.4%,见表3-21。

表3-21　漳泽水库流域内畜禽统计

| 区(县) | 大牲畜(头) | 小牲畜(头) | 家禽(只) | 畜禽粪便污染物排放量(t) | | | 畜禽粪便总排放量(t) |
|---|---|---|---|---|---|---|---|
| | | | | 大牲畜 | 小牲畜 | 家禽 | |
| 城区 | 2 100 | 20 544 | 190 000 | 7 665 | 14 997 | 6 935 | 29 597 |
| 郊区 | 2 576 | 59 301 | 542 696 | 9 402 | 43 290 | 19 808 | 72 501 |
| 长治县 | 3 953 | 468 234 | 5 373 620 | 14 428 | 341 811 | 196 137 | 552 376 |
| 屯留县 | 63 049 | 303 476 | 1 600 858 | 230 129 | 221 537 | 58 431 | 510 098 |
| 壶关县 | 814 | 172 202 | 2 437 385 | 2 971 | 125 707 | 88 965 | 217 643 |
| 长子县 | 9 649 | 372 003 | 6 402 286 | 35 219 | 271 562 | 233 683 | 540 464 |
| 合计 | 82 141 | 1 395 760 | 16 546 845 | 299 815 | 1 018 905 | 603 960 | 1 922 679 |

畜禽粪便中污染物估算:畜禽粪便污染物中污染成分根据经验系数估算。大牲畜排泄量中污染物成分采用系数分别为:COD 采用 2.4%、氨氮采用 0.014%、总氮采用 0.35%、总磷采用 0.24%;小牲畜排泄量中污染物成分采用系数分别为:COD 采用 3.9%、氨氮采用 0.025%、总氮采用 0.60%、总磷采用 0.30%;家禽排泄量中污染物成分采用系数分别为:COD 采用 3.9%、氨氮采用 0.015%、总氮采用 1.6%、总磷采用 0.54%。

漳泽水库流域范围内大牲畜 COD 年排泄量 7 196 t、氨氮年排泄量 42 t、总氮年排泄量 1 049 t、总磷年排泄量 720 t;小牲畜 COD 年排泄量 39 737 t、氨氮年排泄量 255 t、总氮年排泄量 6 113 t、总磷年排泄量 3 057 t;家禽 COD 年排泄量 23 554 t、氨氮年排泄量 91 t、总氮年排泄量 9 663 t、总磷年排泄量 3 261 t,见表 3-22。

表 3-22　漳泽水库流域内畜禽污染物排泄量估算

| 区(县) | 大牲畜排泄量(t/a) | | | | 小牲畜排泄量(t/a) | | | | 家禽排泄量(t/a) | | | |
|---|---|---|---|---|---|---|---|---|---|---|---|---|
| | COD | 氨氮 | 总氮 | 总磷 | COD | 氨氮 | 总氮 | 总磷 | COD | 氨氮 | 总氮 | 总磷 |
| 城区 | 184 | 1.1 | 27 | 18 | 585 | 3.7 | 90 | 45 | 270 | 1.0 | 111 | 37 |
| 郊区 | 226 | 1.3 | 33 | 23 | 1 688 | 11 | 260 | 130 | 773 | 3.0 | 317 | 107 |
| 长治县 | 346 | 2.0 | 50 | 35 | 13 331 | 85 | 2 051 | 1 025 | 7 649 | 29 | 3 138 | 1 059 |
| 屯留县 | 5 523 | 32.2 | 805 | 552 | 8 640 | 55 | 1 329 | 665 | 2 279 | 8.8 | 935 | 316 |
| 壶关县 | 71 | 0.4 | 10 | 7.1 | 4 903 | 31 | 754 | 377 | 3 470 | 13 | 1 423 | 480 |
| 长子县 | 845 | 4.9 | 123 | 85 | 10 591 | 68 | 1 629 | 815 | 9 114 | 35 | 3 739 | 1 262 |
| 合计 | 7 196 | 42 | 1 049 | 720 | 39 737 | 255 | 6 113 | 3 057 | 23 554 | 91 | 9 663 | 3 261 |

畜禽粪便中污染物排放总量和入库量:漳泽水库流域内畜禽粪便中各类污染物年排放总量分别是:COD 年排放总量 70 487 t、氨氮年排放总量 387 t、总氮年排放总量 16 828 t、总磷年排放总量 7 037 t,见表 3-23。

各类污染物入河估算量系数采用 5%。则各类污染物入库量为:COD 入库量 3 523 t、氨氮入库量 19.4 t、总氮入库量 840 t、总磷入库量 352 t,见表 3-23。

表 3-23　漳泽水库流域内畜禽污染物总排泄量及入库量估算

| 县(区) | 畜禽总排泄量(t/a) | | | | 污染物入河量(t/a) | | | |
|---|---|---|---|---|---|---|---|---|
| | COD | 氨氮 | 总氮 | 总磷 | COD | 氨氮 | 总氮 | 总磷 |
| 城区 | 1 039 | 5.9 | 228 | 101 | 52 | 0.3 | 11 | 5 |
| 郊区 | 2 686 | 15 | 610 | 259 | 134 | 0.8 | 30 | 13 |
| 长治县 | 21 326 | 117 | 5 240 | 2 119 | 1 066 | 5.8 | 262 | 106 |
| 屯留县 | 16 442 | 96 | 3 070 | 1 532 | 822 | 4.8 | 153 | 77 |
| 壶关县 | 8 444 | 45 | 2 188 | 865 | 422 | 2.3 | 109 | 43 |
| 长子县 | 20 550 | 108 | 5 492 | 2 161 | 1 027 | 5.4 | 275 | 108 |
| 合计 | 70 487 | 387 | 16 828 | 7 037 | 3 523 | 19.4 | 840 | 352 |

### (四)地表径流产生的面源污染

地表类型有多种,如居民区、商业区、工业区、公共设施、公路等,其降水产生地表径流会汇入河湖,地表产流按降水的75%估算,城市空地或其他用地按降水的20%产流估算。漳泽水库流域内2016年产生地表径流总量约4 191万 $m^3$,见表3-24。

表3-24　流域内各类地表径流的产生量估算

| 区(县) | 各种地类地表径流产生量(万 $m^3$) | | | | | | | | 地表总径流量(万 $m^3$) |
|---|---|---|---|---|---|---|---|---|---|
| | 居民区 | 商业区 | 工业区 | 公共设施 | 公路 | 城市空地 | 水面 | 其他用地 | |
| 城区 | 860 | 28 | 668 | 157 | 455 | 17 | 0 | 36 | 2 220 |
| 郊区 | 205 | 51 | 0 | 26 | 102 | 3 | 0 | 4 | 390 |
| 长治县 | 199 | 50 | 0 | 25 | 99 | 3 | 0 | 4 | 379 |
| 屯留县 | 185 | 46 | 0 | 23 | 93 | 2 | 0 | 4 | 354 |
| 壶关县 | 247 | 62 | 0 | 31 | 124 | 3 | 0 | 5 | 472 |
| 长子县 | 197 | 49 | 0 | 25 | 99 | 3 | 0 | 4 | 376 |
| 合计 | 1 893 | 286 | 668 | 286 | 972 | 31 | 0 | 56 | 4 191 |

地表产生的污染负荷估算采用经验系数法,COD径流系数35~124 mg/L、氨氮径流系数0.2~0.3 mg/L、总氮径流系数2~3 mg/L、总磷径流系数0.2~0.5 mg/L。即流域内年污染负荷分别为:COD污染负荷量2 310 t、氨氮污染负荷量9.5 t、总氮污染负荷量93.3 t、总磷污染负荷量15.7 t,见表3-25。

入河系数采用污染负荷的20%估算,地表径流产生的污染物年入河量分别为:COD年入河量462 t、氨氮年入河量2.1 t、总氮年入河量18.7 t、总磷年入河量3.2 t,见表3-25。

表3-25　流域内地表径流污染负荷与入库量估算

| 区(县) | 年污染负荷量(t/a) | | | | 年污染物入库量(t/a) | | | |
|---|---|---|---|---|---|---|---|---|
| | COD | 氨氮 | 总氮 | 总磷 | COD | 氨氮 | 总氮 | 总磷 |
| 城区 | 1 174 | 5.3 | 51.9 | 8.9 | 235 | 1.1 | 10.4 | 1.8 |
| 郊区 | 225 | 0.8 | 8.2 | 1.4 | 45.0 | 0.2 | 1.6 | 0.3 |
| 长治县 | 218 | 0.8 | 8.0 | 1.3 | 43.7 | 0.2 | 1.6 | 0.3 |
| 屯留县 | 204 | 0.8 | 7.4 | 1.2 | 40.7 | 0.2 | 1.5 | 0.2 |
| 壶关县 | 272 | 1.0 | 9.9 | 1.6 | 54.4 | 0.2 | 2.0 | 0.3 |
| 长子县 | 217 | 0.8 | 7.9 | 1.3 | 43.3 | 0.2 | 1.6 | 0.3 |
| 合计 | 2 310 | 9.5 | 93.3 | 15.7 | 462 | 2.1 | 18.7 | 3.2 |

### (五)水土流失面源污染

由于水库流域上游缺乏输沙资料,水土流失面源污染估算采用2010年12月《山西省

水文计算手册》的 42～47 页"5.2.3 雨沙模型"进行估算,42～47 页的"5.2.3 雨沙模型
法"及"5.3 人类活动影响下的工程悬移质来沙量计算"模型及说明如下:

1. 雨沙模型

1)模型结构

$$\overline{M_s} = B \sum_{i=1}^{N} \alpha_i C_i \overline{X_s}^m \tag{3-13}$$

$$\overline{W_s} = \frac{A \overline{M_s}}{10\ 000} \tag{3-14}$$

式中,$\overline{M_s}$ 为某设计流域多年平均输沙模数,$t/km^2$;$B$ 为水文分区参数;$N$ 为某设计流域的
地类数;$\alpha_i$ 为流域内单地类面积权重;$C_i$ 为某单地类产沙参数,$t/km^2$;$\overline{X_s}$ 为某设计流域
多年平均产沙降水指标;$m$ 为与水文分区降水特征有关的参数。

$\overline{X_s}$ 值的物理意义,反映了年内不同时段最大降水量对产沙的综合贡献,以 $\overline{X_s}$ 值作为
产沙降水指标比单用年降水或汛期降水更接近实际。

2)分区参数

山西全省共分 4 个水文分区,泥沙分析中又将中区划分为 2 个产沙分区,各分区模型
计算选用参数,见表 3-26。

表 3-26　产沙水文分区参数 $B$、$m$ 选用

| 水文分区 | 参数 | |
|---|---|---|
| | $B$ | $m$ |
| 北区 | 1.42 | 4.05 |
| 西区 | 1.14 | 2.70 |
| 中 1 区 | 1.26 | 1.94 |
| 中 2 区 | 1.12 | 2.17 |
| 东区 | 0.94 | 3.45 |

3)分区产沙地类参数 $C_i$

山西全省共分 9 种产沙地类,各水文分区不同产沙地类的产沙参数 $C_i$ 取值,见表 3-27。

4)多年平均产沙降水指标 $\overline{X_s}$

为了配合上述模型对无资料地区进行工程来沙量计算,方便工程设计人员的使用,按长
系列(1956～2008 年)和短系列(1970～2008 年)分别绘制了全省产沙降水指标 $\overline{X_s}$ 等值线。

5)计算多年平均输沙模数及输沙量的步骤

(1)按设计流域所在产沙水文分区,根据表 3-26 选用参数 $B$、$m$。

(2)产沙地类面积权重系数 $\alpha_i$ 量算。可从山西省水文下垫面产沙地类图(1∶
250 000)上量算,并结合实地调查确定。

(3)$\overline{X_s}$ 可根据设计任务需要从产沙降水指标等值线图量算求得。

(4)不同产沙地类参数 $C_i$ 值。根据设计流域具体地类条件,可在表 3-27 参数变幅内

选取。

（5）把以上各参数值代入式(3-13)计算设计流域多年平均输沙模数。

（6）根据式(3-14)，计算流域多年平均悬移质输沙量。

**表 3-27　产沙水文分区各地类产沙参数 $C_i$ 选用**　　　　　（单位：$t/km^2$）

| 水文分区 | 参数取值 | 产沙地类 | | | | | | | | |
|---|---|---|---|---|---|---|---|---|---|---|
| | | 黄土丘陵沟壑 | 砂页岩土石山地 | 变质岩土石山地 | 灰岩土石山地 | 石山草坡 | 丘陵阶地 | 石山灌丛 | 石山森林 | 耕种平地 |
| 北区 | 上限值 | | | | 8 500 | 6 000 | 4 000 | 3 000 | 250 | 90 |
| | 下限值 | | | | 8 500 | 4 800 | 3 000 | 2 500 | 200 | 90 |
| | 一般值 | | | | 8 500 | 5 586 | 3 600 | 2 750 | 213 | 90 |
| 西区 | 上限值 | 13 000 | | | 9 500 | 5 500 | 3 300 | 1 300 | 100 | 50 |
| | 下限值 | 7 000 | | | 9 500 | 4 500 | 3 000 | 1 000 | 70 | 50 |
| | 一般值 | 12 625 | | | 9 500 | 5 000 | 3 060 | 1 136 | 82 | 50 |
| 中1区 | 上限值 | | 3 000 | 3 000 | 3 000 | 3 000 | 2 950 | 1 550 | 110 | 50 |
| | 下限值 | | 3 000 | 3 000 | 2 900 | 2 800 | 2 500 | 1 050 | 80 | 50 |
| | 一般值 | | 3 000 | 3 000 | 2 950 | 2 900 | 2 744 | 1 321 | 97 | 50 |
| 中2区 | 上限值 | | 4 000 | 2 100 | 2 000 | 2 000 | 1 950 | 1 200 | 110 | 50 |
| | 下限值 | | 4 000 | 2 000 | 2 000 | 1 900 | 1 800 | 900 | 80 | 50 |
| | 一般值 | | 4 000 | 2 050 | 2 000 | 1 929 | 1 883 | 1 036 | 92 | 50 |
| 东区 | 上限值 | 1 600 | 1 300 | | 1 300 | 1 300 | 850 | 850 | 100 | 50 |
| | 下限值 | 1 600 | 1 300 | | 1 250 | 800 | 600 | 70 | | 50 |
| | 一般值 | 1 600 | 1 300 | | 1 275 | 1 175 | 825 | 750 | 91 | 50 |

6）产沙参数 $C_i$ 的选用说明

无资料地区进行工程设计时，一定要注重对流域内下垫面产沙地类的实地调查，弄清不同产沙地类的范围和面积，了解流域的产沙特点，这一点对工程设计结果的可靠性很重要。

选取 $C_i$ 值时要注意以下几点：

（1）选择 $C_i$ 时，可参考资料条件较好、产沙条件相近的相邻流域水文站地类参数进行对比分析，合理选定。

（2）同一产沙地类，坡度较大，表层土壤覆盖程度较高且易侵蚀，沟壑密度大，植被差的情况取较大值，反之取较小值。

（3）同一产沙地类，在水分充足地区，坡面植被良好，侵蚀程度较小，选小值；而转入水分不足地区时，植被程度逐渐减低，坡面径流侵蚀作用相应加大，因而泥沙随之增多，故应选大值。

(4)我省土壤侵蚀最严重的地区当属晋西的黄土高原。黄土丘陵沟壑区取值一般在 11 000~13 000 t/km²;晋西南的大宁、乡宁等地在土壤侵蚀分类时划为黄土高塬沟壑区,相对黄土丘陵沟壑区产沙参数要小,一般取值 6 000~7 000 t/km²。

(5)不同天然林区,产沙有明显不同,石质林区山地不易侵蚀,产沙很小(如岔口站),而表层有较多土壤覆盖时,产沙也相应增加,在选取参数时要加以注意。

(6)表中未列出裸露基岩的参数,如设计流域在计算裸露区输沙量时,可按本区石山森林的下限取值。

2.人类活动影响下的工程悬移质来沙量计算

上述雨沙模型计算值可视为设计流域天然状况下的悬移质来沙量,但事实上人类活动对于河流来沙量影响很大。人类活动主要包括兴建的水利工程和水保工程及土地开发建设等。各种库坝工程及河道引水工程的修建,使流域所产生的泥沙拦蓄在水库或淤积于灌溉农田之中;梯田、造林、种草等水保措施均可减轻流域侵蚀,从而减少流域产沙量,另外开矿、修路及城镇建设向沟道河道的弃土弃渣又人为地增加河道的输沙量。所以,考虑人类活动对流域产沙、输沙的影响,在前述计算结果基础上,根据具体情况可进行必要的修正,使之更加切合实际。

人类活动在时空分布上具有不均匀性和不确定性,人类活动使流域的产沙机理和泥沙运移规律发生了改变。在现状资料条件下,很难将人类活动影响的诸因素分别进行定量化的分析。

实测泥沙资料反映了人类活动对流域产输沙的综合影响。采用选用水文站(区间)同步的实测与天然(计算值)泥沙资料,通过对比分析,得出各站受人类活动影响悬移质输沙量的修正系数 $\eta$,见表 3-28。分析统计时,一些站点资料因系列较短或本站资料存在不合理现象,没有列出。

通过对单站修正系数 $\eta$ 的分析综合,得出了各水文分区修正系数 $\eta$,供无资料地区计算时参考。分区统计时,去掉了部分特大值和特小值,使用时应注意,见表 3-28 和表 3-29。

表 3-28　人类活动影响悬移质输沙量修正系数 $\eta$(1956~2008 年)

| 水文分区 | 一般值 | 上限值 | 下限值 |
|---|---|---|---|
| 北区 | 0.59 | 0.78 | 0.40 |
| 西区 | 0.66 | 0.74 | 0.62 |
| 中1区 | 0.74 | 0.81 | 0.67 |
| 中2区 | 0.69 | 0.77 | 0.55 |
| 东区 | 0.71 | 0.85 | 0.59 |

表3-29  人类活动影响悬移质输沙量修正系数 $\eta$ (1970~2008年)

| 水文分区 | 一般值 | 上限值 | 下限值 |
|---|---|---|---|
| 北区 | 0.41 | 0.69 | 0.21 |
| 西区 | 0.51 | 0.67 | 0.38 |
| 中1区 | 0.59 | 0.73 | 0.46 |
| 中2区 | 0.50 | 0.58 | 0.41 |
| 东区 | 0.53 | 0.66 | 0.46 |

受人类活动影响悬移质工程来沙量可用下式计算：

$$\overline{M'_s} = \eta \, \overline{M_s} \tag{3-15}$$

$$\overline{M'_s} = \frac{A \, \overline{M'_s}}{10\,000} \tag{3-16}$$

式中，$\overline{M'_s}$ 为受人类活动影响的悬移质输沙模数，$t/km^2$；$\eta$ 为修正系数；$\overline{W'_s}$ 为受人类活动的影响悬移质输沙量，万 t。

人类活动影响悬移质输沙量修正系数 $\eta$ 的选用：

(1)注重实际调查，因为人类活动对产沙，尤其对工程来沙量的影响各流域差异很大，一方面和流域治理水平有关，另一方面和流域的开发程度有关，弄清工程上游的流域治理水平对参数的合理选用十分重要。

(2)在调查的基础上，参考流域产沙地类和治理水平相近的参证水文站流域，在参数范围内根据设计流域与参证流域治理水平的差异选取本工程流域的修正系数 $\eta$。一般治理水平高选小值，反之取大值。

(3)人类活动影响轻微时，修正系数 $\eta$ 值可取1。

(4)受人类活动影响剧烈，如大规模的水保工程，尤其水保淤地坝工程建设，大大拦截了河道泥沙，在选用修正系数 $\eta$ 时，可在表列范围的基础上，适当调整。

另外，工程所在河流有已建、在建梯级水库时，泥沙设计应考虑上游梯级水库拦沙、排沙对设计工程的影响。

3. 输沙模数估算

流域内无输沙量实测资料，采用已有成果进行估算。按照《山西省水文计算手册》(简称《手册》)上的输沙模数图上导出各区(本流域属东区)的地类面积(见表3-30)。依据表3-26和表3-27，选取 $B=0.94$、$m=3.45$ 和 $C_i$(一般值)，降水系数特征值 $\overline{X_s}$ 是将2016年降水用1956~2016降水均值(510.8 mm)修正取得，那么根据公式(3-13)计算出各县2016年输沙模数。考虑人为因素影响，$\eta$ 取0.280 9对输沙模数进行修正，根据式(3-15)计算出2016年各县的输沙模数。根据2016年山西省水利统计年鉴上的水土流失面积计算出输沙量，即悬移质的入河量，输沙量即为单位时间内通过某一过水断面的悬移质，见表3-31。

表 3-30　长治市各类地类面积统计　　　　　　　　　　（单位:km²）

| 区(县) | 耕种平地 | 黄土丘陵沟壑 | 黄土丘陵阶地 | 灰岩土石山地 | 砂页岩土石山 | 石山草坡 | 石山灌丛 | 石山森林 | 总计 |
|---|---|---|---|---|---|---|---|---|---|
| 城区 | 50 | | | | | 5 | | | 55 |
| 郊区 | 260 | | | 33 | | | | | 294 |
| 屯留县 | 343 | | 236 | | | | 381 | 226 | 1 187 |
| 壶关县 | | | 0 | | | | 511 | 497 | 1 008 |
| 长治县 | 157 | | | 60 | 90 | | 173 | 0 | 480 |
| 长子县 | 355 | | 157 | | 95 | | 291 | 134 | 1 032 |
| 总计 | 1 165 | 0 | 393 | 93 | 185 | 5 | 1 356 | 857 | 4 056 |

郊区有一半国土面积不在流域范围,壶关县、屯留县、长治县、长子县上游均建有中型水库,且水库下游国土面积均占 50% 左右,考虑上游水库的截沙作用,所以水土流失面积减去一半后,再计算悬移质输沙量,见表 3-31。

表 3-31　流域内水土流失面积及输沙模数估算统计

| 区(县) | 国土面积（km²） | 水土流失面积统计（km²） | 计算水土流失面积（km²） | 2016 年输沙模数（t/km²） | 水土流失量（t） |
|---|---|---|---|---|---|
| 城区 | 55 | 13 | 13 | 120 | 1 556 |
| 郊区 | 279 | 192 | 96 | 144 | 13 831 |
| 长治县 | 483 | 306 | 152 | 448 | 68 151 |
| 屯留县 | 1 042 | 743 | 370 | 254 | 93 876 |
| 壶关县 | 990 | 883 | 440 | 591 | 259 940 |
| 长子县 | 1 060 | 617 | 308 | 300 | 92 453 |
| 合计 | 3 909 | 2 754 | 1 379 | 310 | 529 808 |

**4. 水土流失悬浮物入河量估算**

高海东、李占斌、李鹏等对黄土高原水土流失治理潜力进行了研究。结果显示:黄土高原 2010 年现状土壤侵蚀模数为 3 355 t/(km²·a),最小可能土壤侵蚀模数为 1 921 t/(km²·a)。特殊的地质地貌条件和频发的暴雨、洪水、泥石流及日益频繁的人类各种不良工程活动,使区内水土流失正在加剧。由于侵蚀物质较粗,常作为推移质被流水搬运并沿程沉积,这样就使根据河流输沙量确定出的侵蚀模数值常常偏小。输移比是指流域实测输沙量与流域侵蚀总量之比。当流域侵蚀物质愈是以悬移质状态被流水搬运时,所测得的输沙量与流域侵蚀量相差愈小,此时,河流泥沙输移比愈接近 1,如在黄河中游的大部分地区输移比就属于这种情况。随着水土保持措施的实施,也由于黄土地区泥沙比较细,大规模的泥石流发生很少,水土流失基本以悬移质形式为主,可认为输沙模数即为侵蚀模数。据有关文献研究黄土高原区的泥沙侵蚀量 1 t,悬移质输沙量即为 1 t。这是与其他面源流失有区别的地方,所以入河量即负荷量,经估算流域内水土流失面源负荷量为529 807 t,也即入河量。各污染物负荷量也即入河量分别为 COD 339 t、氨氮 21 t、总氮529 t、总磷 317 t,见表 3-32。

系数采用有机质含量为悬浮物的 0.43% ~ 0.92%,采用 80%;COD 含量为有机质的5% ~ 10%,本书采用 8%;氨氮为有机质的 0.25% ~ 1%,本书采用 0.5%;悬浮物中总氮含量约 1 000 ~ 1 100 mg/kg、总磷含量约 600 ~ 800 mg/kg,本书计算分别采用 1 000 mg/kg和 600 mg/kg。

表 3-32　水库流域水土流失面源污染负荷及入河量

| 区(县) | 悬浮物负荷量/入河量(t/a) | | | | | |
|---|---|---|---|---|---|---|
| | 悬浮物 | 有机质含量 | COD | 氨氮 | 总氮 | 总磷 |
| 城区 | 1 556 | 12.5 | 1.0 | 0.06 | 1.6 | 0.9 |
| 郊区 | 13 831 | 111 | 8.9 | 0.55 | 13.8 | 8.3 |
| 长治县 | 68 151 | 545 | 44 | 2.73 | 68 | 41 |
| 屯留县 | 93 876 | 751 | 60 | 3.76 | 94 | 56 |
| 壶关县 | 259 940 | 2 080 | 166 | 10.4 | 260 | 156 |
| 长子县 | 92 453 | 740 | 59 | 3.7 | 92 | 55 |
| 合计 | 529 807 | 4 240 | 339 | 21 | 529 | 317 |

考虑泥沙沿河沉降作用,实际入库的泥沙会大大减少,按 50% 估算年入库量约为264 904 t,污染物 COD 年入库量 170 t、氨氮年入库量 10.6 t、总氮年入库量 265 t、总磷年入库量 159 t,见表 3-33。

表 3-33　水库流域水土流失面源污染物入库量估算

| 区(县) | 悬浮物及污染物入库量(t/a) | | | | | |
|---|---|---|---|---|---|---|
| | 悬浮物 | 有机质含量 | COD | 氨氮 | 总氮 | 总磷 |
| 城区 | 778 | 6.2 | 0.5 | 0.03 | 0.8 | 0.5 |
| 郊区 | 6 916 | 55 | 4.4 | 0.28 | 6.9 | 4.1 |
| 长治县 | 34 075 | 273 | 22 | 1.36 | 34.1 | 20.4 |
| 屯留县 | 46 938 | 376 | 30 | 1.88 | 46.9 | 28.2 |
| 壶关县 | 129 970 | 1 040 | 83 | 5.20 | 130 | 78 |
| 长子县 | 46 227 | 370 | 30 | 1.85 | 46.2 | 27.7 |
| 合计 | 264 904 | 2 119 | 170 | 10.6 | 265 | 159 |

5. 漳泽水库流域内各类面源总负荷量和入库量

通过采用现有资料和经验系数法,综合分析了农村生活面源污染物、农田面源污染、分散式畜禽养殖面源污染、地表径流产生的面源污染、水土流失面源污染的产生量和入库量,估算出漳泽水库流域内的各类污染物年产生量(负荷量)及入库量,由于分析估算农药的产生量远小于化肥的流失量,在此不作统计。

1)污染物负荷量

(1)COD 年负荷量 100 406 ~ 103 437 t,其中农村生活年负荷量 7 030 ~ 10 061 t、农田施肥年负荷量 20 240 t、畜禽养殖年负荷量 70 487 t、地表径流年负荷量 2 310 t、水土流失年负荷量 339 t,见表 3-34、表 3-36。

(2)氨氮年负荷量 1 222 ~ 1 519 t,其中农村生活年负荷量 298 ~ 595 t、农田施肥年负荷量 507 t、畜禽养殖年负荷量 387 t、地表径流年负荷量 10 t、水土流失年负荷量 21.2 t,见表 3-34、表 3-36。

(3)TN 年负荷量 23 617 ~ 24 191 t,其中农村生活年负荷量 1 106 ~ 1 680 t、农田施肥年负荷量 5 060 t、畜禽养殖年负荷量 16 828 t、地表径流年负荷量 93.3 t、水土流失年负荷量 529 t,见表 3-34、表 3-36。

(4)TP 年负荷量 10 046 ~ 10 211 t,其中农村生活年负荷量 166 ~ 331 t、农田施肥年负荷量 2 510 t、畜禽养殖年负荷量 7 037 t、地表径流年负荷量 16 t、水土流失年负荷量 317 t,见表 3-34、表 3-36。

2)污染物入库量

(1)COD 年入库量 7 895 ~ 10 221 t,其中农村生活年入库量 703 ~ 1 006 t、农田施肥年入库量 3 037 ~ 5 060 t、畜禽养殖年入库量 3 523 t、地表径流年入库量 462 t、水土流失年入库量 170 t,见表 3-35、表 3-36。

(2)氨氮年入库量 137 ~ 217 t,其中农村生活年入库量 29 ~ 59 t、农田施肥年入库量 75 ~ 126 t、畜禽养殖年入库量 19.4 t、地表径流年入库量 2.1 t、水土流失年入库量 10.6 t,见表 3-35、表 3-36。

(3)TN 年入库量 1 995 ~ 2 556 t,其中农村生活年入库量 111 ~ 167 t、农田施肥年入库量 760 ~ 1 265 t、畜禽养殖年入库量 840 t、地表径流年入库量 18.7 t、水土流失年入库量 265 t,见表 3-35、表 3-36。

(4)TP 年入库量 757 ~ 923 t,其中农村生活年入库量 16 ~ 33 t、农田施肥年入库量 227 ~ 376 t、畜禽养殖年入库量 352 t、地表径流年入库量 3.2 t、水土流失年入库量 159 t,见表 3-35 ~ 表 3-36、图 3-35 ~ 图 3-36。

表 3-34 漳泽水库流域内污染负荷量估算统计

| 区(县) | 污染物产生量(t/a) | | | |
| --- | --- | --- | --- | --- |
| | COD | 氨氮 | TN | TP |
| 城区 | 2 312 ~ 2 312 | 14 ~ 14 | 307 ~ 307 | 118 ~ 118 |
| 郊区 | 5 444 ~ 5 660 | 87 ~ 109 | 1 211 ~ 1 247 | 456 ~ 467 |
| 长治县 | 27 839 ~ 28 661 | 311 ~ 391 | 6 701 ~ 6 856 | 2 809 ~ 2 854 |
| 屯留县 | 24 129 ~ 24 887 | 317 ~ 391 | 4 848 ~ 4 979 | 2 416 ~ 2 457 |
| 壶关县 | 12 406 ~ 12 864 | 163 ~ 208 | 3 246 ~ 3 338 | 1 322 ~ 1 347 |
| 长子县 | 28 276 ~ 29 053 | 331 ~ 407 | 7 304 ~ 7 464 | 2 925 ~ 2 968 |
| 合计 | 100 406 ~ 103 437 | 1 222 ~ 1 519 | 23 617 ~ 24 191 | 10 046 ~ 10 211 |

表 3-35　漳泽水库污染物入库量估算统计

| 区（县） | 污染物入库量（t/a） | | | |
|---|---|---|---|---|
| | COD | 氨氮 | TN | TP |
| 城区 | 303 ~ 313 | 2 ~ 2 | 26 ~ 28 | 8 ~ 8 |
| 郊区 | 536 ~ 759 | 11 ~ 18 | 123 ~ 176 | 34 ~ 45 |
| 长治县 | 1 975 ~ 2 491 | 31 ~ 50 | 491 ~ 614 | 185 ~ 226 |
| 屯留县 | 1 917 ~ 2 556 | 35 ~ 57 | 439 ~ 593 | 180 ~ 231 |
| 壶关县 | 1 035 ~ 1 328 | 21 ~ 32 | 351 ~ 422 | 149 ~ 167 |
| 长子县 | 2 129 ~ 2 774 | 36 ~ 57 | 565 ~ 723 | 200 ~ 245 |
| 合计 | 7 895 ~ 10 221 | 137 ~ 217 | 1 995 ~ 2 556 | 757 ~ 923 |

表 3-36　漳泽水库各类面源污染负荷及入库量估算统计

| 面源类别 | 面源污染物负荷量（t） | | | | 面源污染物入库量（t） | | | |
|---|---|---|---|---|---|---|---|---|
| | COD | 氨氮 | TN | TP | COD | 氨氮 | TN | TP |
| 农村生活 | 7 030 ~ 10 061 | 298 ~ 595 | 1 106 ~ 1 680 | 166 ~ 331 | 703 ~ 1 006 | 29 ~ 59 | 111 ~ 167 | 16 ~ 33 |
| 农田施肥 | 20 240 | 507 | 5 060 | 2 510 | 3 037 ~ 5 060 | 75 ~ 126 | 760 ~ 1 265 | 227 ~ 376 |
| 畜禽养殖 | 70 487 | 387 | 16 828 | 7 037 | 3 523 | 19.4 | 840 | 352 |
| 地表径流 | 2 310 | 10 | 93.3 | 16 | 462 | 2.1 | 18.7 | 3.2 |
| 水土流失 | 339 | 21.2 | 529 | 317 | 170 | 10.6 | 265 | 159 |
| 合计 | 100 406 ~ 103 437 | 1 222 ~ 1 519 | 23 617 ~ 24 191 | 10 046 ~ 10 211 | 7 895 ~ 10 221 | 137 ~ 217 | 1 995 ~ 2 556 | 757 ~ 923 |

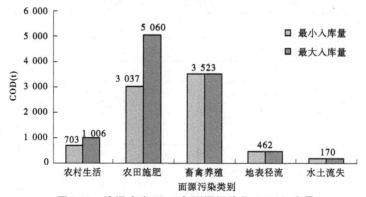

图 3-33　漳泽水库 2016 年面源污染物 COD 入库量

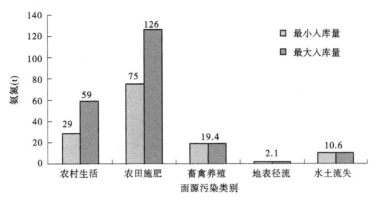

图 3-34　漳泽水库 2016 年面源污染氨氮入库量

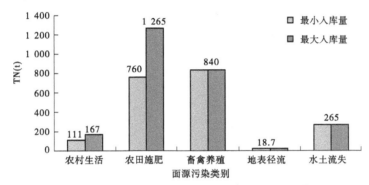

图 3-35　漳泽水库 2016 年面源污染物 TN 入库量

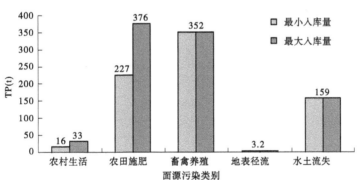

图 3-36　漳泽水库 2016 年面源污染物 TP 入库量

# 第四章　研究材料与方法

## 第一节　样品采集

本次样品于 2017 年 10 月、2018 年 3 月、2018 年 6 月、2018 年 8 月采自漳泽水库,分布于水库上中下游区,坝上出水区和滞留区,绛河、浊漳河南源、碧头河支流入口区,主导流向区等均匀布设 16 个采样点,具体见图 4-1。

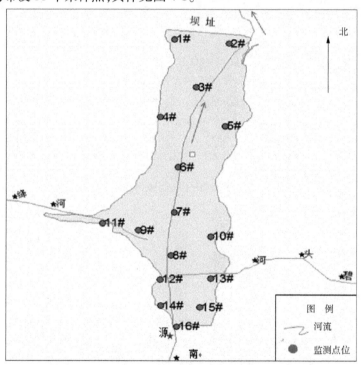

**图 4-1　沉积物样品采集点分布图**

沉积物采集采用抓式沉积物采样器采集表层沉积物,并除去砾石、植物等杂物后装保鲜袋运回实验室分析,其中一部分样品风干处理后用于测定理化指标,另一部分样品用于氮磷释放实验。沉积物样品采集同时同步采集表层水和上覆水,其中表层水为水面以下 0.5 m 处库区水样,上覆水为泥面以上 0.5 m 处库区水样。底泥间隙水通过底泥离心制取。

# 第二节　分析方法

　　将底泥样品在阴凉处自然风干,去除植物残渣及砾石,研磨过筛后进行全氮、总磷、氨氮以及重金属的测定,同步测定表层水、上覆水和间隙水的氮、磷指标。实验过程中采用方法和使用仪器见表4-1。

表4-1　各指标检测方法及仪器

| 样品类别 | 项目 | 分析方法 | 检测依据 | 分析仪器 |
|---|---|---|---|---|
| 沉积物 | pH 值 | 土壤 pH 值的测定 | NY/T<br>1121.2—2006 | 酸度计 |
| | 含水率(%) | 重量法 | HJ 613—2011 | 鼓风干燥箱、分析天平 |
| | NH₃ | 氯化钾溶液提取——可见分光光度法 | HJ 613—2012 | 可见分光光度计 |
| | TN | 凯氏法 | HJ 717—2014 | 全氮仪 |
| | TP | 碱熔——钼锑抗分光光度法 | HJ 632—2011 | 可见分光光度计 |
| | Cu、Zn | 火焰原子吸收分光光度法 | GB/T 17138—1997 | 原子吸收分光光度计 |
| | Pb、Cd | 石墨炉原子吸收分光光度法 | GB/T 17141—1997 | 原子吸收分光光度计 |
| | Hg、As、Se | 微波消解、原子荧光法 | HJ 680—2013 | 原子荧光光度仪 |
| 表层水<br>间隙水<br>上覆水 | NH₃ | 纳氏试剂分光光度法 | HJ 535—2009 | 可见分光光度计 |
| | TN | 碱性过硫酸钾消解紫外分光光度法 | HJ 636—2012 | 紫外分光光度计 |
| | TP | 钼酸铵分光光度法 | GB/T 11893—1989 | 可见分光光度计 |

# 第五章　漳泽水库沉积物污染特征分析

沉积物是湖泊、水库重要的营养盐蓄积库。入库水流携带来的各类物质在库区逐步沉积,最终成为水库沉积物的一部分,其又可以在一定条件下释放进入水体。因此,研究沉积物中各类营养盐的含量、形态及分布特性,可以进一步了解水库的内源污染状况。

## 第一节　沉积物性状分析

漳泽水库位于长治市城区下游,其控制流域面积 3 176 km²,占浊漳河南源全流域面积 3 580 km² 的 89%,流域包括壶关县、长治县、长子县、屯留县、长治市城郊区等。据调查,水库库区污染物主要来自两个方面:一是水库上游城镇未截流处理的生活污水和工业废水,以及污水处理厂出水通过河道进入库区;二是农村生活污水、生活垃圾、农田施肥、畜禽养殖、水土流失等通过地表径流汇入库区。

漳泽水库沉积物样品均匀分布于主河槽入库口,库区上游、中游、近坝区等几个区域,风干土壤的 pH 值呈 7.3 ~ 7.5 弱碱性,孔隙度为 35% ~ 55%。新鲜沉积物中上游、下游主河槽入库口区沉积物呈黑色或灰黑色泥水混合状,味臭,中游主导流向区呈黄中带黑淤泥状;绛河入口处沉积物呈褐色黏稠状,味稍臭;浊漳河南源和碧头河入口处沉积物呈黑色泥水混合状,味臭;上游库区靠近浊漳河南源入口处沉积物呈黄中带黑淤泥状,靠近水库绛河入口处沉积物呈黑褐色黏稠状,中游库区沉积物呈黑中带黄泥水混合状,近坝区为黑色泥水混合状。各采样点沉积物性状见表 5-1。总体而言,从上游至下游新鲜沉积物由黏稠状到泥水混合状,含水率越来越高,颜色由黄中带黑逐渐过渡至黑色。

表 5-1　漳泽水库沉积物性状描述

| 编号 | 采样点 | pH 值 | 含水率（%） | 孔隙度（%） | 性状描述 |
|---|---|---|---|---|---|
| 1# | 近坝滞留区 | 7.4 | 74.2 | 43 | 黑色泥水混合状、味臭 |
| 2# | 出水口 | 7.3 | 67.9 | 54.7 | 黑色泥水黏滞混合状,味臭 |
| 3# | 主导流向区 | 7.4 | 63.2 | 42.8 | 黑色泥水混合状,味臭 |
| 4# | 中游库区 | 7.5 | 59.1 | 38.7 | 灰黑色带黄泥水混合黏稠状,味臭 |
| 5# | 中游库区 | 7.3 | 50.6 | 51.9 | 灰黑色带黄泥水混合黏稠状,含有少量细砂,味臭 |

续表 5-1

| 编号 | 采样点 | pH 值 | 含水率（%） | 孔隙度（%） | 性状描述 |
|---|---|---|---|---|---|
| 6# | 库中心 | 7.4 | 52.9 | 40.9 | 黄中带黑淤泥状,含有部分粗砂,味稍臭 |
| 7# | 主导流向区 | 7.4 | 59.2 | 36.6 | 黄中带黑淤泥状,味稍臭 |
| 8# | 主导流向区 | 7.3 | 63.4 | 41.8 | 灰黑色泥水混合状,味臭 |
| 9# | 上游库区 | 7.4 | 53.9 | 39.8 | 灰色泥水混合状,味臭 |
| 10# | 上游库区 | 7.4 | 68.6 | 42.1 | 褐色黏稠状,味臭 |
| 11# | 绛河入口 | 7.3 | 63.4 | 36.8 | 褐色黏稠状,味稍臭 |
| 12# | 上游库区 | 7.3 | 84.1 | 39.2 | 灰黑色黏稠状,味臭 |
| 13# | 碧头河入口 | 7.3 | 76.1 | 44.4 | 黑色泥水混合状,味臭 |
| 14# | 上游库区 | 7.3 | 71.5 | 43.7 | 黄中带黑淤泥状,味稍臭 |
| 15# | 上游库区 | 7.3 | 64.5 | 42.7 | 黄色硬质黏土状,味稍臭 |
| 16# | 浊漳河南源入口 | 7.3 | 66.7 | 36.6 | 黑色泥水混合状,味臭 |

# 第二节　沉积物中污染物分布特征

整理 2017 年 11 月至 2018 年 9 月共 10 个月的监测资料,将 16 个采样点监测重金属及氮、磷数据进行统计;并将监测数据的平均值与空间数据结合,利用 Mapinfo 软件,采用 Kriging 空间内插法将沉积物采样点中的污染物浓度平均值分别进行空间内插,可得到表层底泥中污染物均值的平面分布图。

## 一、沉积物氮分布

漳泽水库各监测点氨氮平均含量在 129.7 ~ 430.1 mg/kg 变化,平均值为 207 mg/kg,占总氮百分比为 10.4% ~ 16.4% ,平均占 12.6% ;其中 2#点出水口位置沉积物氨氮含量最高,11#点绛河入口处沉积物氨氮含量最低,见表 5-2、表 5-3。

表 5-2　漳泽水库沉积物中氨氮、TN 含量分布

| 采样点 | 氨氮（mg/kg） | | | | TN（mg/kg） | | |
|---|---|---|---|---|---|---|---|
| | 最小 | 最大 | 均值 | 占 TN 含量（%） | 最小 | 最大 | 均值 |
| 1# | 56.8 | 305 | 173.6 | 11.6 | 936 | 2 094 | 1 497 |
| 2# | 143 | 564 | 430.1 | 14.8 | 975 | 5 129 | 2 903 |
| 3# | 71.8 | 399 | 200.3 | 11.8 | 639 | 2 540 | 1 699 |
| 4# | 47.0 | 758 | 138.3 | 14.4 | 571 | 1 300 | 957 |
| 5# | 94.7 | 463 | 287.1 | 12.3 | 538 | 3 579 | 2 335 |
| 6# | 81.8 | 182 | 132.5 | 11.4 | 738 | 1 560 | 1 163 |
| 7# | 59.2 | 314 | 155.2 | 10.7 | 577 | 2 581 | 1 445 |
| 8# | 58.1 | 249 | 173.8 | 10.6 | 770 | 2 290 | 1 639 |
| 9# | 46.1 | 192 | 148.3 | 10.4 | 696 | 1 870 | 1 426 |
| 10# | 128.0 | 330 | 252.6 | 12.4 | 901 | 2 670 | 2 031 |
| 11# | 71.5 | 198 | 129.7 | 11.6 | 385 | 1 752 | 1 116 |
| 12# | 39.0 | 215 | 134.8 | 12.3 | 542 | 1 770 | 1 091 |
| 13# | 88.9 | 312 | 206.3 | 11.6 | 683 | 2 490 | 1 777 |
| 14# | 91.8 | 269 | 190.8 | 13.2 | 880 | 2 279 | 1 445 |
| 15# | 70.5 | 317 | 190.3 | 12.5 | 195 | 2 723 | 1 518 |
| 16# | 25.8 | 749 | 369.1 | 16.4 | 725 | 5 289 | 2 246 |
| 均值 | 73.4 | 364 | 207.0 | 21.3 | 672 | 2 620 | 1 643 |

表 5-3　漳泽水库沉积物中氨氮、TN 含量统计

| 氨氮（mg/kg） | | 占 TN 含量（%） | | TN（mg/kg） | |
|---|---|---|---|---|---|
| 平均 | 207.0 | 平均 | 12.39 | 平均 | 1 643.0 |
| 标准误差 | 21.9 | 标准误差 | 0.41 | 标准误差 | 129.9 |
| 中位数 | 182.1 | 中位数 | 12.04 | 中位数 | 1 507.1 |
| 标准差 | 87.5 | 标准差 | 1.64 | 标准差 | 519.5 |
| 方差 | 7 662.5 | 方差 | 0.03 | 方差 | 269 844.3 |
| 峰度 | 2.0 | 峰度 | 120.41 | 峰度 | 0.9 |
| 偏度 | 1.6 | 偏度 | 118.84 | 偏度 | 1.0 |
| 最小值 | 129.7 | 最小值 | 10.40 | 最小值 | 956.9 |

续表 5-3

| 氨氮(mg/kg) | | 占含量 TN(%) | | TN(mg/kg) | |
|---|---|---|---|---|---|
| 平均 | 207.0 | 平均 | 12.39 | 平均 | 1 643.0 |
| 最大值 | 430.1 | 最大值 | 16.43 | 最大值 | 2 902.9 |
| 求和 | 3 312.7 | 求和 | 198.28 | 求和 | 26 287.6 |
| 置信度(95.0%) | 46.645 | 置信度(95.0%) | 0.873 | 置信度(95.0%) | 276.80 |

注:观测数为 16。

　　水库表层底泥中氨氮空间分布特征显著,总体可以概括为:以碧头河为分界,碧头河北部,表层底泥中氨氮浓度从东北到西南逐渐减少,碧头河南部,表层底泥中氨氮浓度从南到北逐渐减少,如图 5-1 所示,即漳泽水库库尾浊漳河南源入口附近和东北区域出水口附近的污染物浓度高于西南区和库中心区。

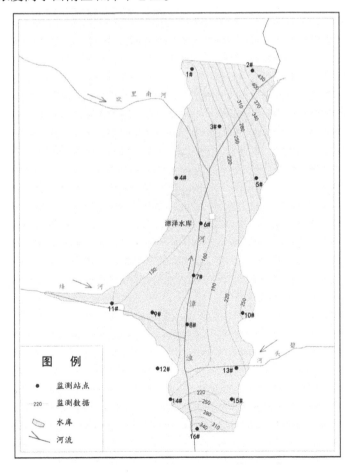

图 5-1　漳泽水库沉积物中氨氮分布图

　　漳泽水库各监测点总氮平均含量在 957 ~ 2 903 mg/kg 变化,平均值为 1 643 mg/kg;其中,出水口(2#)沉积物总氮含量最高,绛河河口处(11#)沉积物总氮含量最低,水库表层底泥中总氮的空间分布特征与氨氮基本一致。总体可概括为:以碧头河为分界,碧头河北部,表层底泥中总氮浓度从东到西逐渐减少,碧头河南部,表层底泥中总氮浓度从南到北逐渐减少,如图 5-2 所示,即漳泽水库东区和南端污染物浓度高于西区和库中心区。根据 EPA 制定的底泥分类标准,绛河河口(11#)总氮测定值小于 1 000 mg/kg,属于轻度污染区;出水口(2#)、浊漳河南源入口(16#)及库区东侧(5#、10#)总氮测定值大于 2 000 mg/kg,属于重污染区;其余区域为中度污染区。

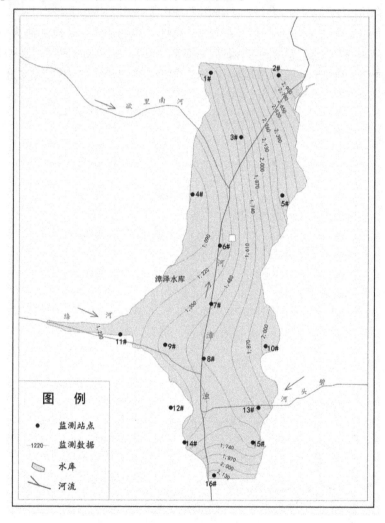

**图 5-2　漳泽水库沉积物中 TN 分布图**

　　从 5 个典型采样点即绛河入口(11#)、浊漳河南源入口(16#)、碧头河入口(13#)、出水口(2#)和库中心(6#)沉积物中氨氮、总氮含量年内变化可以看出,除浊漳河南源入口处表层沉积物中氨氮含量年内变化不大,基本维持恒定,其余各采样点表层沉积物中氨氮含量最高出现在夏季(5 ~ 7 月)。表层沉积物中氨氮含量变化总体概述为春季逐渐上升,夏季达到最高之后开始下降,冬季达到低点,如图 5-3 所示。

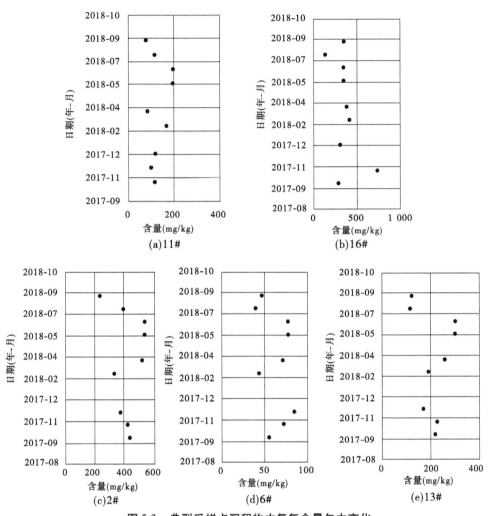

**图 5-3　典型采样点沉积物中氨氮含量年内变化**

　　5 个典型采样点表层沉积物中总氮含量年内变化与氨氮类似,其中浊漳河南源入口处总氮含量年内变化不大,基本维持在均值附近;其余采样点总氮含量年内变化总体可概述为:春季逐渐上升,夏季达到最高之后开始下降,冬季达到低点,如图 5-4 所示。

## 二、沉积物磷分布

　　漳泽水库各监测点总磷平均含量在 305~683 mg/kg 之间变化,平均值为 440 mg/kg,总磷含量最高和最低点出现在 16#浊漳河南源入口和 4#库区中心西侧,如表 5-4、表 5-5 所示。

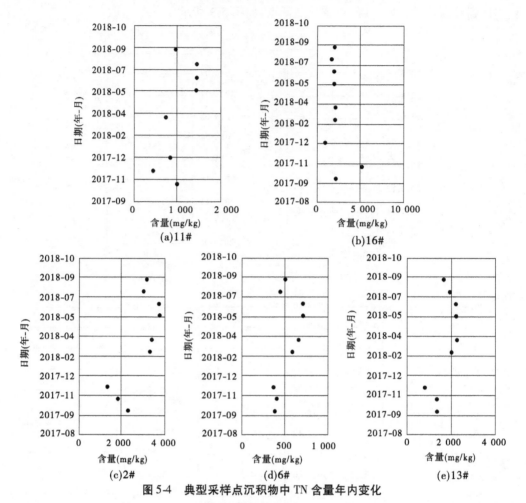

图5-4　典型采样点沉积物中 TN 含量年内变化

表5-4　漳泽水库沉积物中 TP 含量分布

| 采样点 | TP(mg/kg) | | |
|---|---|---|---|
| | 最小 | 最大 | 均值 |
| 1# | 84.0 | 1 127 | 365 |
| 2# | 176.0 | 1 450 | 544 |
| 3# | 82.0 | 1 200 | 441 |
| 4# | 57.0 | 759 | 305 |
| 5# | 210.0 | 1 117 | 479 |
| 6# | 78.0 | 823 | 325 |
| 7# | 113.0 | 909 | 393 |

续表 5-4

| 采样点 | TP( mg/kg) | | |
| --- | --- | --- | --- |
| | 最小 | 最大 | 均值 |
| 8# | 192.0 | 1 189 | 444 |
| 9# | 80.3 | 1 200 | 368 |
| 10# | 213.0 | 1 041 | 444 |
| 11# | 263.0 | 815 | 379 |
| 12# | 160.0 | 807 | 372 |
| 13# | 242.0 | 1 108 | 480 |
| 14# | 210.0 | 1 096 | 460 |
| 15# | 236.0 | 1 730 | 561 |
| 16# | 319.0 | 1 515 | 683 |
| 均值 | 170 | 1 118 | 440 |

表 5-5　漳泽水库沉积物中 TP 含量统计

| 总磷<br>（mg/kg） | 平均 | 标准误差 | 中位数 | 标准差 | 方差 | 峰度 |
| --- | --- | --- | --- | --- | --- | --- |
| | 440.1 | 24.2 | 442.5 | 96.9 | 9 391.1 | 1.3 |
| | 偏度 | 最小值 | 最大值 | 求和 | 观测数 | 置信度(95.0%) |
| | 1.0 | 304.6 | 682.7 | 7 042.0 | 16 | 51.6 |

　　水库表层底泥中总磷的总体分布特征为:从东北和南部向库中心逐渐减少,如图 5-5 所示,即漳泽水库东北区和南端污染物浓度高于西侧和库中心区。

　　典型采样点表层沉积物中总磷含量年内变化与氮不同,总体表现为 7 ~ 9 月表层沉积物中总磷含量最高,其余时间总磷含量基本维持在一个小范围内,如图 5-6 所示。

## 三、沉积物中重金属分布

　　漳泽水库表层底泥铜含量在 19.73 ~ 60.11 mg/kg 变化,平均值为 36.94 mg/kg,偏度 0.664 呈右偏离,含量最高点为出水口(2#),最低为碧头河入口对岸(12#),见表 5-6、表 5-7。如将上游来水清洁的绛河河口处沉积物铜含量作为背景值,那么漳泽水库沉积物中铜平均含量是背景含量的 2.25 倍,属于轻微污染。表层底泥中铜的分布特征为:从东北和东南方向到西和西南,总铜浓度逐渐降低,即库区东部铜污染比库区西侧严重,如图 5-7 所示。

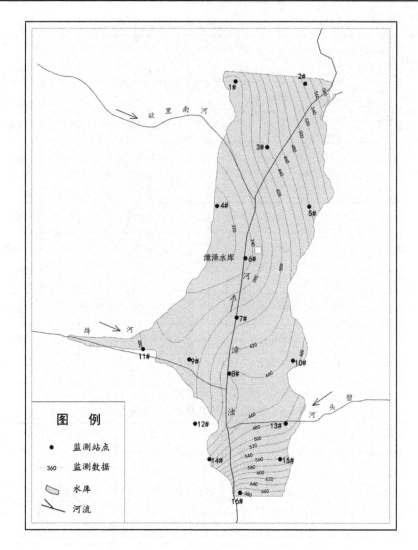

**图5-5　漳泽水库沉积物中 TP 分布图**

　　漳泽水库表层底泥铅含量在 11.14 ~ 29.88 mg/kg 变化,平均值为 19.22 mg/kg,偏度 0.311 呈右偏离,含量最高点为出水口(2#),最低为绛河入口(11#),如表 5-6 所示。如将上游来水清洁的绛河河口处沉积物铅含量作为背景值,那么漳泽水库沉积物中铅平均含量是背景含量的 1.73 倍,属于轻微污染。表层底泥中铅的分布特征为:从东北和东南到西,总铅浓度逐渐降低,即库区东北和东南区铅污染比库区西部污染严重,见图 5-8。

　　漳泽水库表层底泥锌(Zn)含量均值在 62.97 ~ 132.44 mg/kg 变化,总体平均值为 84.64 mg/kg,偏度 1.214 呈左偏离,含量最高点为浊漳河南源入口(16#),最低为绛河入口(11#),见表 5-6。如将上游来水清洁的绛河河口处沉积物锌含量作为背景值,那么漳泽水库沉积物中锌平均含量是背景含量的 1.34 倍,属于轻微污染。表层底泥中锌的分布特征为:从东北和东南到西,总锌浓度逐渐降低,即库区东北和东南区铅污染比库区西部污染严重,见图 5-9。

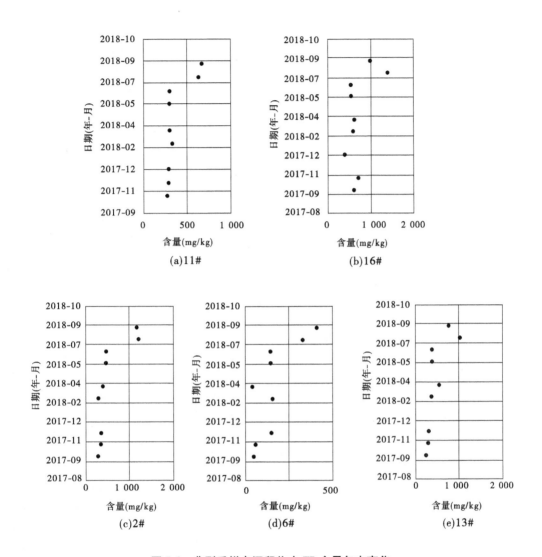

图 5-6　典型采样点沉积物中 TP 含量年内变化

漳泽水库表层底泥镉（Cd）含量均值在 0.227 ~ 1.488 mg/kg 变化,总体平均值为 0.822 mg/kg,偏度 0.265 呈右偏离,含量最高点为碧头河入口（13#）,最低为库中心东侧 （5#）,见表 5-6。如将上游来水清洁的绛河河口处沉积物镉含量作为背景值,那么漳泽水库沉积物中镉平均含量是背景含量的 1.53 倍,属于轻微污染。表层底泥中镉的分布特征为:由碧头河入口、出水口、库中心等点向四周,总镉浓度逐渐降低,见图 5-10。

表 5-6　漳泽水库沉积物中重金属含量分布

| 采样点 | Cu(mg/kg) | | | Pb(mg/kg) | | | Zn(mg/kg) | | | Cd(mg/kg) | | | Hg(mg/kg) | | | As(mg/kg) | | | Se(mg/kg) | | |
|---|---|---|---|---|---|---|---|---|---|---|---|---|---|---|---|---|---|---|---|---|---|
| | 最小 | 最大 | 均值 | 最小 | 最大 | 均值 | 最小 | 最大 | 均值 | 最小 | 最大 | 均值 | 最小 | 最大 | 均值 | 最小 | 最大 | 均值 | 最小 | 最大 | 均值 |
| 1# | 35.8 | 85.1 | 47.93 | 6.5 | 47.8 | 19.61 | 59.6 | 81.5 | 74.36 | 0.001 | 4.26 | 0.710 | 0.022 | 4.95 | 0.785 | 1.23 | 10.5 | 6.345 | 0.20 | 1.2 | 0.785 |
| 2# | 27.8 | 102.4 | 60.11 | 12.3 | 83.4 | 29.88 | 69.4 | 127.9 | 101.45 | 0.001 | 7.68 | 1.282 | 0.033 | 0.21 | 0.090 | 4.84 | 14.0 | 10.002 | 0.71 | 1.8 | 1.405 |
| 3# | 25.9 | 57.2 | 43.72 | 6.9 | 53.0 | 22.68 | 38.7 | 95.8 | 80.95 | 0.001 | 2.93 | 0.672 | 0.001 | 0.18 | 0.056 | 3.14 | 11.2 | 8.092 | 0.57 | 2.8 | 1.134 |
| 4# | 23.6 | 45.3 | 27.84 | 9.5 | 34.8 | 16.31 | 51.6 | 79.4 | 65.50 | 0.001 | 1.54 | 0.385 | 0.000 | 0.04 | 0.015 | 4.23 | 8.2 | 6.196 | 0.39 | 3.1 | 1.017 |
| 5# | 40.8 | 64.3 | 51.18 | 9.7 | 26.9 | 15.34 | 49.2 | 106.6 | 88.48 | 0.001 | 0.46 | 0.227 | 0.024 | 0.07 | 0.045 | 6.66 | 13.1 | 9.837 | 0.41 | 1.4 | 1.141 |
| 6# | 20.6 | 44.8 | 30.13 | 10.3 | 28.7 | 17.32 | 57.0 | 77.0 | 69.49 | 0.129 | 3.63 | 1.233 | 0.005 | 0.72 | 0.138 | 5.24 | 9.9 | 7.417 | 0.30 | 0.8 | 0.554 |
| 7# | 26.2 | 43.3 | 33.84 | 7.1 | 35.6 | 19.54 | 66.8 | 86.0 | 74.84 | 0.110 | 3.56 | 1.076 | 0.031 | 1.23 | 0.355 | 4.59 | 11.9 | 7.830 | 0.22 | 1.2 | 0.775 |
| 8# | 26.9 | 40.1 | 34.61 | 5.7 | 57.4 | 24.69 | 76.1 | 111.2 | 85.73 | 0.093 | 4.05 | 1.099 | 0.031 | 0.54 | 0.131 | 3.66 | 11.2 | 8.097 | 0.50 | 1.3 | 0.937 |
| 9# | 25.5 | 37.9 | 30.80 | 5.7 | 36.5 | 18.97 | 59.2 | 81.0 | 70.51 | 0.110 | 2.30 | 0.633 | 0.000 | 0.09 | 0.035 | 4.15 | 10.4 | 7.705 | 0.49 | 1.0 | 0.796 |
| 10# | 3.9 | 46.9 | 34.11 | 7.4 | 50.4 | 22.46 | 82.4 | 100.4 | 92.93 | 0.131 | 3.00 | 0.938 | 0.000 | 0.09 | 0.055 | 4.35 | 10.6 | 7.590 | 0.39 | 1.4 | 1.012 |
| 11# | 19.0 | 30.5 | 25.55 | 5.0 | 16.9 | 11.14 | 53.2 | 71.8 | 62.97 | 0.134 | 1.72 | 0.534 | 0.023 | 0.28 | 0.090 | 4.07 | 7.7 | 6.113 | 0.62 | 0.9 | 0.750 |
| 12# | 11.0 | 26.0 | 19.73 | 4.5 | 25.4 | 12.09 | 50.8 | 72.7 | 63.72 | 0.087 | 1.72 | 0.520 | 0.025 | 0.66 | 0.238 | 4.16 | 9.8 | 7.227 | 0.15 | 0.9 | 0.478 |
| 13# | 27.2 | 55.2 | 37.24 | 5.4 | 40.0 | 19.65 | 68.6 | 101.0 | 89.79 | 0.076 | 4.33 | 1.488 | 0.000 | 0.23 | 0.068 | 3.49 | 10.8 | 7.509 | 0.08 | 1.4 | 1.092 |
| 14# | 21.2 | 64.2 | 32.55 | 5.9 | 24.0 | 15.33 | 69.4 | 103.3 | 81.99 | 0.038 | 3.20 | 0.762 | 0.028 | 1.66 | 0.305 | 2.42 | 10.2 | 7.008 | 0.13 | 1.1 | 0.705 |
| 15# | 25.0 | 89.8 | 48.48 | 6.6 | 42.6 | 21.20 | 85.8 | 152.7 | 119.12 | 0.000 | 2.80 | 0.682 | 0.032 | 0.47 | 0.193 | 4.75 | 12.0 | 8.637 | 0.00 | 2.0 | 0.905 |
| 16# | 28.9 | 44.0 | 33.26 | 6.5 | 53.0 | 21.34 | 107.7 | 161.4 | 132.44 | 0.179 | 1.95 | 0.904 | 0.182 | 0.98 | 0.482 | 4.04 | 8.7 | 6.137 | 0.73 | 1.7 | 1.096 |
| 均值 | 24.3 | 54.8 | 36.94 | 7.2 | 41.0 | 19.22 | 65.3 | 100.6 | 84.64 | 0.068 | 3.07 | 0.822 | 0.03 | 0.77 | 0.193 | 4.06 | 10.64 | 7.609 | 0.37 | 1.49 | 0.911 |

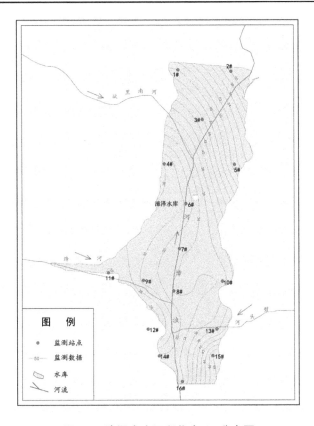

**图 5-7　漳泽水库沉积物中 Cu 分布图**

**表 5-7　漳泽水库沉积物中重金属含量统计**

| 项目 | Cu(mg/kg) | Pb(mg/kg) | Zn(mg/kg) | Cd(mg/kg) | Hg(mg/kg) | As(mg/kg) | Se(mg/kg) |
|---|---|---|---|---|---|---|---|
| 平均 | 36.943 | 19.222 | 84.642 | 0.822 | 0.193 | 7.609 | 0.911 |
| 标准误差 | 2.652 | 1.179 | 4.913 | 0.087 | 0.051 | 0.295 | 0.060 |
| 中位数 | 33.975 | 19.575 | 81.470 | 0.736 | 0.111 | 7.550 | 0.921 |
| 标准差 | 10.609 | 4.714 | 19.651 | 0.346 | 0.206 | 1.178 | 0.240 |
| 方差 | 112.553 | 22.222 | 386.172 | 0.120 | 0.042 | 1.389 | 0.058 |
| 峰度 | 0.061 | 0.625 | 1.220 | -0.522 | 3.763 | 0.170 | -0.070 |
| 偏度 | 0.664 | 0.311 | 1.214 | 0.265 | 1.887 | 0.672 | 0.064 |
| 最小值 | 19.730 | 11.140 | 62.970 | 0.227 | 0.015 | 6.113 | 0.478 |
| 最大值 | 60.110 | 29.880 | 132.440 | 1.488 | 0.785 | 10.002 | 1.405 |
| 求和 | 591.080 | 307.550 | 1 354.270 | 13.145 | 3.081 | 121.742 | 14.582 |
| 观测数 | 16 | 16 | 16 | 16 | 16 | 16 | 16 |
| 置信度（95.0%） | 5.653 | 2.512 | 10.471 | 0.185 | 0.110 | 0.628 | 0.128 |

**图 5-8　漳泽水库沉积物中 Pb 分布图**

**图 5-9　漳泽水库沉积物中 Zn 分布图**

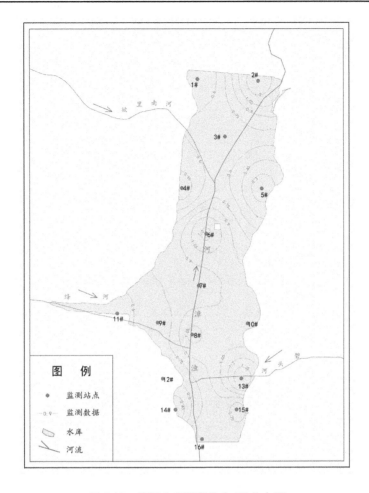

**图 5-10 漳泽水库沉积物中 Cd 分布图**

漳泽水库表层底泥总汞(Hg)含量均值在 0.015 ~ 0.785 mg/kg 变化,总体平均值为 0.193 mg/kg,偏度 1.887 呈左偏离,含量最高点为近坝滞留区(1#),最低为库中心西侧 (4#),见表 5-6。如将上游来水清洁的绛河河口处沉积物汞含量作为背景值,那么漳泽水 库沉积物中汞平均含量是背景含量的 2.14 倍,可见沉积物已经受到污染。表层底泥中汞 的分布特征为:由近坝滞留区、浊漳河南源入口分别向东南、东北方向,总汞浓度逐渐降 低,即库区西侧和南侧汞污染高于东侧,见图 5-11。

漳泽水库表层底泥总砷(As)含量均值在 6.113 ~ 10.002 mg/kg 变化,总体平均值为 7.609 mg/kg,偏度 0.672 呈右偏离,含量最高点为出水口(2#),最低为绛河入口(11#), 见表 5-6。如将上游来水清洁的绛河河口处沉积物砷含量作为背景值,那么漳泽水库沉 积物中砷平均含量是背景含量的 1.24 倍,可见沉积物轻微砷污染。表层底泥中砷的分布 特征为:由东向西,总砷浓度逐渐降低,即库区东侧砷含量高于西侧,见图 5-12。

**图 5-11　漳泽水库沉积物中 Hg 分布图**

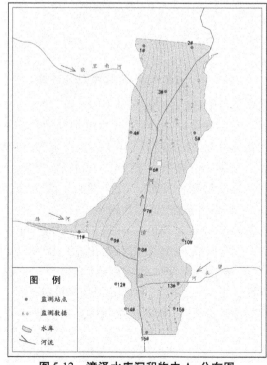

**图 5-12　漳泽水库沉积物中 As 分布图**

漳泽水库表层底泥硒(Se)含量均值在0.478~1.405 mg/kg变化,总体平均值为0.911 mg/kg,偏度0.064呈右偏离,含量最高点为出水口(2#),最低为碧头河入口对面(12#),如表5-6所示。表层底泥中硒的分布特征为:绛河入口以北区域由东北向西南,绛河入口以南区域由东向西,硒浓度逐渐降低,见图5-13。

**图5-13 漳泽水库沉积物中Se分布图**

为探明表层沉积物各污染物含量的相关状况,计算了沉积物中各污染物含量之间的相关系数,如表5-8所示,即各重金属之间没有明显的相关性。

**表5-8 各重金属含量之间的相关系数**

| | Cu | Pb | Zn | Cd | Hg | As | Se |
|---|---|---|---|---|---|---|---|
| Cu | 1.000 0 | | | | | | |
| Pb | 0.645 9 | 1.000 0 | | | | | |
| Zn | 0.485 0 | 0.555 3 | 1.000 0 | | | | |
| Cd | 0.136 8 | 0.574 1 | 0.254 5 | 1.000 0 | | | |
| Hg | 0.088 2 | −0.014 1 | 0.164 2 | 0.035 3 | 1.000 0 | | |
| As | 0.703 2 | 0.494 4 | 0.268 8 | 0.131 5 | −0.406 7 | 1.000 0 | |
| Se | 0.695 1 | 0.680 6 | 0.557 8 | 0.168 3 | −0.274 8 | 0.490 4 | 1.000 0 |

## 四、重金属污染评价

目前,国内外常用的水体沉积物重金属污染的评价方法有污染指数法、地质积累指数（$I_{geo}$）法、污染负荷指数（PLI）法、回归过量分析（ERA）法、Hakanson 潜在生态风险指数法及脸谱图法。结合漳泽水库具有现代沉积物的特征,应用地质积累指数法及潜在生态风险指数法进行评价。

### （一）地质积累指数法评价

地质积累指数法是德国海德堡大学沉积物研究所的 Muller 教授提出的,是一种研究水环境沉积物中重金属污染的定量指标,其计算公式如下:

$$I_{geo} = \log_2 C_n / (K \cdot B_n) \tag{5-1}$$

式中:$C_n$ 为元素 $n$ 在沉积物中的实测含量,mg/kg;$B_n$ 为沉积物中该元素的地球化学背景值,mg/kg;$K$ 为考虑各地岩石差异可能会引起背景值变动而取的系数(一般取值为 1.5)。

根据 $I_{geo}$ 将沉积物中重金属污染状况划分为 7 个等级,结果见表 5-9。

表 5-9　重金属污染级别与 $I_{geo}$ 的相互关系

| 项目 | 污染指标 | | | | | | |
|---|---|---|---|---|---|---|---|
| $I_{geo}$ | ≤0 | 0～1 | 1～2 | 2～3 | 3～4 | 4～5 | >5 |
| 级别 R | 0 | 1 | 2 | 3 | 4 | 5 | 6 |
| 污染程度 | 清洁 | 轻度污染 | 偏中度污染 | 中度污染 | 偏重度污染 | 重度污染 | 严重污染 |

在本次漳泽水库沉积物监测成果的基础上,依据《土壤环境质量标准》（GB 15618—1995）相关规定,指数评价选取铜、铅、锌、镉、汞、砷为本次参评项目,背景值选用上游来水清洁的绛河河口多次监测平均值,计算成果见表 5-10。

表 5-10　漳泽水库不同采样点沉积物重金属元素的地质累积指数

| 采样点 | $I_{geo}$ | | | | | | |
|---|---|---|---|---|---|---|---|
| | Cu | Pb | Zn | Cd | Hg | As | 平均值 |
| 1# | 0.322 6 | 0.230 9 | − 0.345 1 | − 0.174 0 | 2.539 7 | − 0.531 2 | 0.340 5 |
| 2# | 0.649 3 | 0.838 5 | 0.103 1 | 0.678 5 | − 0.585 0 | 0.125 4 | 0.301 6 |
| 3# | 0.190 0 | 0.440 7 | − 0.222 6 | − 0.253 3 | − 1.269 5 | − 0.180 3 | − 0.215 8 |
| 4# | − 0.461 1 | − 0.035 0 | − 0.528 1 | − 1.056 9 | − 3.169 9 | − 0.565 5 | − 0.969 4 |
| 5# | 0.417 3 | − 0.123 4 | − 0.094 3 | − 1.819 1 | − 1.585 0 | 0.101 4 | − 0.517 2 |
| 6# | − 0.347 1 | 0.051 7 | − 0.442 8 | 0.622 3 | 0.031 7 | − 0.306 0 | − 0.065 0 |
| 7# | − 0.179 6 | 0.225 7 | − 0.335 8 | 0.425 8 | 1.394 9 | − 0.227 8 | 0.217 2 |
| 8# | − 0.147 1 | 0.563 2 | − 0.139 8 | 0.456 3 | − 0.043 4 | − 0.179 5 | 0.085 0 |
| 9# | − 0.315 4 | 0.183 0 | − 0.421 8 | − 0.339 6 | − 1.947 5 | − 0.251 0 | − 0.515 4 |

续表 5-10

| 采样点 | $I_{geo}$ | | | | | | |
| --- | --- | --- | --- | --- | --- | --- | --- |
| | Cu | Pb | Zn | Cd | Hg | As | 平均值 |
| 10# | −0.168 1 | 0.426 6 | −0.023 5 | 0.227 8 | −1.295 5 | −0.272 7 | −0.184 2 |
| 11# | −0.585 0 | −0.585 0 | −0.585 0 | −0.585 0 | −0.585 0 | −0.585 0 | −0.585 0 |
| 12# | −0.957 9 | −0.466 9 | −0.567 9 | −0.623 3 | 0.818 0 | −0.343 4 | −0.356 9 |
| 13# | −0.041 4 | 0.233 8 | −0.073 1 | 0.893 5 | −0.989 4 | −0.288 2 | −0.044 1 |
| 14# | −0.235 6 | −0.124 4 | −0.204 2 | −0.072 0 | 1.175 8 | −0.387 8 | 0.025 3 |
| 15# | 0.339 1 | 0.343 4 | 0.334 7 | −0.232 0 | 0.515 6 | −0.086 3 | 0.202 4 |
| 16# | −0.204 5 | 0.352 8 | 0.487 6 | 0.174 5 | 1.836 1 | −0.579 3 | 0.344 5 |
| 平均 | −0.053 1 | 0.201 9 | −0.158 3 | 0.037 3 | 0.515 6 | −0.269 1 | 0.045 7 |

　　表 5-10 表明,漳泽水库 16 个采样点中,70.6% 采样点的表层沉积物中铅的地质累积指数分级 $0 < I_{geo} < 1$,为铅轻度污染;47.1% 采样点的表层沉积物中镉和汞的地质累积指数分级 $0 < I_{geo} < 1$,为镉、汞轻度污染;70.6% 采样点的表层沉积物中铜的地质累积指数分级 $I_{geo} < 0$,为无污染;82.4% 采样点的表层沉积物中锌的地质累积指数分级 $I_{geo} < 0$,为无污染;88.2% 采样点的表层沉积物中砷的地质累积指数分级 $I_{geo} < 0$,为无污染,见表 5-11。由此可见,漳泽水库表层沉积物中 6 种金属的污染程度顺序为铅 > 镉 > 汞 > 铜 > 锌 > 砷。从空间上看:绛河河口和库中心西侧为清洁区,其余属于轻度污染区。

表 5-11　漳泽水库地质累积指数统计

| 分级 | | 项目 | | | | | |
| --- | --- | --- | --- | --- | --- | --- | --- |
| | | Cu | Pb | Zn | Cd | Hg | As |
| $I_{geo} > 0$ | 个数 | 5 | 12 | 3 | 8 | 8 | 2 |
| | 占比 | 29.4% | 70.6% | 17.6% | 47.1% | 47.1% | 11.8% |
| $I_{geo} < 0$ | 个数 | 12 | 5 | 14 | 9 | 9 | 15 |
| | 占比 | 70.6% | 29.4% | 82.4% | 52.9% | 52.9% | 88.2% |

### (二)潜在生态风险指数评价

　　潜在生态风险评价指标包括:某一金属污染系数 $C_f^i$,某一金属生物毒性响应因子 $T_f^i$,某一金属潜在生态风险因子 $E_f^i$,多金属潜在生态风险指数 $RI$,其关系如下:

$$C_f^i = \frac{C_D^i}{C_R^i}, \quad E_f^i = T_f^i \times C_f^i, \quad RI = \sum_{i=1}^m E_f^i \tag{5-2}$$

式中:$C_D^i$ 为代表样品实测浓度;$C_R^i$ 为代表沉积物背景参考值;$T_f^i$ 为反映了金属在水相、沉积固相和生物相之间的响应关系,即生物毒性加权系数;$E_f^i$ 为某一金属潜在生态风险因子;$RI$ 为多种金属潜在生态风险指数。

　　据此确定的指标 $E_f^i$、$RI$ 污染强度分级标准见表 5-12。

表 5-12　$E_f^i$ 和 $RI$ 的阈值区间及污染强度分级

| 单一金属对应阈值区间 | 风险因子程度分级 | 4 种金属对应阈值区间 | 风险指数程度分级 |
|---|---|---|---|
| $E_f^i < 40$ | I 轻微生态污染 | $RI < 50$ | A 无污染 |
| $40 \leqslant E_f^i < 80$ | II 中等生态污染 | $50 \leqslant RI < 120$ | B 轻污染 |
| $80 \leqslant E_f^i < 160$ | III 强的生态污染 | $120 \leqslant RI < 240$ | C 中等污染 |
| $160 \leqslant E_f^i < 320$ | IV 很强的生态污染 | $240 \leqslant RI < 400$ | D 重污染 |
| $320 \leqslant E_f^i$ | V 极强的生态污染 | $400 \leqslant RI$ | E 极重污染 |

结合漳泽水库底泥重金属污染特征并参照相关文献,设定了 6 种重金属生物毒性响应因子 $T_f^i$ 的数值分别为:Cu,5;Pb,5;Zn,1;Cd,30;Hg,40;As,10。沉积物背景参考值 $C_R^i$ 取上游来水清洁的绛河河口处测定平均值。根据公式(5-2)计算出的潜在生态风险因子 $E_f^i$ 及潜在生态风险指数 $RI$,见表 5-13。

表 5-13　漳泽水库不同采样点沉积物重金属潜在生态风险因子 $E_f^i$ 及潜在生态风险指数 $RI$

| 采样点 | $E_f^i$ | | | | | | $RI$ | 污染等级 |
|---|---|---|---|---|---|---|---|---|
| | Cu | Pb | Zn | Cd | Hg | As | | |
| 1# | 9.4 | 8.8 | 1.2 | 39.9 | 348.9 | 10.4 | 409.1 | 极重污染 |
| 2# | 11.8 | 13.4 | 1.6 | 72.0 | 40.0 | 16.4 | 143.4 | 中等污染 |
| 3# | 8.6 | 10.2 | 1.3 | 37.8 | 24.9 | 13.2 | 87.3 | 轻污染 |
| 4# | 5.4 | 7.3 | 1.0 | 21.6 | 6.7 | 10.1 | 46.8 | 无污染 |
| 5# | 10.0 | 6.9 | 1.4 | 12.8 | 20.0 | 16.1 | 57.1 | 轻污染 |
| 6# | 5.9 | 7.8 | 1.1 | 69.3 | 61.3 | 12.1 | 151.6 | 中等污染 |
| 7# | 6.6 | 8.8 | 1.2 | 60.4 | 157.8 | 12.8 | 241.0 | 重污染 |
| 8# | 6.8 | 11.1 | 1.4 | 61.7 | 58.2 | 13.2 | 145.7 | 中等污染 |
| 9# | 6.0 | 8.5 | 1.1 | 35.6 | 15.6 | 12.6 | 73.4 | 轻污染 |
| 10# | 6.7 | 10.1 | 1.5 | 52.7 | 24.4 | 12.4 | 101.1 | 轻污染 |
| 11# | 5.0 | 5.0 | 1.0 | 30.0 | 40.0 | 10.0 | 86.0 | 轻污染 |
| 12# | 3.9 | 5.4 | 1.0 | 29.2 | 105.2 | 11.8 | 153.3 | 中等污染 |
| 13# | 7.3 | 8.8 | 1.4 | 83.6 | 30.2 | 12.3 | 136.3 | 中等污染 |
| 14# | 6.4 | 6.9 | 1.3 | 42.8 | 135.6 | 11.5 | 198.0 | 中等污染 |
| 15# | 9.5 | 9.5 | 1.9 | 38.3 | 85.8 | 14.1 | 149.6 | 中等污染 |
| 16# | 6.5 | 9.6 | 2.1 | 50.8 | 214.2 | 10.0 | 286.7 | 重污染 |
| 平均 | 7.2 | 8.6 | 1.3 | 46.2 | 85.8 | 12.4 | 154.4 | 中等污染 |

表 5-13 表明,漳泽水库表层沉积物中铜、铅、锌、砷等单一元素潜在生态风险因子 $E_f^i$ 均小于 40,属于低生态风险元素。其中汞的潜在生态风险因子 $E_f^i$ 值最高,其平均值为 85.8,最高点坝上滞留区(1#)$E_f^i$ 值为 348.9,风险等级达到 V 极强的生态污染;其次浊漳河南源入口处 $E_f^i$ 值为 214.2,风险等级为 IV 很强的生态污染;风险等级达到 III 强的生态污染的采样点 4 个,分别是 7#、12#、14#、15#,均位于湖心岛以南区域,占采样总数的

25.0%;其余采样点为Ⅰ轻微生态污染,占采样总数的62.5%。镉的潜在生态风险因子 $E_f^i$ 值略低于汞,平均值为46.2,最高点碧头河入口处 $E_f^i$ 值为83.6,风险等级为Ⅲ强的生态污染;风险等级为Ⅱ中等生态污染的采样点7个,分别是出水口(2#)、湖心岛南侧区域(6#、7#、8#、10#、14#、16#),占采样总数的43.8%。由此可见,汞、镉是高生态风险元素,也是生态风险指数增高的主要因子。漳泽水库表层沉积物中6种金属的潜在生态危害顺序为汞>镉>砷>铅>铜>锌。

从 RI 的结果看,近坝滞留区(1#)污染最为严重,风险指数分级为极重污染,占采样点总数的6.25%;湖心岛南侧(7#)、浊漳河南源入口(16#)其次,风险指数分级为重污染,占采样点总数的12.5%;出水口(2#)、湖心岛(6#)、南侧主导流(8#)、碧头河入口及以南区域(12#、13#、14#、15#)风险指数分级为中等污染,占采样点总数的43.8%;绛河入口及其延长线(11#、9#、10#)、湖心岛北侧区(3#、5#)风险指数分级为轻污染,占采样点总数的31.2%;湖心岛西北区(4#)风险指数分级为无污染,占采样点总数的6.25%。

根据 RI 值与污染等级,漳泽水库底泥的重金属污染大致可以分为3个区段,即生态风险功能区:湖心岛北侧区和绛河入口附近为轻中度污染区,湖心岛以南、绛河入口以北区域、碧头河入口以南区域为中等污染区,近坝滞留区和浊漳河南源入口处为重污染区。从空间上看,南库区重金属污染比北库区严重,近坝区重金属污染比库中心严重,见表5-13。

表5-14　漳泽水库不同采样点沉积物氮磷综合污染评价

| 采样点 | $S_{NH_3}$ | 等级 | $S_{TN}$ | 等级 | $S_{TP}$ | 等级 | FF | 等级 | 污染等级 |
|---|---|---|---|---|---|---|---|---|---|
| 1# | 1.34 | 2 | 1.34 | 2 | 0.96 | 2 | 1.28 | 2 | 轻度污染 |
| 2# | 3.31 | 4 | 2.60 | 4 | 1.44 | 3 | 2.91 | 4 | 重度污染 |
| 3# | 1.54 | 3 | 1.52 | 3 | 1.16 | 2 | 1.48 | 2 | 轻度污染 |
| 4# | 1.07 | 2 | 0.86 | 1 | 0.80 | 2 | 0.99 | 1 | 清洁 |
| 5# | 2.21 | 4 | 2.09 | 4 | 1.27 | 3 | 2.04 | 4 | 重度污染 |
| 6# | 1.02 | 2 | 1.04 | 2 | 0.86 | 2 | 1.01 | 2 | 轻度污染 |
| 7# | 1.20 | 2 | 1.29 | 2 | 1.04 | 2 | 1.24 | 2 | 轻度污染 |
| 8# | 1.34 | 2 | 1.47 | 2 | 1.17 | 3 | 1.40 | 2 | 轻度污染 |
| 9# | 1.14 | 2 | 1.28 | 2 | 0.97 | 2 | 1.21 | 2 | 轻度污染 |
| 10# | 1.95 | 3 | 1.82 | 3 | 1.17 | 3 | 1.80 | 3 | 中度污染 |
| 11# | 1.00 | 2 | 1.00 | 2 | 1.00 | 3 | 1.00 | 2 | 轻度污染 |
| 12# | 1.04 | 2 | 0.98 | 1 | 0.98 | 2 | 1.02 | 2 | 轻度污染 |
| 13# | 1.59 | 3 | 1.59 | 3 | 1.27 | 3 | 1.54 | 3 | 中度污染 |
| 14# | 1.47 | 2 | 1.29 | 2 | 1.21 | 3 | 1.40 | 2 | 轻度污染 |
| 15# | 1.47 | 2 | 1.36 | 2 | 1.48 | 3 | 1.46 | 2 | 轻度污染 |
| 16# | 2.84 | 4 | 2.01 | 4 | 1.80 | 4 | 2.55 | 4 | 重度污染 |
| 平均 | 1.60 | 3 | 1.47 | 2 | 1.16 | 3 | 1.51 | 3 | 中度污染 |

以上游来水清洁的绛河河口实测值的平均值作为背景值(即评价标准),由单项污染指数计算公式:

$$S_i = \frac{C_i}{C_s} \tag{5-3}$$

$$FF = \sqrt{\frac{F^2 + F_{max}^2}{2}} \tag{5-4}$$

式中：$S_i$ 为单项评价指数或评价标准；$C_i$ 为评价因子 $i$ 的实测值；$C_s$ 为评价因子 $i$ 的评价标准；$F$ 为 $n$ 项污染物污染指数平均值；$F_{max}$ 为最大单项污染指数，漳泽水库表层沉积物综合污染程度分级见表 5-15。

表 5-15　漳泽水库表层沉积物综合污染程度分级

| 等级划分 | $S_{NH_3}$ | $S_{TN}$ | $S_{TP}$ | $FF$ | 污染等级 |
|---|---|---|---|---|---|
| 1 | $S_{NH_3} < 1.0$ | $S_{TN} < 1.0$ | $S_{TP} < 0.5$ | $FF < 1.0$ | 清洁 |
| 2 | $1.0 \leqslant S_{NH_3} < 1.5$ | $1.0 \leqslant S_{TN} < 1.5$ | $0.5 \leqslant S_{TP} < 1.0$ | $1.0 \leqslant FF < 1.5$ | 轻度污染 |
| 3 | $1.5 \leqslant S_{NH_3} < 2.0$ | $1.5 \leqslant S_{TN} < 2.0$ | $1.0 \leqslant S_{TP} < 1.5$ | $1.5 \leqslant FF < 2.0$ | 中度污染 |
| 4 | $S_{NH_3} > 2.0$ | $S_{TN} > 2.0$ | $S_{TP} > 1.5$ | $FF > 2.0$ | 重度污染 |

通过单项含量做出氨氮、总磷与总氮的相关回归线，如图 5-14 和图 5-15 所示。由图可知氨氮与 TN 显著性相关（$r = 0.9505$，$P < 0.551$），说明漳泽水库表层沉积物中氨氮与总氮含量比例是相对稳定的，具有较高的协同性。TP 与 TN 为无显著性相关（$r = 0.7233$，$P < 0.03$），说明漳泽水库表层沉积物中 TN 与 TP 含量比例并不固定。

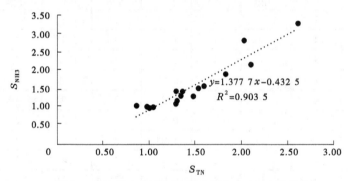

图 5-14　漳泽水库表层沉积物氨氮与 TN 回归分析

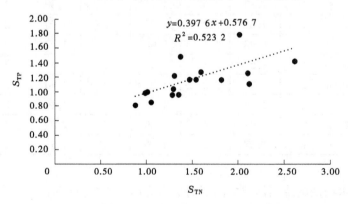

图 5-15　漳泽水库表层沉积物 TP 与 TN 回归分析

从表5-14可以看出,各采样点的单项评价指数评价成果与综合评价成果基本维持一致。从FF污染等级来看,漳泽水库沉积物的氮磷营养盐污染大致可以分为3个区段,即除浊漳河南源入口附近以外主河槽流线以西区域为轻度污染区,除出水口以外主河槽流线以东区域为中度污染区,出水口和浊漳河南源入水口附近为重度污染区。

# 第三节　沉积物与各层液相中氮磷含量相关性分析

整理2017年11月至2018年9月期间10个月的表层水、上覆水和间隙水检测资料,将16个采样点的氮磷检测数据进行统计,并分析得到各层液相中氮磷的分布特征,以及表层沉积物氮磷与间隙水中、上覆水、表层水的相关关系。

## 一、各层液相中氨氮分布

漳泽水库各沉积物采样点对应上覆水中氨氮负荷为0.322~0.876 mg/L,平均负荷为0.437 mg/L,占总氨氮负荷的13.67%~32.98%;间隙水中氨氮负荷为0.631~8.989 mg/L,平均为2.823 mg/L,占总氨氮负荷的26.21%~90.02%,见表5-16。从表5-16分析可以看出,间隙水氨氮负荷明显高于上覆水,其浓度于地表水Ⅲ类~劣Ⅴ类标准范围内随空间分布,而上覆水中氨氮浓度则于地表水Ⅱ类~Ⅲ类标准范围内随空间分布。各液相氨氮负荷空间分布大致可以概括为:上覆水及间隙水氨氮最大负荷均为浊漳河南源入口(16#),与沉积物一致,上覆水氨氮最小负荷为库中心东南库边(10#),间隙水氨氮最小负荷为库中心西北库边(4#)位置邻近,见图5-16。

表5-16　各层液相中氨氮负荷统计

| 项目 | 上覆水<br>氨氮(mg/L) | 间隙水<br>氨氮(mg/L) | 间隙水氨氮<br>上覆水氨氮 |
|---|---|---|---|
| 平均 | 0.437 4 | 2.822 6 | 6.093 9 |
| 标准误差 | 0.036 7 | 0.536 0 | 0.768 0 |
| 中位数 | 0.401 9 | 2.070 3 | 5.746 3 |
| 标准差 | 0.146 9 | 2.144 2 | 3.072 1 |
| 方差 | 0.021 6 | 4.597 5 | 9.438 0 |
| 峰度 | 5.253 3 | 3.740 5 | 0.159 1 |
| 偏度 | 2.272 9 | 1.808 9 | 0.629 5 |
| 区域 | 0.554 0 | 8.357 7 | 11.080 0 |
| 最小值 | 0.322 0 | 0.631 2 | 1.937 4 |
| 最大值 | 0.876 0 | 8.988 8 | 13.018 0 |
| 求和 | 6.998 5 | 45.162 0 | 97.502 |
| 观测数 | 16 | 16 | 16 |
| 置信度(95.0%) | 0.078 3 | 1.142 5 | 1.637 0 |

漳泽水库各沉积物采样点对应表层水中总氮负荷为1.110~5.468 mg/L,平均负荷为2.355 mg/L;上覆水中总氮负荷为1.206~6.409 mg/L,平均负荷为1.964 mg/L;间隙

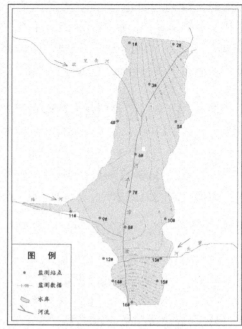

(a) 漳泽水库上覆水氨氮分布图　　　　　　　(b) 漳泽水库间隙水氨氮分布图

图 5-16　沉积物上覆水及间隙水氨氮分布图

水中总氮负荷为 1. 893 ~ 17. 055 mg/L,平均为 4. 822 mg/L,为上覆水中总氮负荷的 1. 236 7 ~ 4. 179 倍,见表 5-17。从表 5-17 分析可以看出,表层水与上覆水总氮负荷差别不大,其浓度于地表水Ⅳ类 ~ 劣 Ⅴ 类标准范围内随空间分布;而间隙水总氮负荷明显高于表层水和上覆水,其浓度于地表水 Ⅴ 类 ~ 劣 Ⅴ 类标准范围内随空间分布。各液相总氮负荷空间分布大致可以概括为:表层水、上覆水以及间隙水总氮最大负荷均为浊漳河南源入口(16#),最小负荷则分布在不同的采样点,但一致处于碧头河以北绛河以南区域,如图 5-17 所示。

表 5-17　各层液相中总氮负荷统计

| 项目 | 表层水 TN(mg/L) | 上覆水 TN(mg/L) | 间隙水 TN(mg/L) | 间隙水 TN / 上覆水 TN |
|---|---|---|---|---|
| 平均 | 2. 354 6 | 1. 964 1 | 4. 822 4 | 2. 507 0 |
| 标准误差 | 0. 493 2 | 0. 323 9 | 0. 901 9 | 0. 252 0 |
| 中位数 | 1. 790 0 | 1. 531 7 | 4. 152 5 | 2. 046 0 |
| 标准差 | 1. 479 6 | 1. 295 6 | 3. 607 6 | 1. 007 0 |
| 方差 | 2. 189 1 | 1. 678 5 | 13. 014 6 | 1. 014 0 |
| 峰度 | 1. 306 2 | 10. 315 1 | 9. 597 3 | − 1. 543 0 |
| 偏度 | 1. 433 6 | 3. 137 4 | 2. 838 7 | 0. 416 0 |
| 最小值 | 1. 110 0 | 1. 205 6 | 1. 893 3 | 1. 236 0 |
| 最大值 | 5. 467 8 | 6. 408 9 | 17. 055 0 | 4. 179 0 |
| 求和 | 21. 191 1 | 31. 425 0 | 77. 159 0 | 40. 113 0 |
| 观测数 | 9 | 16 | 16 | 16 |
| 置信度(95.0%) | 1. 137 3 | 0. 690 4 | 1. 922 3 | 0. 537 0 |

(a) 漳泽水库上覆水总氮分布图　　　　　(b) 漳泽水库间隙水总氮分布图

**图 5-17　沉积物上覆水和间隙水中 TN 分布图**

## 二、沉积物与各层液相中氮含量相关性分析

为分析漳泽水库表层水、上覆水、间隙水中氮负荷的空间分布与表层沉积物氮含量的空间分布之间的响应关系,利用 SPSS 软件对其氨氮、总氮负荷的相关关系进行了分析,见表 5-18、表 5-19。

由表 5-18 可知,表层底泥总氮含量和表层水、上覆水、间隙水中 TN 负荷的相关系数为分别 0.073 0、0.303 3、0.491 1,相关性并不显著,说明水库液相与固相中 TN 短期交换并不明显,液相 TN 含量主要来源于流域内排放。表层水、上覆水、间隙水三者 TN 负荷的相关系数相对较高均为 0.82 以上,相关性较高,说明 TN 在液相水体中相关性较高,相互交换率较高。

**表 5-18　表层沉积物中总氮含量和水体中氨氮负荷的相关性分析**

| | 表层水 TN | 上覆水 TN | 间隙水 TN | 沉积物 TN |
|---|---|---|---|---|
| 表层水 TN | 1 | | | |
| 上覆水 TN | 0.874 4 | 1 | | |
| 间隙水 TN | 0.823 8 | 0.888 4 | 1 | |
| 沉积物 TN | 0.073 0 | 0.303 3 | 0.491 1 | 1 |

由表 5-19 可知,沉积物中 $NH_3$ 含量与上覆水负荷的相关性为 0.510 5,相关度不高;上覆水和间隙水以及间隙水和沉积物 $NH_3$ 含量的相关性分别为 0.804 0、0.803 7,相关性较高。与 TN 相比,不仅液相之间 $NH_3$ 交换率较高,同时沉积物中与间隙水中 $NH_3$ 交换率

明显高于 TN。

**表 5-19　表层沉积物中氨氮含量和水体中氨氮负荷的相关性分析**

|  | 上覆水氨氮 | 间隙水氨氮 | 沉积物氨氮 |
|---|---|---|---|
| 上覆水氨氮 | 1 |  |  |
| 间隙水氨氮 | 0.804 0 | 1 |  |
| 沉积物氨氮 | 0.510 5 | 0.803 7 | 1 |

### 三、各层液相中磷的分布

漳泽水库各沉积物采样点对应表层水中总磷负荷为 0.028 ~ 0.172 mg/L,平均负荷为 0.072 mg/L;上覆水中总磷负荷为 0.043 ~ 0.160 mg/L,平均负荷为 0.072 mg/L;间隙水中总磷负荷为 0.126 ~ 0.532 mg/L,平均为 0.260 mg/L,为上覆水中总磷负荷的 2.400 ~ 5.202 倍,见表 5-20。从表 5-20 可以看出表层水与上覆水总磷负荷基本一致,在地表水Ⅲ类 ~ Ⅴ类标准范围内随空间分布,间隙水总磷负荷明显高于上覆水和表层水,在地表水Ⅳ类 ~ 劣Ⅴ类标准范围内随空间分布。其分布特征大致可以概括为:表层水最大负荷为坝上滞留区(1#),上覆水和间隙水最大负荷为浊漳河南源入口(16#)与沉积物一致,表层水最小负荷为碧头河入口附近(13#),上覆水和间隙水最小负荷为库中心西北库边(4#)与沉积物一致,如图 5-18 所示。

**表 5-20　各层液相中总磷负荷统计**

| 项目 | 表层水 TP (mg/L) | 上覆水 TP(mg/L) | 间隙水 TP(mg/L) | 间隙水 TP / 上覆水 TP |
|---|---|---|---|---|
| 平均 | 0.072 3 | 0.072 4 | 0.259 9 | 3.585 8 |
| 标准误差 | 0.015 7 | 0.007 0 | 0.027 6 | 0.191 4 |
| 中位数 | 0.061 5 | 0.063 9 | 0.246 6 | 3.578 7 |
| 标准差 | 0.047 2 | 0.028 1 | 0.110 5 | 0.765 7 |
| 方差 | 0.002 2 | 0.000 8 | 0.012 2 | 0.586 3 |
| 峰度 | 1.576 4 | 6.558 0 | 1.916 4 | − 0.427 3 |
| 偏度 | 1.387 6 | 2.430 8 | 1.391 5 | 0.389 2 |
| 区域 | 0.144 1 | 0.117 8 | 0.406 0 | 2.804 6 |
| 最小值 | 0.028 0 | 0.042 6 | 0.126 1 | 2.397 7 |
| 最大值 | 0.172 1 | 0.160 0 | 0.532 2 | 5.202 3 |
| 求和 | 0.651 0 | 1.158 3 | 4.158 7 | 57.374 0 |
| 观测数 | 9 | 16 | 16 | 16 |
| 置信度 (95.0%) | 0.036 3 | 0.015 0 | 0.058 9 | 0.408 0 |

(a) 漳泽水库上覆总磷分布图

(b) 漳泽水库间隙水总磷分布图

**图 5-18　沉积物上覆水和间隙水中 TP 分布图**

## 四、沉积物与各层液相中磷含量相关性分析

为分析漳泽水库表层水、上覆水、间隙水中总磷负荷的空间分布与表层沉积物氮含量的空间分布之间的响应关系,利用 SPSS 软件对其总磷负荷的相关关系进行了分析,见表 5-21。

从表 5-21 可以看出,表层沉积物中总磷含量与表层水总磷、上覆水总磷、间隙水总磷负荷均无显著相关性,上覆水与间隙水总磷负荷的相关性较为显著,说明沉积物中总磷污染物在间隙水与上覆水的交换时间相对较短,且较为频繁。

**表 5-21　表层沉积物中 TP 含量和水体中 TP 负荷的相关性分析**

|  | 表层水 TP | 上覆水 TP | 间隙水 TP | 沉积物 TP |
|---|---|---|---|---|
| 表层水 TP | 1 |  |  |  |
| 上覆水 TP | 0.361 6 | 1 |  |  |
| 间隙水 TP | 0.175 8 | 0.889 9 | 1 |  |
| 沉积物 TP | 0.125 0 | 0.818 3 | 0.734 6 | 1 |

# 第六章　漳泽水库氮磷释放研究

## 第一节　试验方案

### 一、试验装置

试验装置包括：密闭有机玻璃圆筒（内径 100 mm，高度 450 mm）、进气管、取样管，如图 6-1 所示。试验全过程将有机玻璃管置于恒温试验室内，有机玻璃管用橡胶塞封闭，橡胶塞上开有取样孔和进气口。

将采集的柱状底泥装入有机玻璃管中，将柱状底泥样中上层水体用虹吸法抽去，在室内再用虹吸法沿壁注试验装置已过滤的原采样点对应上覆水，至液面高度距沉积物表面 250 mm 处停止，标注刻度。所有试验装置均垂直放入恒温试验室中。

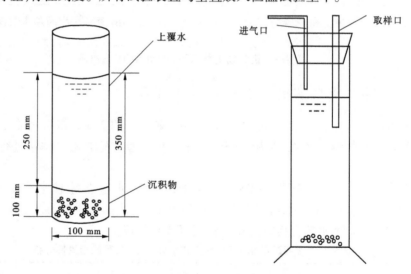

**图 6-1　沉积物氮磷释放试验装置示意图**

### 二、试验方案

将泥样放入有机玻璃管中，控制高度为 50 mm 不搅动底部泥样的前提下，将上覆水样沿筒壁缓缓注入试验装置中，水样高度为 250 mm。试验主要考察温度、pH 值、溶解氧对底泥氮磷释放的影响，见表 6-1。

三个影响因素水平的选定如下：

（1）用试验室空调调节试验温度，分别为 15 ℃、20 ℃、25 ℃、30 ℃；

（2）用 1 mol/L 的 NaOH 和 HCl 调节上覆水中的 pH 值，分别为 5.0、7.0、9.0、10.0，

pH 值用 pH 值测试仪测定。

（3）向试验筒中通入氧气或氮气，以调节上覆水中溶解氧浓度，溶解氧浓度用溶解氧分析仪测定。对模拟反应器设定 4 种溶解氧水平，分别为 2 mg/L、4 mg/L、6 mg/L、8 mg/L。

表 6-1　漳泽水库沉积物氮磷释放试验方案

| 方案编号 | T(℃) | pH 值 | DO(mg/L) | 方案编号 | T(℃) | pH 值 | DO(mg/L) |
|---|---|---|---|---|---|---|---|
| | A | B | C | | A | B | C |
| 1 | 15 | 5 | 2 | 14 | 20 | 7 | 4 |
| 2 | 15 | 9 | 6 | 15 | 20 | 7 | 6 |
| 3 | 15 | 7 | 4 | 16 | 25 | 9 | 4 |
| 4 | 15 | 10 | 8 | 17 | 25 | 7 | 6 |
| 5 | 15 | 7 | 8 | 18 | 25 | 10 | 2 |
| 6 | 20 | 5 | 6 | 19 | 25 | 5 | 8 |
| 7 | 20 | 9 | 2 | 20 | 25 | 7 | 8 |
| 8 | 20 | 7 | 8 | 21 | 30 | 9 | 8 |
| 9 | 20 | 10 | 4 | 22 | 30 | 10 | 6 |
| 10 | 20 | 5 | 8 | 23 | 30 | 5 | 4 |
| 11 | 20 | 9 | 8 | 24 | 30 | 7 | 2 |
| 12 | 20 | 10 | 8 | 25 | 30 | 7 | 8 |
| 13 | 20 | 7 | 2 | | | | |

取漳泽水库底泥上覆原水样稀释 6 倍后作为初始水样，按方案调节好 pH 值和 DO 后装入直径 100 mm、高 450 m 的玻璃装置中，装置最底部事先将新鲜的底泥装入，厚 50 mm。将装置放置在不同的温度下连续监测，每 12 h 用虹吸法于水柱中段取样，每次取样体积为 200 mL，同时用初始水样补充至刻度，以保持试验环境条件基本不变，试验于 120 h 时结束。

### 三、沉积物－水质模型介绍

根据物质守恒原理，用数学语言描述参加水循环的物质组分所发生的物理、化学、生物化学和生态学诸方面的变化、内在规律和相互关系的数学模型称之为水质模型。目前沉积物－水质模型分为三类：

（1）经验模型：如郭震远模型、YIYuan 等建立的重金属模型。这类模型的优点是计算简单，在数据有限的条件下能获得粗略结果，但模型的适应性较差，忽略了各输入条件在研究区域上的差异。

（2）概念模型：现有的大多沉积物 – 水质模型属于这一类，如 Thomas 模型、Dobbins – Camp 模型等。这类模型需要的资料相对较少，计算简单，但是由于它建立在对影响污染物迁移的颗粒物和可以运动的一般性描述的基础上，具有一定的经验性，不利于揭示沉积物污染迁移原理。

（3）机理模型：这类模型物理概念明确，能够结合颗粒物和颗粒运动导致污染物的迁移，有利于正确理解和完整描述污染物在水环境中的迁移转化过程。但模型参数较多，需要大量时间及空间分布的检测数据。

最早的模型是 Thomas 模型，是在 S – P 模型的基础上，在 DO – BOD 方程中考虑悬浮物的沉降及冲刷在悬浮的影响，其基本方程是：

$$\frac{\partial L}{\partial t} + u\frac{\partial L}{\partial x} = D\frac{\partial^2 L}{\partial x^2} - (k_1 + k_3)L \tag{6-1}$$

$$\frac{\partial O}{\partial t} + u\frac{\partial O}{\partial x} = D\frac{\partial^2 L}{\partial x^2} - (k_1 + k_3)L + k_2(O_3 - O) \tag{6-2}$$

式中：$k_3$ 为沉浮系数，它表示由于底泥沉淀、悬浮、吸附以及再悬浮等过程引起的 BOD 的变化；$L$ 为河水中 BOD 浓度；$u$ 为平均流速；$D$ 为弥散系数；$k_1$ 为耗氧系数；$k_2$ 为复氧系数；$O$ 为溶解氧浓度；$O_3$ 为饱和溶解氧浓度。

另一类模型按照污染物在水体的存在形态，将污染物分相，并考虑颗粒相污染物的迁移以及沉淀和再悬浮的影响。Parmeshwa. L. Shrestha 将水体中磷分为溶解态和颗粒态，建立了磷迁移模型，方程为：

$$\frac{\partial C_1}{\partial t} = -u\frac{\partial C_1}{\partial x} - v\frac{\partial C_1}{\partial y} + \frac{\partial}{\partial x}\left[D_x\frac{\partial C_1}{\partial x}\right] + \frac{\partial}{\partial y}\left[D_y\frac{\partial C_1}{\partial y}\right] \pm S_1 \tag{6-3}$$

式中：$u$、$v$ 为 $x$、$y$ 方向的流速；$D_x$、$D_y$ 为 $x$、$y$ 方向的扩散系数；$\pm S_1$ 为源汇项。

对于底泥释放的影响，大多数水质模型采用释放速率和转换系数。如湖泊水体中磷的迁移研究中最重要的过程就是量化底泥与水体界面磷的交换。Larsen 和 Welch 等人对 Vollenweide 模型进行了修正，使用恒定的底泥磷释放速率 $J_{int}$ 表示底泥与水体界面的磷交换，其方程为：

$$V\frac{\mathrm{d}C_p}{\mathrm{d}t} = W - QC_p - V_sAC_p + J_{int} \tag{6-4}$$

式中：$V$ 为湖泊容积；$W$ 为负荷量速率；$Q$ 为流量；$C_p$ 为总磷浓度；$V_s$ 为表面沉降速率；$A$ 为湖泊面积。

## 四、释放量计算公式

在漳泽水库试验开始之前，作者查阅了大量资料，关于氮磷释放量以及释放速率的计算，目前主要采用以下公式：

（1）金相灿等在《全国主要湖泊水库富营养化调查研究》《湖泊富营养化调查规范》中采用式(6-5)、式(6-6)计算释放量和释放强度。

$$\gamma = V(C_n - C_0) + \sum_{j=1}^{n} V_n(C_{j-1} - C_a) \tag{6-5}$$

$$R = \frac{\gamma}{tA}, \gamma' = \frac{\lambda}{A} \tag{6-6}$$

式中:$V$ 为泥样上方水的体积,L,取 $V = 1$ L;$C_n$ 为第 $n$ 次采样时水中营养盐浓度,mg/L;$C_0$ 为泥样上方水的起始营养盐浓度,mg/L;$C_a$ 为添加水样的营养盐浓度,mg/L;$n$ 为采水样的次数;$V_n$ 为每次采水样的体积;$\gamma$ 为每次采水样时的释放量,mg;$\gamma'$ 为释放强度,mg/m²;$R$ 为释放速率,mg/(m²·d);$t$ 为释放时间,d;$A$ 为与水接触的底泥面积,m²,$A = 0.013\,3$ m²。

全湖释放量按以下公式计算:

$$W = \sum_{i}^{n} \sum_{i}^{i} r_{ij} A_i \Delta T_j \times 10^{-3} \tag{6-7}$$

式中:$W$ 为全湖氮或磷的释放总量,t/a;$r_{ij}$ 为第 $i$ 湖区沉积物在 $j$ 温度下的释放速率,mg/(m²·d);$A_i$ 为 $i$ 采样点所代表的湖区面积,km²;$\Delta T_j$ 为 $j$ 温度下所代表的时间段,a。

(2)林华实在《水体沉积物中的氮磷释放规律研究》中采用公式(6-8)计算释放速率,与公式(6-5)相比,此公式多了一项气体氨氮量。

$$r = \frac{V(C_n - C_0) + \sum_{j=1}^{n} V_{j-1}(C_{j-1} - C_a) + \sum_{i=1}^{n} T(NH_3)_i}{At} \tag{6-8}$$

式中:$r$ 为释放速率,mg/(m²·d);$V$ 为柱中上覆水体积,L;$C_n$、$C_0$、$C_{j-1}$ 为第 $n$ 次、初始和第 $j-1$ 次采样时某物质含量,mg/L;$C_a$ 为添加水样中物质含量,mg/L;$V_{j-1}$ 为第 $j-1$ 次采样体积,L;$T(NH_3)_i$ 为第 $i$ 次采水样时收集器中收集的氨氮量,mg,在计算磷时没有此项;$A$ 为容器中水—沉积物接触面积,m²;$t$ 为释放时间,d。

由于不考虑 $NH_3$ 的水气界面交换,所计算的 $NH_4^+ - N$ 和 TN 为表观释放速率。

(3)林建伟、朱志良等,在《曝气复氧对富营养化水体底泥氮磷释放的影响》中采用式(6-9)计算释放量。

$$R_n = V(C_n - C_0) + \sum_{i=1}^{n} V_i C_i \tag{6-9}$$

式中:$R_n$ 为到第 $n$ 天为止底泥氮磷的释放量,mg;$V$ 为反应装置中剩余水样的体积,L;$C_i$ 为第 $i$ 次采样时氮磷的质量浓度($i = 1, 2, \cdots, n$),mg/L;$C_0$ 为初始氮磷的质量浓度,mg/L;$V_i$ 为第 $i$ 次采取的水样体积,L。

以上三个公式分别是针对不同的试验设计方案提出的,其中公式(6-5)和公式(6-8)适用于每次取样后向试验装置内添加水样以满足上覆水水位的试验方案,因此计算公式也相应考虑了添加水后泥样上方水的营养盐浓度;公式(6-9)则适用于试验装置较大,能够满足总取样量无需在每次采样后继续添加水样的试验方案。鉴于本次试验方案的设计,本试验释放量计算公式采用公式(6-5)。

# 第二节　沉积物静态条件下氮释放规律

## 一、氮释放浓度随时间变化规律

### （一）总氮释放规律

在不同的环境条件下（即温度 15 ~ 30 ℃、pH 值 5 ~ 10、DO 2 ~ 8 mg/L、初始 TN 浓度 0.4 ~ 0.9 mg/L）上覆水中总氮浓度在 120 h 的历时时间内呈明显的上升趋势,尤其是试验刚开始的 24 h 内,上覆水中 TN 浓度陡升为初始浓度的 1.2 ~ 5.1 倍,之后上覆水中 TN 浓度升高幅度逐渐减缓,释放速率也随之降低,其终止观测时刻 TN 浓度范围为 1.54 ~ 2.79 mg/L,为初始浓度的 1.9 ~ 5.1 倍。在 120 h 的历时过程中 TN 最大浓度范围为 1.79 ~ 3.12 mg/L,浓度变幅区域 1.14 ~ 2.46 mg/L,TN 最大浓度为初始浓度的 2.5 ~ 5.9 倍,其浓度特征如表 6-2 和图 6-2 所示。

从图 6-2 和图 6-3 可以看出:在既定的初设条件下,上覆水中 TN 浓度变化呈上升的趋势,主要表现为三个阶段,即试验初期 0 ~ 12 h 是上覆水中 TN 浓度变幅最大即释放速率最快的时段,究其原因是由于试验初期沉积物与上覆水中 TN 较大浓度差导致。之后的 12 ~ 60 h,是释放速率逐渐下降阶段,上覆水 TN 浓度继续上升。60 ~ 120 h 是慢速释放趋于稳定阶段,上覆水 TN 浓度缓慢上升,个别条件出现波动。试验结束时(120 h)各条件下上覆水 TN 释放速率基本稳定,均维持在 100 ~ 200 mg/(m² · d) 的范围内。这一试验结果与前人研究认为减少外源污染水质得到改善后,沉积物仍旧可以作为内部污染源维持水体污染现状是一致的。

### （二）氨氮释放规律

在不同的环境条件下（即温度 15 ~ 30 ℃、pH 值 5 ~ 10、DO 2 ~ 8 mg/L、初始浓度 0.012 ~ 0.158 mg/L）上覆水中氨氮浓度在 120 h 的历时时间内呈明显的上升趋势,尤其是试验刚开始的 12 h 内,上覆水中氨氮浓度陡升为初始浓度的 2 ~ 56 倍,其终止观测时刻氨氮浓度范围为 0.40 ~ 0.94 mg/L,历时过程中氨氮最大浓度范围为 0.47 ~ 1.01 mg/L,浓度变幅区域 0.15 ~ 0.60 mg/L,氨氮最大浓度是初始浓度的 4.6 ~ 79 倍,其浓度特征如表 6-3 和图 6-4 所示。

从图 6-4 和图 6-5 可以看出:氨氮释放与总氮释放类似,在不同的既定条件下,上覆水中氨氮浓度变化总体呈上升的趋势,主要表现为三个阶段,即试验初期 0 ~ 12 h 是浓度变化最大的时段,也是快速释放速度最快时段,究其原因是由于试验初期沉积物与上覆水中氨氮较大浓度差导致。之后 12 ~ 48 h,释放速率逐渐下降,部分条件下上覆水中氨氮浓度达到前期高点。48 ~ 120 h,慢速释放减缓基本维持稳定,多数条件下 120 h 时上覆水氨氮浓度在 0.4 ~ 0.8 mg/L 区间,释放速率维持在 65 mg/(m² · d) 附近,这与前人研究认为减少外源污染水质得到改善后,沉积物仍旧可以作为内部污染源维持水体污染现状是一致的。

表6-2　TN释放试验浓度统计

| 试验号 | $T$(℃) | pH值 | DO(mg/L) | $C_0$(mg/L) | $C_{max}$(mg/L) | 变幅区域(mg/L) | $C_{120}$(mg/L) | $M_{0.5}$(mg/L) | $\frac{C_{max}}{C_0}$ | $\frac{C_{12}}{C_0}$ | $\frac{C_{24}}{C_0}$ | $\frac{C_{36}}{C_0}$ | $\frac{C_{120}}{C_0}$ |
|---|---|---|---|---|---|---|---|---|---|---|---|---|---|
| D1 | 15 | 5 | 2 | 0.594 | 2.820 | 2.226 | 1.876 | 1.648 | 4.75 | 2.25 | 2.40 | 2.77 | 3.16 |
| D2 | 15 | 9 | 6 | 0.581 | 2.070 | 1.489 | 2.070 | 1.473 | 3.56 | 2.37 | 2.54 | 2.90 | 3.56 |
| D3 | 15 | 7 | 4 | 0.650 | 1.984 | 1.334 | 1.776 | 1.502 | 3.05 | 1.85 | 2.00 | 2.18 | 2.73 |
| D4 | 15 | 10 | 8 | 0.456 | 2.392 | 1.936 | 1.854 | 2.025 | 5.25 | 3.43 | 5.07 | 4.16 | 4.07 |
| D5 | 15 | 7 | 8 | 0.439 | 2.301 | 1.862 | 1.547 | 1.231 | 5.24 | 2.77 | 2.54 | 2.49 | 3.52 |
| D6 | 20 | 5 | 6 | 0.496 | 1.943 | 1.447 | 1.797 | 1.611 | 3.92 | 1.88 | 3.22 | 3.36 | 3.62 |
| D7 | 20 | 9 | 2 | 0.747 | 2.020 | 1.273 | 2.020 | 1.678 | 2.70 | 1.89 | 2.24 | 2.44 | 2.70 |
| D8 | 20 | 7 | 8 | 0.607 | 2.215 | 1.608 | 1.799 | 1.687 | 3.65 | 1.58 | 2.86 | 2.78 | 2.96 |
| D9 | 20 | 10 | 4 | 0.520 | 1.992 | 1.472 | 1.992 | 1.858 | 3.83 | 2.15 | 3.57 | 3.70 | 3.83 |
| D10 | 20 | 5 | 8 | 0.481 | 1.961 | 1.480 | 1.745 | 1.638 | 4.08 | 2.71 | 3.19 | 3.41 | 3.63 |
| D11 | 20 | 9 | 8 | 0.593 | 2.138 | 1.545 | 2.138 | 1.778 | 3.61 | 2.18 | 1.99 | 3.02 | 3.61 |
| D12 | 20 | 10 | 8 | 0.422 | 2.482 | 2.060 | 2.114 | 1.921 | 5.88 | 3.77 | 4.15 | 4.55 | 5.01 |
| D13 | 20 | 7 | 2 | 0.639 | 2.792 | 2.153 | 2.792 | 2.039 | 4.37 | 3.51 | 2.15 | 2.87 | 4.37 |
| D14 | 20 | 7 | 4 | 0.661 | 3.121 | 2.460 | 2.638 | 1.961 | 4.72 | 2.38 | 2.09 | 2.97 | 3.99 |
| D15 | 20 | 7 | 6 | 0.609 | 1.976 | 1.367 | 1.729 | 1.511 | 3.24 | 2.06 | 2.48 | 2.24 | 2.84 |
| D16 | 25 | 9 | 4 | 0.628 | 2.387 | 1.759 | 2.387 | 1.802 | 3.80 | 1.71 | 2.67 | 2.87 | 3.80 |
| D17 | 25 | 7 | 6 | 0.647 | 1.793 | 1.146 | 1.793 | 1.634 | 2.77 | 1.47 | 1.88 | 2.21 | 2.77 |
| D18 | 25 | 10 | 2 | 0.825 | 2.469 | 1.644 | 2.469 | 1.742 | 2.99 | 1.51 | 2.17 | 2.13 | 2.99 |
| D19 | 25 | 5 | 8 | 0.834 | 2.527 | 1.693 | 1.631 | 1.468 | 3.03 | 1.57 | 1.23 | 1.75 | 1.96 |
| D20 | 25 | 7 | 8 | 0.568 | 2.114 | 1.546 | 2.114 | 1.741 | 3.72 | 2.76 | 3.07 | 2.79 | 3.72 |
| D21 | 30 | 9 | 8 | 0.613 | 2.306 | 1.693 | 2.289 | 1.824 | 3.76 | 2.28 | 2.98 | 3.23 | 3.73 |
| D22 | 30 | 10 | 6 | 0.626 | 2.628 | 2.002 | 2.388 | 2.081 | 4.20 | 3.01 | 3.20 | 3.43 | 3.81 |
| D23 | 30 | 5 | 4 | 0.713 | 2.175 | 1.462 | 2.019 | 1.736 | 3.05 | 1.44 | 1.63 | 1.96 | 2.83 |
| D24 | 30 | 7 | 2 | 0.881 | 2.170 | 1.289 | 1.991 | 1.773 | 2.46 | 1.69 | 1.65 | 2.01 | 2.26 |
| D25 | 30 | 7 | 8 | 0.699 | 2.303 | 1.604 | 1.853 | 1.639 | 3.29 | 1.55 | 1.90 | 3.29 | 2.65 |

注：$C_0$ 为试验开始时 TN 初始浓度；$C_{max}$ 为观测时段内 TN 最大浓度；$C_N$ 为 $N$h 观测结束时 TN 浓度；$C_{120}$ 为 120 h 观测结束时 TN 浓度；$M_{0.5}$ 为观测时段内 TN 浓度中位值。

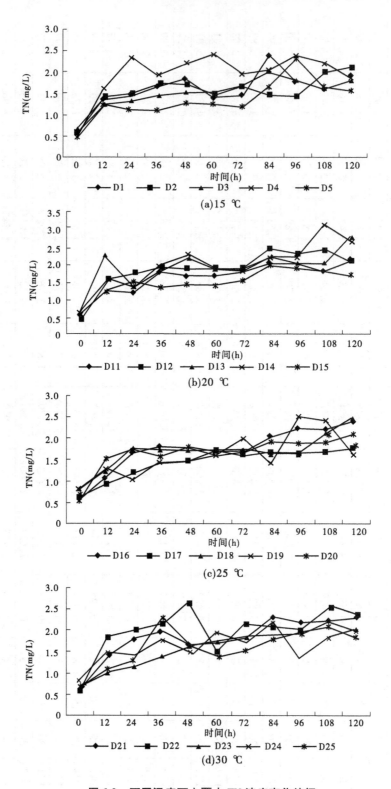

图 6-2　不同温度下上覆水 TN 浓度变化特征

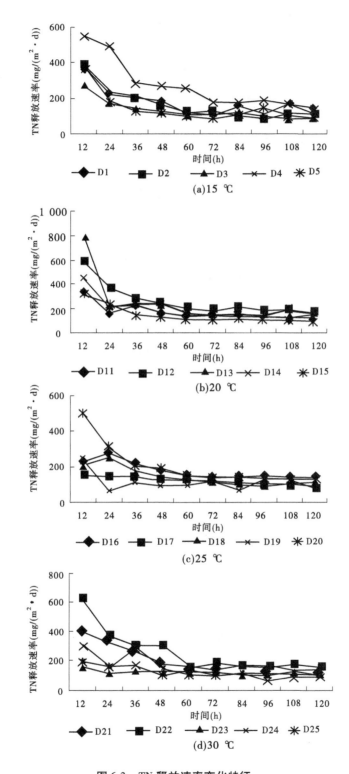

图 6-3 TN 释放速率变化特征

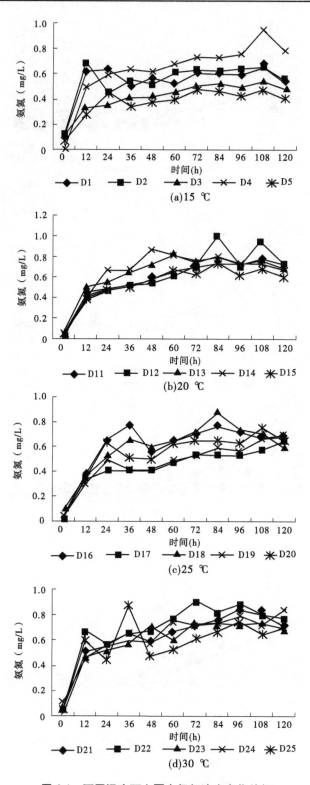

图6-4　不同温度下上覆水氨氮浓度变化特征

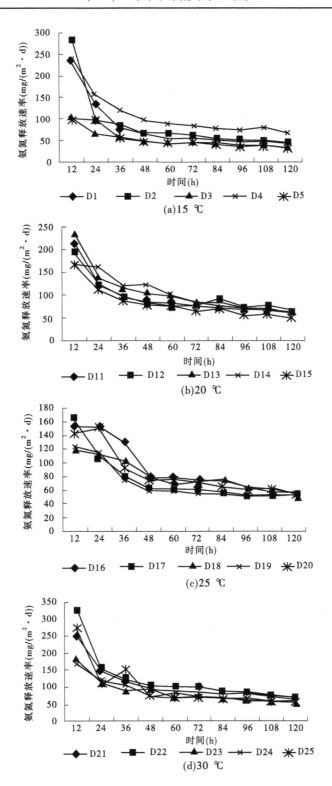

图6-5　不同温度下氨氮释放速率变化特征

表 6-3　氨氮释放试验浓度特征统计

| 试验号 | $T$ (℃) | pH值 | DO (mg/L) | $C_0$ (mg/L) | $C_{max}$占总氮 (%) | $C_{max}$ (mg/L) | $C_{max}$占总氮 (%) | 变幅区域 (mg/L) | $C_{120}$ (mg/L) | $C_{120}$占总氮 (%) | $M_{0.5}$ (mg/L) | $\dfrac{C_{max}}{C_0}$ | $\dfrac{C_{12}}{C_0}$ | $\dfrac{C_{24}}{C_0}$ | $\dfrac{C_{36}}{C_0}$ |
|---|---|---|---|---|---|---|---|---|---|---|---|---|---|---|---|
| D1 | 15 | 5 | 2 | 0.137 | 23.10 | 0.654 | 23.18 | 0.154 | 0.526 | 28.06 | 0.588 | 4.77 | 4.43 | 4.58 | 3.65 |
| D2 | 15 | 9 | 6 | 0.120 | 20.70 | 0.691 | 33.37 | 0.241 | 0.555 | 26.80 | 0.609 | 5.76 | 5.76 | 3.75 | 4.57 |
| D3 | 15 | 7 | 4 | 0.109 | 16.80 | 0.537 | 27.08 | 0.215 | 0.480 | 27.03 | 0.467 | 4.93 | 2.96 | 3.24 | 3.82 |
| D4 | 15 | 10 | 8 | 0.012 | 2.60 | 0.945 | 39.52 | 0.452 | 0.774 | 41.75 | 0.697 | 78.8 | 41.1 | 49.2 | 52.3 |
| D5 | 15 | 7 | 8 | 0.076 | 17.30 | 0.474 | 20.58 | 0.200 | 0.406 | 26.22 | 0.415 | 6.2 | 3.61 | 5.86 | 4.50 |
| D6 | 20 | 5 | 6 | 0.027 | 5.40 | 0.673 | 34.65 | 0.336 | 0.559 | 31.12 | 0.573 | 24.9 | 12.5 | 23.1 | 17.9 |
| D7 | 20 | 9 | 2 | 0.158 | 21.20 | 0.936 | 46.34 | 0.511 | 0.936 | 46.34 | 0.665 | 5.9 | 2.69 | 4.55 | 4.01 |
| D8 | 20 | 7 | 8 | 0.104 | 17.10 | 0.634 | 28.60 | 0.248 | 0.552 | 30.71 | 0.569 | 6.1 | 4.00 | 3.71 | 4.53 |
| D9 | 20 | 10 | 4 | 0.126 | 24.20 | 0.808 | 40.54 | 0.312 | 0.808 | 40.54 | 0.691 | 6.4 | 3.93 | 4.00 | 5.93 |
| D10 | 20 | 5 | 8 | 0.148 | 30.80 | 0.684 | 34.88 | 0.204 | 0.627 | 35.94 | 0.611 | 4.6 | 3.24 | 3.36 | 3.33 |
| D11 | 20 | 9 | 8 | 0.025 | 4.20 | 0.774 | 36.20 | 0.322 | 0.708 | 33.13 | 0.673 | 31.0 | 18.1 | 19.5 | 20.4 |
| D12 | 20 | 10 | 8 | 0.025 | 5.90 | 1.007 | 40.56 | 0.595 | 0.728 | 34.44 | 0.656 | 40.3 | 16.5 | 18.8 | 20.7 |
| D13 | 20 | 7 | 2 | 0.043 | 6.70 | 0.822 | 29.46 | 0.305 | 0.695 | 24.90 | 0.720 | 19.1 | 12.0 | 12.9 | 15.0 |
| D14 | 20 | 7 | 4 | 0.043 | 6.50 | 0.868 | 27.82 | 0.491 | 0.664 | 25.19 | 0.734 | 20.2 | 8.77 | 15.3 | 15.7 |
| D15 | 20 | 7 | 6 | 0.054 | 8.90 | 0.730 | 36.96 | 0.342 | 0.594 | 34.38 | 0.603 | 13.5 | 7.19 | 8.65 | 9.21 |
| D16 | 25 | 9 | 4 | 0.076 | 12.10 | 0.774 | 32.43 | 0.392 | 0.658 | 27.57 | 0.668 | 10.2 | 5.02 | 8.54 | 10.2 |
| D17 | 25 | 7 | 6 | 0.012 | 1.90 | 0.653 | 36.41 | 0.311 | 0.653 | 36.41 | 0.506 | 54.4 | 28.5 | 34.2 | 34.7 |
| D18 | 25 | 10 | 2 | 0.104 | 12.60 | 0.879 | 35.61 | 0.537 | 0.601 | 24.33 | 0.645 | 8.5 | 3.29 | 5.08 | 6.33 |
| D19 | 25 | 5 | 8 | 0.049 | 5.90 | 0.699 | 27.65 | 0.403 | 0.699 | 42.84 | 0.509 | 14.3 | 6.04 | 9.80 | 8.73 |
| D20 | 25 | 7 | 8 | 0.054 | 9.50 | 0.756 | 35.78 | 0.417 | 0.656 | 31.01 | 0.634 | 14.0 | 6.29 | 11.7 | 9.54 |
| D21 | 30 | 9 | 8 | 0.012 | 2.00 | 0.838 | 36.32 | 0.324 | 0.719 | 31.42 | 0.692 | 69.8 | 42.8 | 46.0 | 49.7 |
| D22 | 30 | 10 | 6 | 0.012 | 1.90 | 0.906 | 34.46 | 0.340 | 0.763 | 31.96 | 0.768 | 75.5 | 55.9 | 47.1 | 54.1 |
| D23 | 30 | 5 | 4 | 0.098 | 13.70 | 0.737 | 33.88 | 0.259 | 0.682 | 33.78 | 0.702 | 7.5 | 4.88 | 5.37 | 5.89 |
| D24 | 30 | 7 | 2 | 0.109 | 12.40 | 0.840 | 38.71 | 0.388 | 0.840 | 42.19 | 0.720 | 7.7 | 4.14 | 5.21 | 6.08 |
| D25 | 30 | 7 | 8 | 0.055 | 7.90 | 0.877 | 38.09 | 0.434 | 0.706 | 38.10 | 0.630 | 15.9 | 11.0 | 8.05 | 15.9 |

注:$C_0$为试验开始时氨氮初始浓度;$C_{max}$为观测时段内氨氮最大浓度;$C_{120}$为120 h观测结束时氨氮浓度;$M_{0.5}$为观测时段内氨氮浓度中位值。

### (三)总氮、氨氮释放对比

在初始浓度差大于 0.5 mg/L 和小于 0.5 mg/L 的两种情况下,对比释放试验全过程浓度特征变化,如图 6-6 所示。从图 6-6 和表 6-3 可以看出氨氮释放是沉积物氮释放的主要表现形式,尤其是试验刚开始的 12 h 内,氨氮浓度出现大幅度提升,在初始浓度仅占总氮初始浓度 30% 以下的既定条件下,改变温度、pH 值和 DO,12 h 时氨氮浓度占总氮浓度的 55% 以上,之后浓度起伏变化,但是其氨氮占总氮浓度百分比却是高居不下,试验结束 120 h 时上覆水中氨氮浓度占到总氮浓度的 65% 以上。这与前人研究一致,通常底泥间隙水中有机氮浓度比上覆水有机氮浓度高两倍以上,Boynton W,W F Hu 等称底泥中氨态氮的释放是底泥氮释放的主要形式。

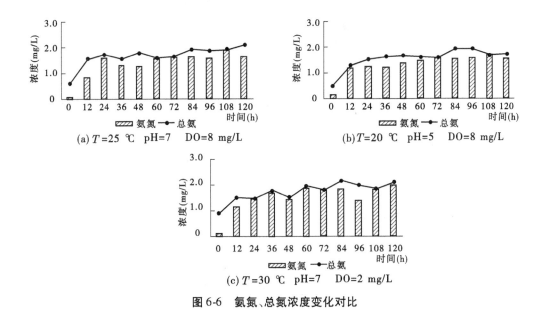

图 6-6　氨氮、总氮浓度变化对比

## 二、温度对氮释放的影响

### (一)温度对总氮释放的影响

pH 值 = 7、DO = 8.0 mg/L 和 pH 值 = 10、DO = 8.0 mg/L 的试验条件下,测试环境温度为 15 ℃、20 ℃、25 ℃、30 ℃ 时上覆水中总氮浓度和沉积物总氮释放速率如图 6-7 ~ 图 6-9 所示。

从图 6-9 可以看出:在 pH 值、DO 相同的环境条件下,温度对 TN 的释放速率和释放强度有一定的影响,即温度越高沉积物中 TN 的释放速率和释放强度均越大。从图 6-7 和图 6-8 也可以看出:在整个试验 120 h 的过程中,温度对 TN 释放的影响有一定规律但不明显,基本表现为释放试验初期,释放速率和上覆水中 TN 浓度与温度的关系不大,释放试验进行到 60 h 之后,释放速率与温度关系表现为,温度越高释放速率相对越大,试验结束时 120 h,上覆水中 TN 浓度受温度影响,即温度越高浓度越高。

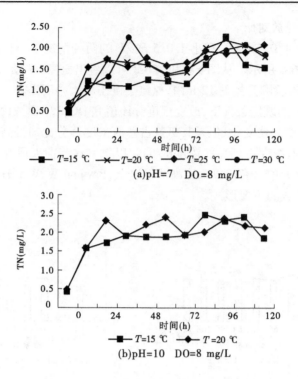

(a)pH=7　DO=8 mg/L

(b)pH=10　DO=8 mg/L

图 6-7　不同温度条件下上覆水 TN 浓度变化

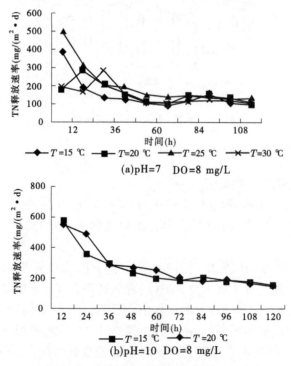

(a)pH=7　DO=8 mg/L

(b)pH=10　DO=8 mg/L

图 6-8　不同温度条件下 TN 释放速率变化

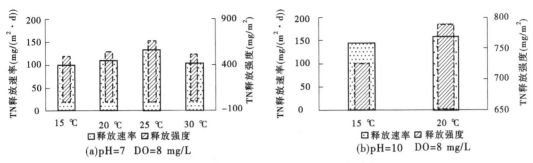

图6-9　不同温度条件下TN释放速率对比

### (二)温度对氨氮释放的影响

pH值=7、DO=8.0 mg/L和pH值=10、DO=8.0 mg/L的试验条件下,测试环境温度为15 ℃、20 ℃、25 ℃、30 ℃时上覆水中氨氮浓度和沉积物氨氮释放速率如图6-10~图6-12所示。

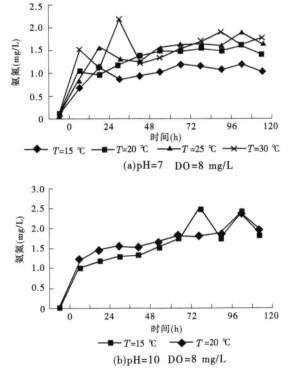

图6-10　不同温度条件下上覆水氨氮浓度变化

从图6-10~图6-12可以看出:在pH值、DO相同的环境条件下,温度对氨氮释放的影响较TN明显,即温度越高氨氮的释放速率也相对越大,0~12 h时上覆水中氨氮浓度增幅越大,即释放速率越大。在整个试验120 h的过程中,上覆水中氨氮浓度持续上升,浓度波动较TN小,48 h之后上覆水中氨氮浓度和释放速率表现为温度越高浓度越高,释放速率也越高。

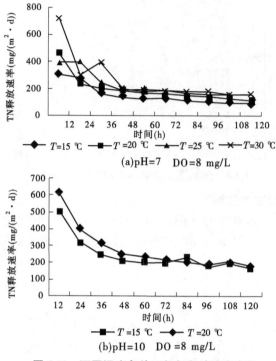

图 6-11　不同温度条件下氨氮释放速率变化

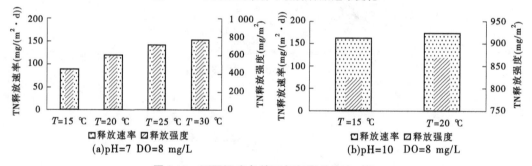

图 6-12　不同温度条件下氨氮释放速率对比

## 三、DO 对氮释放的影响

### （一）DO 对总氮释放的影响

pH 值 = 7、$T$ = 20℃ 和 pH 值 = 7、$T$ = 15 ℃ 的试验条件下，测试 DO 为 2 ~ 8 mg/L 时上覆水中 TN 浓度和沉积物 TN 释放速率，如图 6-13 ~ 图 6-15 所示。

从图 6-15 可以看出：在 pH 值、温度相同的环境条件下，DO 对总氮的释放速率和释放强度的影响与温度不同，即在好氧条件总氮的释放速率和释放强度反而低于缺氧条件下。从图 6-13 和图 6-14 也可以看出：在整个试验 120 h 的过程中，不同 DO 条件下总氮的释放大致可以概括为，整个试验过程中缺氧条件下 TN 释放速率高于好氧条件，上覆水中 TN 浓度上升幅度也较大，试验初期 DO 对释放速率的影响高于试验后期。

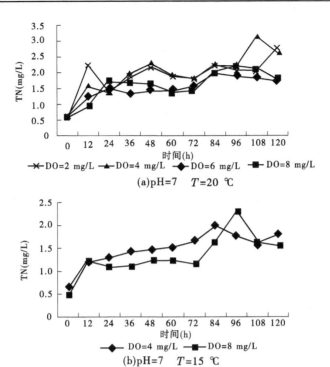

(a)pH=7　$T$=20 ℃

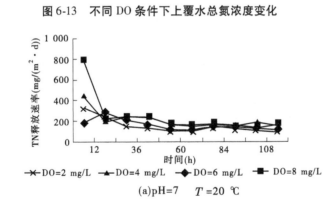

(b)pH=7　$T$=15 ℃

图 6-13　不同 DO 条件下上覆水总氮浓度变化

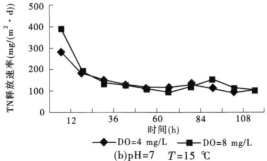

(a)pH=7　$T$=20 ℃

(b)pH=7　$T$=15 ℃

图 6-14　不同 DO 条件下总氮释放速率变化

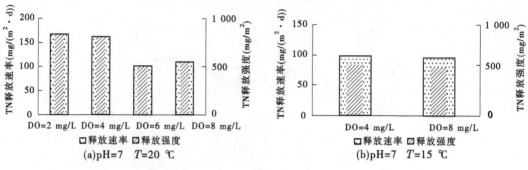

图 6-15　不同 DO 条件下总氮释放速率对比

**（二）DO 对氨氮释放的影响**

pH 值 = 7、$T$ = 20 ℃和 pH 值 = 7、$T$ = 15 ℃的试验条件下，测试 DO 为 2～8 mg/L 时上覆水中氨氮浓度和沉积物中氨氮释放速率，见图 6-16～图 6-18。

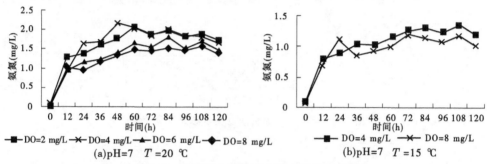

图 6-16　不同 DO 条件下上覆水氨氮浓度变化

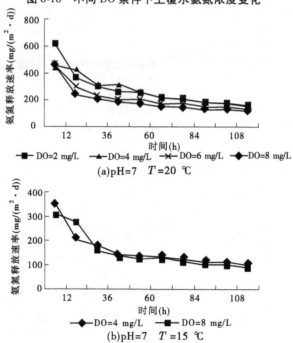

图 6-17　不同 DO 条件下氨氮释放速率变化

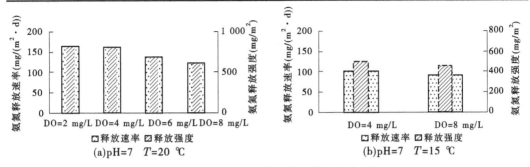

图6-18 不同DO条件下氨氮释放速率对比

从图6-18可以看出:在pH值、温度相同的环境条件下,不同DO对氨氮的释放速率和释放强度的影响与总氮基本一致,即好氧的环境中氨氮释放速率和释放强度低于厌氧环境。由图6-16和图6-17也可以看出:在整个试验120 h的过程中,不同DO条件下氨氮的释放大致可以概括为,试验初期0～12 h释放速率最高时段,DO水平越高释放速率越小,浓度增加越小;之后的12～120 h,DO水平对释放速率的影响逐渐减弱。

## 四、pH值对氮释放的影响

### (一)pH值对总氮释放的影响

DO = 8 mg/L,$T$ = 20 ℃和DO = 6 mg/L,$T$ = 20 ℃的试验条件下,测试pH值为5～10时上覆水中总氮浓度和沉积物中总氮释放速率,如图6-19～图6-21所示。

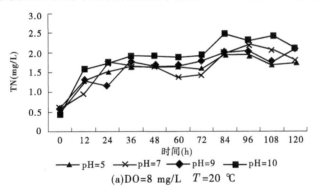

(a)DO=8 mg/L $T$=20 ℃

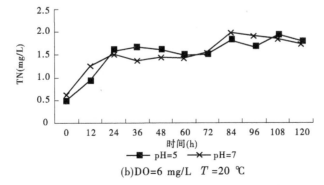

(b)DO=6 mg/L $T$=20 ℃

图6-19 不同pH值条件下上覆水中总氮浓度变化

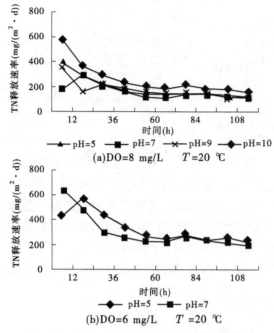

图 6-20　不同 pH 值条件下总氮释放速率变化

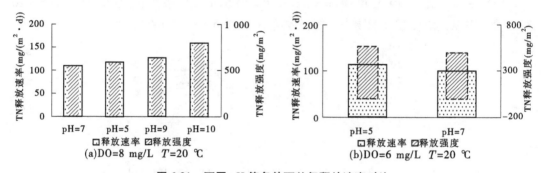

图 6-21　不同 pH 值条件下总氮释放速率对比

从图 6-21 可以看出：在 DO、温度相同的环境条件下，不同 pH 值对 TN 的释放速率和释放强度的影响与其他条件的影响不同，即酸性或碱性环境中 TN 的释放速率和释放强度均高于中性环境，碱性环境更为明显，碱度越大释放速率越大。从图 6-19 和图 6-20 也可以看出：pH 值 =10 的环境下 TN 释放高于其他环境条件，释放速率和上覆水中 TN 浓度均维持较高水平，pH 值 =5 和 pH 值 =9 的条件下 TN 释放与 pH 值 =7 的条件相差不大，但是多数时段上覆水中 TN 浓度要高于 pH 值 =7 的条件。

**（二）pH 值对氨氮释放的影响**

DO = 8 mg/L，$T = 20$ ℃ 和 DO = 6 mg/L，$T = 20$ ℃ 的试验条件下，测试 pH 值为 5 ~ 10 时上覆水中总氨氮浓度和沉积物氨氮释放速率，如图 6-22 ~ 图 6-24 所示。

从图 6-24 可以看出：在 DO、温度相同的环境条件下，不同 pH 值对氨氮的释放速率和释放强度的影响与 TN 释放类似，即酸性或碱性环境中 TN 的释放速率和释放强度均高于中性环境，碱性环境更为明显，碱度越大释放速率越大，这与水溶液中氨氮的存在形态

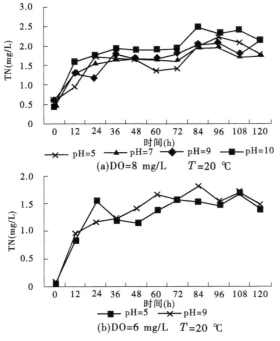

(a)DO=8 mg/L　　$T$=20 ℃

(b)DO=6 mg/L　　$T$=20 ℃

**图6-22　不同 pH 值条件下上覆水氨氮浓度变化**

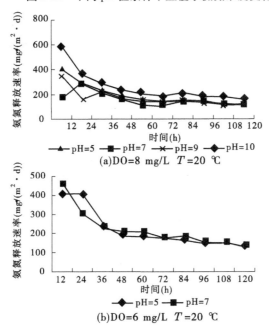

(a)DO=8 mg/L　$T$=20 ℃

(b)DO=6 mg/L　　$T$=20 ℃

**图6-23　不同 pH 值条件下氨氮释放速率变化**

相关,碱性环境离子铵($NH_4^+$)与 $OH^-$ 反应生成游离态氨,利于氨氮释放。从图6-22 和图6-23 也可以看出:pH 值 =10 的环境下氨氮释放高于其他环境条件,释放速率和上覆水中氨氮浓度均维持较高水平,pH 值 =5 和 pH 值 =9 的条件下氨氮释放与 pH 值 =7 的条件相差不大。

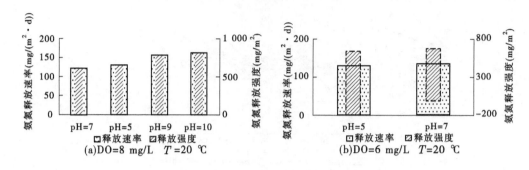

图 6-24　不同 pH 值条件下氨氮释放速率对比

## 五、小结

通过试验证明上覆水 pH 值、DO、温度环境的变化均会不同程度影响沉积物中氮的释放。

(1)随着温度的升高,沉积物中氮的释放速率和释放强度也会随之增加,但是随着释放进程的持续,释放速率受温度影响会逐渐减弱,沉积物中氮释放会维持在一个较稳定的区域。

(2)上覆水厌氧环境氮的释放速率和释放强度会明显高于好氧环境,在整个试验过程中,上覆水中氨氮浓度在厌氧环境中较好氧环境能维持较高浓度,这与好氧条件推动硝化反应有关,但是随着释放进程的持续,释放速率受 DO 影响会逐渐减弱,沉积物中氮释放会维持在一个较稳定的区域。

(3)酸性和碱性条件均有利于沉积物中氮的释放。总体来讲,弱碱性和弱酸性环境,沉积物中氮释放与中性条件相差不大,随着碱度的增加,氮的释放会明显提高,并维持在一个相对高的释放速率水平。

# 第三节　沉积物中磷释放规律分析

## 一、磷释放浓度随时间变化规律

在不同的环境条件下(即温度 15～30 ℃、pH 值 5～10、DO 2～8 mg/L、初始 TP 浓度 0.006～0.031 mg/L)上覆水中总磷浓度在120 h 的历时时间内呈明显的上升趋势,尤其是初始浓度小于 0.01 mg/L 试验瓶,试验终点上覆水中浓度提升为初始浓度的 55～80 倍。上覆水中 TP 浓度变化与 TN 略有不同,即在 120 h 的试验过程中,TP 浓度直线上升趋势更为明显,但是释放速率明显较 TN 低。

上覆水 TP 浓度变化与 TN 变化相同,即试验初期 0～12 h 是释放速率最高时段,也是上覆水中 TP 浓度上升幅度最大时段,之后上覆水中 TP 浓度升高幅度有所减缓,终止观测时刻 TP 浓度范围为 0.066～0.557 mg/L,为初始浓度的 2.5～80 倍,明显高于 TN,120 h 的历时过程中 TP 最大浓度范围为 0.066～0.579 mg/L,浓度变幅区域 0.047～0.572 mg/L,TP 最大浓度为初始浓度的 2.7～82.8 倍,其浓度特征如表 6-4 和图 6-25 所示。

表6-4　TP释放试验浓度统计

| 试验号 | $T$ (℃) | pH值 | DO (mg/L) | $C_0$ (mg/L) | $C_{max}$ (mg/L) | 变幅区域 (mg/L) | $C_{120}$ (mg/L) | $M_{0.5}$ (mg/L) | $\dfrac{C_{max}}{C_0}$ | $\dfrac{C_{12}}{C_0}$ | $\dfrac{C_{24}}{C_0}$ | $\dfrac{C_{36}}{C_0}$ | $\dfrac{C_{120}}{C_0}$ |
|---|---|---|---|---|---|---|---|---|---|---|---|---|---|
| D1 | 15 | 5 | 2 | 0.027 | 0.096 | 0.069 | 0.096 | 0.054 | 3.56 | 2.33 | 1.85 | 2.00 | 3.56 |
| D2 | 15 | 9 | 6 | 0.019 | 0.106 | 0.087 | 0.098 | 0.069 | 5.58 | 5.58 | 4.21 | 3.63 | 5.16 |
| D3 | 15 | 7 | 4 | 0.019 | 0.088 | 0.069 | 0.088 | 0.047 | 4.63 | 3.68 | 2.47 | 2.42 | 4.63 |
| D4 | 15 | 10 | 8 | 0.008 | 0.440 | 0.432 | 0.440 | 0.296 | 55.0 | 28.6 | 30.1 | 33.0 | 55.0 |
| D5 | 15 | 7 | 8 | 0.019 | 0.083 | 0.064 | 0.083 | 0.045 | 4.37 | 3.05 | 2.47 | 2.05 | 4.37 |
| D6 | 20 | 5 | 6 | 0.022 | 0.195 | 0.173 | 0.195 | 0.077 | 8.86 | 4.73 | 3.55 | 2.82 | 8.86 |
| D7 | 20 | 9 | 2 | 0.014 | 0.154 | 0.140 | 0.153 | 0.097 | 11.0 | 7.71 | 6.57 | 6.07 | 10.9 |
| D8 | 20 | 7 | 8 | 0.024 | 0.084 | 0.060 | 0.084 | 0.055 | 3.50 | 2.25 | 2.46 | 1.79 | 3.50 |
| D9 | 20 | 10 | 4 | 0.021 | 0.177 | 0.156 | 0.177 | 0.123 | 8.43 | 3.95 | 3.95 | 6.19 | 8.43 |
| D10 | 20 | 5 | 8 | 0.019 | 0.066 | 0.047 | 0.066 | 0.048 | 3.47 | 2.74 | 2.26 | 2.11 | 3.47 |
| D11 | 20 | 9 | 8 | 0.013 | 0.218 | 0.205 | 0.218 | 0.171 | 16.8 | 8.77 | 10.2 | 10.5 | 16.8 |
| D12 | 20 | 10 | 8 | 0.008 | 0.538 | 0.530 | 0.529 | 0.430 | 67.3 | 22.8 | 27.1 | 36.6 | 66.1 |
| D13 | 20 | 7 | 2 | 0.021 | 0.095 | 0.074 | 0.095 | 0.064 | 4.52 | 3.81 | 2.38 | 2.57 | 4.52 |
| D14 | 20 | 7 | 4 | 0.031 | 0.086 | 0.055 | 0.079 | 0.074 | 2.77 | 2.29 | 2.03 | 2.48 | 2.55 |
| D15 | 20 | 7 | 6 | 0.024 | 0.159 | 0.135 | 0.070 | 0.051 | 6.63 | 2.63 | 2.46 | 2.00 | 2.92 |
| D16 | 25 | 9 | 4 | 0.020 | 0.179 | 0.159 | 0.179 | 0.084 | 8.95 | 4.00 | 3.40 | 3.45 | 8.95 |
| D17 | 25 | 7 | 6 | 0.014 | 0.189 | 0.175 | 0.189 | 0.096 | 13.5 | 4.86 | 4.50 | 5.14 | 13.5 |
| D18 | 25 | 10 | 2 | 0.021 | 0.261 | 0.240 | 0.261 | 0.123 | 12.4 | 3.38 | 3.57 | 4.24 | 12.4 |
| D19 | 25 | 5 | 8 | 0.020 | 0.170 | 0.150 | 0.143 | 0.074 | 8.50 | 2.70 | 3.40 | 2.30 | 7.15 |
| D20 | 25 | 7 | 8 | 0.014 | 0.187 | 0.173 | 0.187 | 0.080 | 13.4 | 3.86 | 7.07 | 3.29 | 13.4 |
| D21 | 30 | 9 | 8 | 0.006 | 0.403 | 0.397 | 0.403 | 0.284 | 67.2 | 38.8 | 36.7 | 38.8 | 67.2 |
| D22 | 30 | 10 | 6 | 0.007 | 0.579 | 0.572 | 0.557 | 0.542 | 82.7 | 42.4 | 45.7 | 61.4 | 79.6 |
| D23 | 30 | 5 | 4 | 0.021 | 0.233 | 0.212 | 0.233 | 0.133 | 11.1 | 2.95 | 2.24 | 2.52 | 11.1 |
| D24 | 30 | 7 | 2 | 0.013 | 0.248 | 0.235 | 0.248 | 0.138 | 19.1 | 4.92 | 6.15 | 10.2 | 19.1 |
| D25 | 30 | 7 | 8 | 0.012 | 0.230 | 0.218 | 0.230 | 0.127 | 19.2 | 4.83 | 5.83 | — | 19.2 |

注：$C_0$ 为试验开始时 TP 初始浓度；$C_{max}$ 为观测时段内 TP 最大浓度；$C_{120}$ 为 120 h 观测结束时 TP 浓度；$M_{0.5}$ 为观测时段内 TP 浓度。

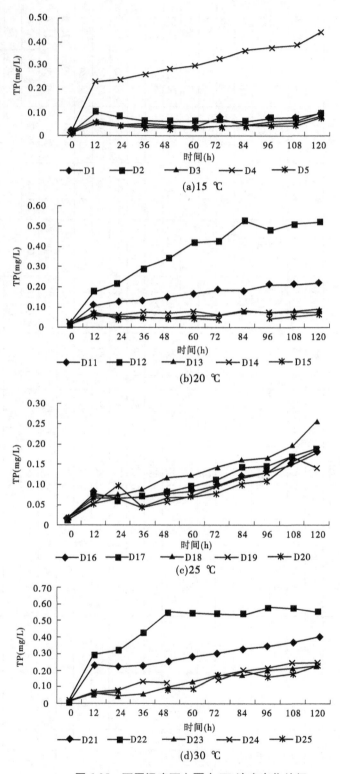

图 6-25　不同温度下上覆水 TP 浓度变化特征

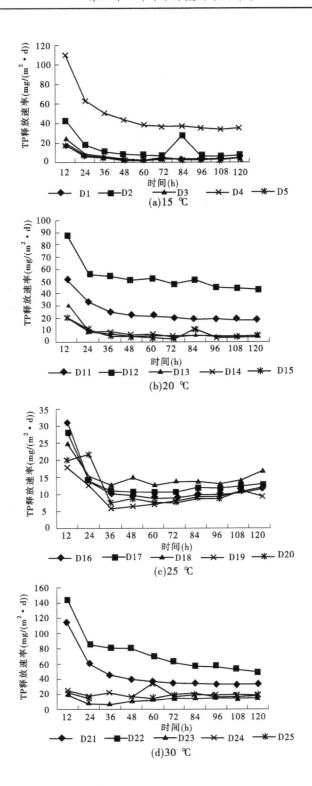

图 6-26　TP 释放速率变化特征

从图6-25和图6-26可以看出在既定的初设条件下,上覆水中TP浓度变化呈上升的趋势,主要表现为三个阶段,即试验初期0~12 h是上覆水中TP浓度变幅最大即释放速率最快的时段,究其原因是由于试验初期沉积物与上覆水中TP较大浓度差导致。之后的12~120 h,释放速率逐渐下降,上覆水TP浓度继续上升。试验结束时(120 h)各条件下上覆水TP释放速率各有不同,总体释放速率远低于TN。这一试验结果与前人研究认为减少外源污染水质得到改善后,沉积物仍旧可以作为内部污染源维持水体污染现状是一致的。

## 二、温度对磷释放的影响

pH值=7、DO=8.0 mg/L和pH值=10、DO=8.0 mg/L的试验条件下,测试环境温度为15 ℃、20 ℃、25 ℃、30 ℃时,上覆水中总氮浓度和沉积物总氮释放速率如图6-27~图6-29所示。

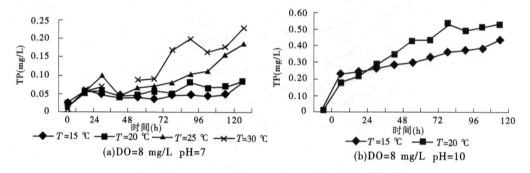

(a)DO=8 mg/L pH=7　　　　　　　　(b)DO=8 mg/L pH=10

图6-27　不同温度条件下上覆水 TP 浓度变化

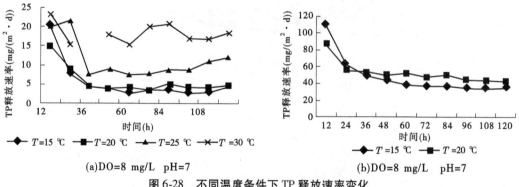

(a)DO=8 mg/L pH=7　　　　　　　　(b)DO=8 mg/L pH=7

图6-28　不同温度条件下 TP 释放速率变化

试验结果表明:在 pH 值、DO 相同的环境条件下,温度对 TP 的释放速率和释放强度有一定的影响,即温度越高沉积物中 TP 的释放速率和释放强度均越大。这结果与 Lee-Hyung Kim 的研究结果相一致。如果将 15 ℃时的释放速率设定为 1,释放速率的提高倍数与温度是线性正相关,相关系数 0.945,如图 6-30 所示,计算可得在好氧条件下,温度升高 1~5 ℃使底泥中 TP 的释放增加 4%~140%。这一试验结果与部分文献中的报道一致。ANU Liikanen 曾用试验证明,无论厌氧好氧条件,磷释放都随温度升高而增长,温度升高 1~3 ℃将使底泥中 TP 的释放增加 9%~57%。

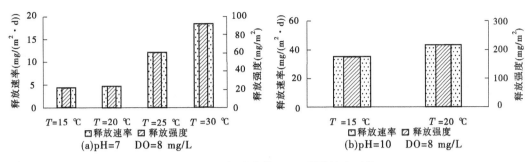

图 6-29　不同温度条件下 TP 释放速率对比

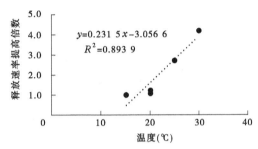

图 6-30　温度与 TP 释放速率提高倍数相关特征图

## 三、DO 对磷释放的影响

pH 值 = 7、$T$ = 20 ℃和 pH 值 = 7、$T$ = 15 ℃的试验条件下,测试 DO 为 2 ~ 8 mg/L 时上覆水中 TP 浓度和沉积物 TP 释放速率,如图 6-31 ~ 图 6-33 所示。

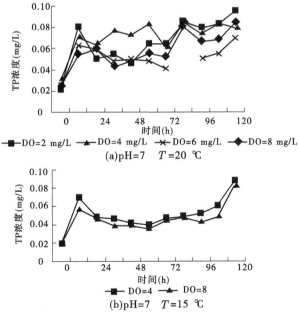

图 6-31　不同 DO 条件下上覆水 TP 浓度变化

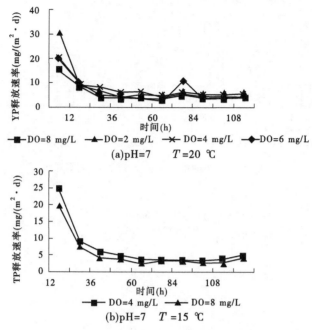

(a)pH=7    *T*=20 ℃

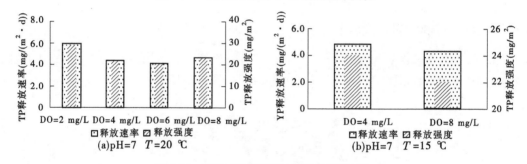

(b)pH=7    *T*=15 ℃

图 6-32　不同 DO 条件下 TP 释放速率变化

图 6-33　不同 DO 条件下 TP 释放速率对比

　　试验结果表明,在 pH 值、温度相同的环境条件下,DO 与 TP 的释放速率和释放强度负相关,即 DO 越高,沉积物中 TP 的释放速率和释放强度均越低。这一结果与前人一些研究相同,在上覆水好氧条件下沉积物氧化表面铁氧化物能限制间隙水中磷酸盐向上层扩散,在那里间隙水中 $Fe^{2+}$ 向上扩散并被氧化成 $Fe^{3+}$ 氧化物,与磷酸盐结合形成 $FePO_4$ 沉淀;当条件转变为厌氧条件时,由于 $Fe^{3+}$ 被还原,沉积物中的吸附容量减少,因而在沉积物与上覆水之间形成了磷酸盐的离子交换,促进了底泥中磷酸盐的释放。

## 四、pH 值对磷释放的影响

　　DO = 8 mg/L、*T* = 20 ℃ 和 DO = 6mg/L、*T* = 20 ℃ 的试验条件下,测试 pH 值为 5 ~ 10 时上覆水中总磷浓度和沉积物总磷释放速率,如图 6-34 ~ 图 6-36 所示。

　　图 6-35 和图 6-36 表明:上覆水为碱性和酸性条件时均有利于沉积物中磷的释放,这与前人的研究结论相符。根据不同 pH 值条件下沉积物释放试验 TP 释放速率绘制 pH 值与底泥释放速率趋势线如图 6-37 所示,pH 值与释放速率呈二次相关,相关系数为 0.928。

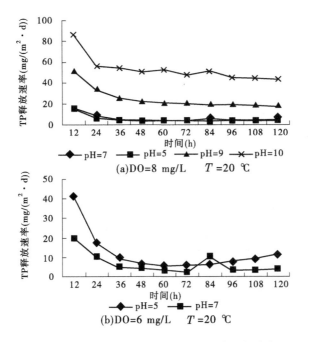

图 6-34　不同 DO 条件下 TP 释放速率对比

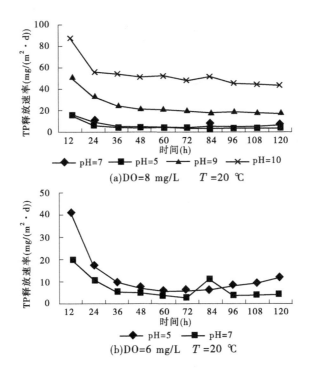

图 6-35　不同 pH 值条件下 TP 释放速率对比

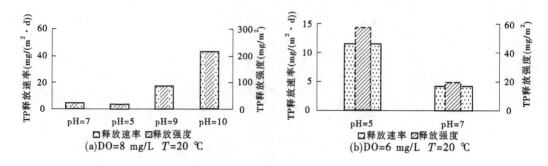

图 6-36　不同 pH 值条件下 TP 释放速率变化

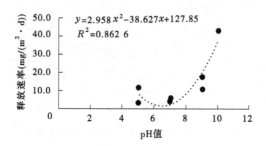

图 6-37　不同 pH 值与释放速率变化相关图

前人的一些研究也表明,在 pH 值为 7 左右时,磷以[$HPO_4^{2-}$]和[$H_2PO_4^-$]形态存在最易被吸收,降低 pH 值磷酸盐以溶解为主,铝磷最先释放,升高 pH 值以离子交换为主,即 $OH^-$ 与被束缚的磷酸盐阴离子产生竞争,使磷酸盐的释放增大。

## 五、小结

通过试验证明上覆水 pH 值、DO、温度环境的变化均会不同程度地影响沉积物中磷的释放。

(1)随着温度的升高,沉积物中磷的释放速率和释放强度也会随之增加,但是随着释放进程的持续,释放速率受温度影响会逐渐减弱,沉积物中磷释放会维持在一个较稳定的区域。

(2)上覆水厌氧环境磷的释放速率和释放强度会明显高于好氧环境,在整个试验过程中,上覆水中磷浓度在厌氧环境中维持较高浓度,这与厌氧条件时由于 $Fe^{3+}$ 被还原使沉积物中的吸附容量减少,因而在沉积物与上覆水之间形成了磷酸盐的离子交换,促进了底泥中磷酸盐的释放。

(3)酸性和碱性条件均有利于沉积物中磷的释放。主要是由于在 pH 值为 7 左右时,磷以[$HPO_4^{2-}$]和[$H_2PO_4^-$]形态存在最易被吸收,降低 pH 值磷酸盐以溶解为主,铝磷最先释放,升高 pH 值以离子交换为主,即 $OH^-$ 与被束缚的磷酸盐阴离子产生竞争,使磷酸盐的释放增大。

# 第七章　底泥氮磷释放模型建立及释放量预测

在回归分析中,如果有两个或两个以上的自变量,就称为多元回归。事实上,一种现象常常是与多个因素相联系的,由多个自变量的最优组合共同来预测或估计因变量,比只用一个自变量进行预测或估计更有效,更符合实际。因此,多元线性回归比一元线性回归的实用意义更大。

通过试验分析可知,湖库沉积物氮磷释放量受到多个因素影响,因此需进行多元线性回归分析。多元线性回归的基本原理和基本计算过程与一元线性回归相同,但由于自变量多,计算麻烦,在实际应用时需借助统计软件。

但由于各个自变量的单位可能不一样,例如释放速率的关系式中,温度($T$)、pH 值、溶解氧(DO)、初始浓度等因素都会影响释放速率,而这些影响因素(自变量)的单位显然是不同的,因此自变量前系数的大小并不能说明该因素的重要程度,简单来说,同样溶解氧(DO),如果用 mg/L 为单位就比以 μg/L 为单位所得的回归系数要小,但是它对释放的影响程度并没有变,所以需要将各个自变量单位统一。换言之,就是将所有变量包括因变量都先转化为标准分,再进行线性回归,此时得到的回归系数就能反映对应自变量的重要程度。这时的回归方程称为标准回归方程,回归系数称为标准回归系数,表示如下:

$$Z_y = \beta_1 Z \cdot 1 + \beta_2 Z \cdot 2 + \cdots + \beta_k Z \cdot k \tag{7-1}$$

由于都化成了标准分,所以就不再有常数项 a 了,因为各自变量都取平均水平时,因变量也应该取平均水平,而平均水平正好对应标准分 0,当等式两端的变量都取 0 时,常数项也就为 0 了。

多元线性回归与一元线性回归类似,可以用最小二乘法估计模型参数,也需对模型及模型参数进行统计检验。

## 第一节　模型介绍

### 一、多元线性回归模型

#### (一)建立模型
以二元线性回归模型为例,二元线性回归模型如下:

$$y_i = b_0 + b_1 x_1 + b_2 x_2 + \mu_i \tag{7-2}$$

类似的使用最小二乘法进行参数估计:

$$\sum y = n b_0 + b_1 \sum x_1 + b_2 \sum x_2$$

$$\sum x_1 y = b_0 \sum x_1 + b_1 \sum x_1^2 + b_2 \sum x_1 x_2$$

$$\sum x_2 y = b_0 \sum x_2 + b_1 \sum x_1 x_2 + b_2 \sum x_2^2$$

**（二）拟合优度指标**

标准误差是对 $y$ 值与模型估计值之间的离差的一种度量。其计算公式为：

$$SE = \sqrt{\frac{\sum (y - y')^2}{n - 3}} \tag{7-3}$$

**（三）置信范围**

置信区间的公式为：

$$置信区间 = y' \pm t_p SE \tag{7-4}$$

式中：$t_p$ 为自由度为 $n-k$ 的 $t$ 统计量数值表中的数值；$n$ 为观察值的个数；$k$ 为包括因变量在内的变量的个数。

## 二、估计方法

### （一）普通最小二乘法

普通最小二乘法（Ordinary Least Square，OLS）通过最小化误差的平方和寻找数据的最佳函数匹配。通过矩阵运算求解系数矩阵：

$$\beta' = (X^T X)^{-1} X^T y = (\sum x_i x_i^T)^{-1} (\sum x_i y_i) \tag{7-5}$$

### （二）广义最小二乘法

广义最小二乘法（Generalized Least Square）是普通最小二乘法的拓展，它允许在误差项存在异方差或自相关，或二者皆有时获得有效的系数估计值。公式如下：

$$\hat{\beta} = (X^T \Omega^{-1} X)^{-1} X^T \Omega^{-1} y \tag{7-6}$$

式中：$\Omega$ 为残差的协方差矩阵。

## 三、相关的软件

SPSS（Statistical Package for the Social Science）——社会科学统计软件包是世界著名的统计分析软件之一。20世纪60年代末，美国斯坦福大学的三位研究生研制开发了最早的统计分析软件SPSS，同时成立了SPSS公司，并于1975年在芝加哥组建了SPSS总部。20世纪80年代以前，SPSS统计软件主要应用于企事业单位。1984年SPSS总部首先推出了世界第一个统计分析软件微机版本SPSS/PC+，开创了SPSS微机系列产品的开发方向，从而确立了个人用户市场第一的地位。同时SPSS公司推行本土化策略，目前已推出9个语种版本。SPSS/PC+的推出，极大地扩充了它的应用范围，使其能很快地应用于自然科学、技术科学、社会科学的各个领域，世界上许多有影响的报刊杂志纷纷就SPSS的自动统计绘图、数据的深入分析、使用方便、功能齐全等方面给予了高度的评价与称赞。目前已经在国内逐渐流行起来。它使用Windows的窗口方式展示各种管理和分析数据方法的功能，使用对话框展示出各种功能选择项，只要掌握一定的Windows操作技能，粗通统计分析原理，就可以使用该软件为特定的科研工作服务。

SPSS for Windows是一个组合式软件包，它集数据整理、分析功能于一身。用户可以根据实际需要和计算机的功能选择模块，以降低对系统硬盘容量的要求，有利于该软件的推广应用。SPSS 的基本功能包括数据管理、统计分析、图表分析、输出管理等。SPSS 统计分析过程包括描述性统计、均值比较、一般线性模型、相关分析、回归分析、对数线性模型、聚类分析、数据简化、生存分析、时间序列分析、多重响应等几大类,每类中又分好几个统计过程,比如回归分析中又分线性回归分析、曲线估计、Logistic 回归、Probit 回归、加权估计、两阶段最小二乘法、非线性回归等多个统计过程,而且每个过程中又允许用户选择不同的方法及参数。SPSS 也有专门的绘图系统,可以根据数据绘制各种图形。

　　SPSS for Windows 的分析结果清晰、直观、易学易用,而且可以直接读取 Excel 及 DBF 数据文件,现已推广到各种操作系统的计算机上,它和 SAS、BMDP 并称为国际上最有影响的三大统计软件。和国际上几种统计分析软件比较,它的优越性更加突出。在众多用户对国际常用统计软件 SAS、BMDP、GLIM、GENSTAT、EPILOG、MiniTab 的总体印象分的统计中,其诸项功能均获得最高分。在国际学术界有条不成文的规定,即在国际学术交流中,凡是用 SPSS 软件完成的计算和统计分析,可以不必说明算法,由此可见其影响之大和信誉之高。最新的 14.0 版采用 DAA(Distributed Analysis Architechture,分布式分析系统),全面适应互联网,支持动态收集、分析数据和 HTML 格式报告,依靠诸多竞争对手。但是它很难与一般办公软件如 Office 或是 WPS2000 直接兼容,在撰写调查报告时往往要用电子表格软件及专业制图软件来重新绘制相关图表,已经遭到诸多统计学人士的批评;而且 SPSS 作为三大综合性统计软件之一,其统计分析功能与另外两个软件即 SAS 和 BMDP 相比仍有一定欠缺。

　　虽然如此,SPSS for Windows 由于其操作简单,已经在我国的社会科学、自然科学的各个领域发挥了巨大作用。该软件还可以应用于经济学、生物学、心理学、医疗卫生、体育、农业、林业、商业、金融等各个领域。

　　Matlab、SPSS、SAS 等软件都是进行多元线性回归的常用软件。

# 第二节　总氮(TN)释放强度模型建立

## 一、总氮模型建立及检验

　　根据前文试验研究,静态基于化学条件下沉积物中总氮(TN)释放强度受到温度($T$)、pH 值、溶解氧(DO)、上覆水初始浓度($C_0$)等的影响,因此可以借助 SPSS 软件建立静态条件下沉积物 TN 释放数学模型,对总氮释放试验数据进行检验。

### (一)多元线性回归模型一
　　以试验环境温度($T$)、上覆水 pH 值、溶解氧(DO)为自变量,平均释放速率($\gamma$)为因变量,建模原始数据见表 7-1,多因子回归数学模型见式(7-7),模型输入变量、模型汇总表、系数、方差检验等见表 7-2~表 7-6 和图 7-1、图 7-2。

　　数学模型一:
$$\gamma_{TN} = 76.46 - 0.145[T] + 6.761[pH] - 0.568[DO] \qquad (7-7)$$
　　模型相关系数:$R = 0.507$。
式中:$\gamma_{TN}$ 为总氮(TN)的平均释放速率,mg/(m$^2$·d)。

表 7-1　总氮(TN)建模试验数据

| 试验组号 | 自变量 | | | 因变量 |
|---|---|---|---|---|
| | $T(℃)$ | pH 值 | DO(mg/L) | 平均释放速率 $\gamma_{TN}(mg/(m^2 \cdot d))$ |
| D1 | 15 | 5 | 2 | 117 |
| D2 | 15 | 9 | 6 | 119 |
| D3 | 15 | 7 | 4 | 97 |
| D4 | 15 | 10 | 8 | 144 |
| D5 | 15 | 7 | 8 | 99 |
| D6 | 20 | 5 | 6 | 114 |
| D7 | 20 | 9 | 2 | 107 |
| D8 | 20 | 7 | 8 | 108 |
| D9 | 20 | 10 | 4 | 130 |
| D10 | 20 | 5 | 8 | 117 |
| D11 | 20 | 9 | 8 | 127 |
| D12 | 20 | 10 | 8 | 157 |
| D13 | 20 | 7 | 2 | 168 |
| D14 | 20 | 7 | 4 | 162 |
| D15 | 20 | 7 | 6 | 100 |
| D16 | 25 | 9 | 4 | 141 |
| D17 | 25 | 7 | 6 | 96 |
| D18 | 25 | 10 | 2 | 123 |
| D19 | 25 | 5 | 8 | 79 |
| D20 | 25 | 7 | 8 | 131 |
| D21 | 30 | 9 | 8 | 143 |
| D22 | 30 | 10 | 6 | 156 |
| D23 | 30 | 5 | 4 | 107 |
| D24 | 30 | 7 | 2 | 93 |
| D25 | 30 | 7 | 8 | 102 |

模型方差检验:假设显著性水平 $a = 0.05$ 时(即 $1-a = 95\%$),自变量 $m = 3$,样本 $n = 25$,则自由度(df)为 $(m, n-m-1) = (3, 21)$。由 $F$ 检验临界值表($\alpha = 0.05(a)$)查得 $F_{0.05}(3, 21) = 3.073$,如表 7-4 方差检验 $F = 2.426 < 3.073$,概率 $P = 0.094 > 0.05$,说明方程回归不显著,不宜作外推预测。

由表 7-2 自变量 DO,pH 值,$T$ 全部输入模型。

表 7-2 输入/移去的变量

| 模型 | 输入的变量 | 移去的变量 | 方法 |
|---|---|---|---|
| 1 | DO,$T$,pH 值 | . | 输入 |

注:已输入所有请求的变量。

表 7-3 模型汇总显示模型的拟合情况。从表可以看出,模型的复相关系数($R$)为 0.507,方差判定系数为 0.257,调整方差判定系数为 0.151,估计值的标准误差为 22.027,Durbin-Watson 检验统计量为 1.455,当 DW<2 时说明残差不独立。

表 7-3 模型汇总

| 模型 | $R$ | $R_方$ | 调整 $R_方$ | 标准估计的误差 | 更改统计量 | | | | | Durbin-Watson |
|---|---|---|---|---|---|---|---|---|---|---|
| | | | | | $R_方$ 更改 | $F$ 更改 | $df_1$ | $df_2$ | $P$ 更改 | |
| 1 | 0.507 | 0.257 | 0.151 | 22.027 | 0.257 | 2.426 | 3 | 21 | 0.094 | 1.455 |

注:预测变量:(常量),DO,$T$,pH 值;因变量:$\gamma_{TN}$。

表 7-4 为方差分析表,该表显示模型的方差分析结果。从表中可以看出,模型的 $F$ 统计量的观察值为 2.426,概率 $P$ 值为 0.094,在显著性水平 0.05 的情形下,认为因变量 TN 的平均释放速率($\gamma_{TN}$)与温度 T、pH 值、DO 之间没有明显的线性关系。由此得知模型拟合不好,方差 $F$ 检验通不过,不宜用此模型作外推预测。

表 7-4 TN 释放速率多元线性回归方差分析

| 模型 | | 平方和 | df | 均方 | $F$ | $P$ |
|---|---|---|---|---|---|---|
| 1 | 回归 | 3 530.975 | 3 | 1 176.992 | 2.426 | 0.094 |
| | 残差 | 10 189.265 | 21 | 485.203 | | |
| | 总计 | 13 720.240 | 24 | | | |

注:预测变量:(常量),DO,$T$,pH 值;因变量:$\gamma_{TN}$。

表 7-5 为多元线性回归的系数列表。表中显示了模型的偏回归系数($B$)、标准误差、标准化偏回归系数、回归系数检验的 $t$ 统计量观测值和相应的概率值 $P$、$B$ 的 95.0% 置信区间、共线性统计量显示了变量的容差、方差膨胀因子(VIF)。根据容差发现,自变量间共线性问题不显著;VIF 值为 1.000,也可以说明共性不明显,样本容量满足建模要求。

表 7-5 TN 释放速率多元线性回归系数

| 模型 | | 非标准化系数 | | 标准系数 | $t$ | $P$ | B 的 95.0% 置信区间 | | 相关性 | | | 共线性统计量 | |
|---|---|---|---|---|---|---|---|---|---|---|---|---|---|
| | | $B$ | 标准误差 | 试用版 | | | 下限 | 上限 | 零阶 | 偏 | 部分 | 容差 | VIF |
| 1 | (常量) | 76.46 | 29.348 | | 2.605 | 0.017 | 15.427 | 137.494 | | | | | |
| | $T$ | -0.145 | 0.864 | -0.031 | -0.167 | 0.869 | -1.941 | 1.652 | -0.031 | -0.037 | -0.031 | 1.000 | 1.000 |
| | pH 值 | 6.761 | 2.527 | 0.503 | 2.676 | 0.014 | 1.506 | 12.015 | 0.503 | 0.504 | 0.503 | 1.000 | 1.000 |
| | DO | -0.568 | 1.889 | -0.057 | -0.301 | 0.767 | -4.496 | 3.360 | -0.057 | -0.065 | -0.057 | 1.000 | 1.000 |

注:因变量:$\gamma_{TN}$。

表 7-6　残差统计量

| 项目 | 极小值 | 极大值 | 均值 | 标准偏差 | $n$ |
|---|---|---|---|---|---|
| 预测值 | 102.11 | 139.31 | 121.48 | 12.129 | 25 |
| 标准预测值 | −1.597 | 1.470 | 0.000 | 1.000 | 25 |
| 预测值的标准误差 | 5.026 | 12.057 | 8.631 | 1.807 | 25 |
| 调整的预测值 | 99.77 | 144.05 | 121.51 | 12.749 | 25 |
| 残差 | −26.277 | 48.244 | 0.000 | 20.605 | 25 |
| 标准残差 | −1.193 | 2.190 | 0.000 | 0.935 | 25 |
| Cook 的距离 | 0.001 | 0.240 | 0.044 | 0.053 | 25 |
| 居中杠杆值 | 0.012 | 0.260 | 0.120 | 0.063 | 25 |

注：因变量：$\gamma_{TN}$。

由表 7-6 残差统计量表可知：标准残差的绝对值为 1.193，没超过默认值 3，不能发现奇异值。

图 7-1 为回归标准化残差的直方图，正态曲线也被显示在直方图上，用以判断标准化残差是否呈正态分布。由于样本容量 25 个，所以只能大概判断其呈正态分布。

图 7-2 为回归标准化残差的概率图，给出了观测值的残差分布与假设的正态分布的比较，由图可知标准化残差散点分布靠近直线，因而可判断总氮（TN）释放速率模型标准残差呈正态分布。

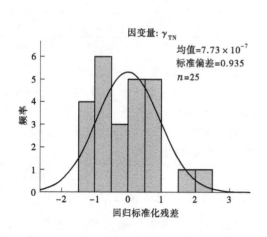

图 7-1　总氮（TN）回归标准化残差直方图　　图 7-2　总氮（TN）回归标准化残差的概率图

## （二）多元线性回归模型二

将释放试验的初始浓度值（$C_0$）引入模型，自变量为温度（$T$）、pH 值、溶解氧（DO），因变量为总氮（TN）的平均释放速率（$\gamma_{TN}$），建模原始数据如表 7-7 所示。则多因子线性回归数学模型如式（7-8）所示，模型输入变量、汇总表、系数、方差检验等如表 7-8～表 7-13

和图 7-3、图 7-4 所示。

### 表 7-7　总氮(TN)建模原始数据表

| 试验组号 | 自变量 | | | | 因变量 |
|---|---|---|---|---|---|
| | $T(℃)$ | pH 值 | DO( mg/L) | 初始浓度 $C_0$( mg/L) | 平均释放速率 $\gamma_{TN}$( mg/( m$^2$·d) ) |
| D1 | 15 | 5 | 2 | 0.594 | 117 |
| D2 | 15 | 9 | 6 | 0.581 | 119 |
| D3 | 15 | 7 | 4 | 0.650 | 97 |
| D4 | 15 | 10 | 8 | 0.456 | 144 |
| D5 | 15 | 7 | 8 | 0.439 | 99 |
| D6 | 20 | 5 | 6 | 0.496 | 114 |
| D7 | 20 | 9 | 2 | 0.747 | 107 |
| D8 | 20 | 7 | 8 | 0.607 | 108 |
| D9 | 20 | 10 | 4 | 0.520 | 130 |
| D10 | 20 | 5 | 8 | 0.481 | 117 |
| D11 | 20 | 9 | 8 | 0.593 | 127 |
| D12 | 20 | 10 | 8 | 0.422 | 157 |
| D13 | 20 | 7 | 2 | 0.639 | 168 |
| D14 | 20 | 7 | 4 | 0.661 | 162 |
| D15 | 20 | 7 | 6 | 0.609 | 100 |
| D16 | 25 | 9 | 4 | 0.628 | 141 |
| D17 | 25 | 7 | 6 | 0.647 | 96 |
| D18 | 25 | 10 | 2 | 0.825 | 123 |
| D19 | 25 | 5 | 8 | 0.834 | 79 |
| D20 | 25 | 7 | 8 | 0.568 | 131 |
| D21 | 30 | 9 | 8 | 0.613 | 143 |
| D22 | 30 | 10 | 6 | 0.626 | 156 |
| D23 | 30 | 5 | 4 | 0.713 | 107 |
| D24 | 30 | 7 | 2 | 0.881 | 93 |
| D25 | 30 | 7 | 8 | 0.699 | 102 |

数学模型二：

$$\gamma_{TN} = 160.427 + 1.758[T] + 5.402[pH] - 4.408[DO] - 151.301[C_0] \qquad (7-8)$$

模型相关系数：$R = 0.705$。

式中：$\gamma_{TN}$ 为 TN 平均释放速率，$mg/(m^2 \cdot d)$。

模型方差检验：假设显著性水平 $a = 0.05$ 时，自变量 $m = 4$，样本 $n = 25$，则自由度（df）为 $(m, n-m-1) = (4, 20)$，）由 $F$ 检验临界值表（$\alpha = 0.05(a)$）查得 $F_{0.05}(4, 20) = 2.866$，方差检验 $F = 4.943 > 2.866$，由表 7-10 概率 $P = 0.006 < 0.05$，说明线性回归方程显著。

表 7-8　输入/移去的变量

| 模型 | 输入的变量 | 移去的变量 | 方法 |
|---|---|---|---|
| 1 | $C_0$, pH 值, $T$, DO | . | 输入 |

注：已输入所有请求的变量。

由表 7-8 自变量 $C_0$, pH 值, $T$, DO 全部输入模型。

表 7-9 模型汇总显示模型的拟合情况。从表中可以看出，模型的复相关系数（$R$）为 0.705，判定系数为 0.497，调整判定系数为 0.397，估计值的标准误差为 18.573，Durbin-Watson 检验统计量为 1.452，当 DW<2 时说明残差不独立。

表 7-9　TN 释放速率多元线性回归模型汇总

| 模型 | $R$ | $R_方$ | 调整 $R_方$ | 标准估计的误差 | 更改统计量 | | | | | Durbin-Watson |
|---|---|---|---|---|---|---|---|---|---|---|
| | | | | | $R_方$ 更改 | $F$ 更改 | $df_1$ | $df_2$ | $P$ 更改 | |
| 1 | 0.705 | 0.497 | 0.397 | 18.573 | 0.497 | 4.943 | 4 | 20 | 0.006 | 1.452 |

注：预测变量：（常量），$C_0$, pH 值, $T$, DO；因变量：$\gamma_{TN}$。

表 7-10 为方差分析表，该表显示模型的方差分析结果。从表中可以看出，模型的 $F$ 统计量的观察值为 4.943，概率 $P$ 值为 0.006，在显著性水平 0.05 的情形下，可以认为：因变量 TN 的平均释放速率（$\gamma_{TN}$）与温度 $T$、pH 值、DO、$C_0$ 之间有线性关系。

表 7-10　TN 释放速率多元线性回归方差分析

| 模型 | | 平方和 | df | 均方 | $F$ | $P$ |
|---|---|---|---|---|---|---|
| 1 | 回归 | 6 820.930 | 4 | 1 705.232 | 4.943 | 0.006 |
| | 残差 | 6 899.310 | 20 | 344.966 | | |
| | 总计 | 13 720.240 | 24 | | | |

注：预测变量：（常量），$C_0$, pH 值, $T$, DO；因变量：$\gamma_{TN}$。

表 7-11 为多元线性回归的系数列表。表中显示了模型的偏回归系数（$B$）、标准误差、标准化偏回归系数、回归系数检验的 $t$ 统计量观测值和相应的概率值 $P$、$B$ 的 95.0% 置信区间、共线性统计量显示了变量的容差、和方差膨胀因子（VIF）。根据容差发现，自变量间共线性问题不突出；VIF 最大值 2.367，也可以说明共性不明显，样本容量基本满足建模要求。

表 7-11　TN 释放速率多元线性回归系数

| 模型 | | 非标准化系数 | | 标准系数 | $t$ | $P$ | $B$ 的 95.0% 置信区间 | | 相关性 | | | 共线性统计量 | |
|---|---|---|---|---|---|---|---|---|---|---|---|---|---|
| | | $B$ | 标准误差 | 试用版 | | | 下限 | 上限 | 零阶 | 偏 | 部分 | 容差 | VIF |
| 1 | 常量 | 160.427 | 36.765 | | 4.364 | 0.000 | 83.737 | 237.117 | | | | | |
| | $T$ | 1.758 | 0.954 | 0.383 | 1.842 | 0.080 | −0.232 | 3.748 | −0.031 | 0.381 | 0.292 | 0.583 | 1.715 |
| | pH 值 | 5.402 | 2.175 | 0.402 | 2.483 | 0.022 | 0.864 | 9.940 | 0.503 | 0.485 | 0.394 | 0.959 | 1.043 |
| | DO | −4.408 | 2.021 | −0.439 | −2.182 | 0.041 | −8.624 | −0.193 | −0.057 | −0.438 | −0.346 | 0.621 | 1.610 |
| | $C_0$ | −151.301 | 48.993 | −0.753 | −3.088 | 0.006 | −253.498 | −49.103 | −0.374 | −0.568 | −0.490 | 0.422 | 2.367 |

注:因变量:$\gamma_{TN}$。

　　共线性诊断采用的是"特征值"的方式,特征值主要用来刻画自变量的方差,由表 7-12的特征值 4.765,其余依次迅速减小,从方差比例可以看出:没有一个特征值能够解释全部变量,所以自变量之间存在共线性较弱。前面的结论进一步得到了论证。

表 7-12　共线性诊断

| 模型 | 维数 | 特征值 | 条件索引 | 方差比例 | | | | |
|---|---|---|---|---|---|---|---|---|
| | | | | （常量） | $T$ | pH 值 | DO | $C_0$ |
| 1 | 1 | 4.765 | 1.000 | 0.00 | 0.00 | 0.00 | 0.00 | 0.00 |
| | 2 | 0.151 | 5.615 | 0.00 | 0.01 | 0.00 | 0.46 | 0.02 |
| | 3 | 0.056 | 9.188 | 0.00 | 0.12 | 0.57 | 0.04 | 0.02 |
| | 4 | 0.022 | 14.845 | 0.12 | 0.66 | 0.18 | 0.01 | 0.13 |
| | 5 | 0.006 | 27.785 | 0.88 | 0.21 | 0.24 | 0.49 | 0.84 |

注:因变量:$\gamma_{TN}$。

表 7-13　残差统计量

| 项目 | 极小值 | 极大值 | 均值 | 标准偏差 | $n$ |
|---|---|---|---|---|---|
| 预测值 | 69.92 | 153.29 | 121.48 | 16.858 | 25 |
| 标准预测值 | −3.058 | 1.887 | 0.000 | 1.000 | 25 |
| 预测值的标准误差 | 4.326 | 13.133 | 8.085 | 1.941 | 25 |
| 调整的预测值 | 60.85 | 159.25 | 121.41 | 17.962 | 25 |
| 残差 | −23.916 | 46.251 | 0.000 | 16.955 | 25 |
| 标准残差 | −1.288 | 2.490 | 0.000 | 0.913 | 25 |

续表 7-13

| 项目 | 极小值 | 极大值 | 均值 | 标准偏差 | $n$ |
|---|---|---|---|---|---|
| Student 化残差 | −1.416 | 2.585 | 0.001 | 0.990 | 25 |
| 已删除的残差 | −29.245 | 49.851 | 0.065 | 20.061 | 25 |
| Student 化已删除的残差 | −1.455 | 3.088 | 0.030 | 1.085 | 25 |
| Mahal 距离 | 0.342 | 11.039 | 3.840 | 2.251 | 25 |
| Cook 的距离 | 0.000 | 0.223 | 0.036 | 0.052 | 25 |
| 居中杠杆值 | 0.014 | 0.460 | 0.160 | 0.094 | 25 |

注:因变量:$\gamma_{TN}$。

由表 7-13 残差统计量表可知:标准残差的绝对值为 1.288,没超过默认值 3,不能发现奇异值。

图 7-3 为总氮回归标准化残差的直方图,正态曲线也被显示在直方图上,用以判断标准化残差是否呈正态分布。由于样本容量只有 25 个,所以只能大概判断其呈正态分布。

图 7-4 为总氮回归标准化残差的概率图,给出了观测值的残差分布与假设的正态分布的比较,由图可知标准化残差散点分布靠近直线,因而可判断总氮(TN)释放速率模型标准残差呈正态分布。

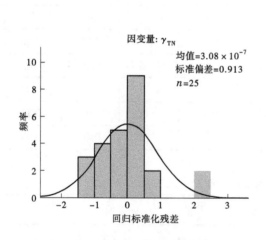

图 7-3　总氮(TN)回归标准化残差直方图　　　图 7-4　总氮(TN)回归标准化残差的概率图

## 二、总氮模型拟合及预测

### (一)模型拟合

对所建的总氮多元线性回归模型一式(7-7)和模型二式(7-8)进行拟合计算,模型一拟合最大残差 48.2,模型二拟合最大残差 46.3,模型二拟合优于模型一。拟合结果如表 7-14 和图 7-5、图 7-6 所示。

### 表 7-14　总氮(TN)平均释放速率($\gamma_{TN}$)多元线性回归模型拟合结果

| 试验组号 | 模型一:自变量($T$、pH 值、DO),因变量($\gamma_{TN}$) | | | 模型二:自变量($C_0$、$T$、pH 值、DO),因变量($\gamma_{TN}$) | | |
|---|---|---|---|---|---|---|
| | 试验值 $\gamma_{TN}$ [mg/(m²·d)] | 拟合值 $\gamma_{TN}$ [mg/(m²·d)] | 残差 | 试验值 $\gamma_{TN}$ [mg/(m²·d)] | 拟合值 $\gamma_{TN}$ [mg/(m²·d)] | 残差 |
| D1 | 117 | 107.0 | 10.0 | 117 | 115.1 | 1.9 |
| D2 | 119 | 131.7 | −12.7 | 119 | 121.1 | −2.1 |
| D3 | 97 | 119.3 | −22.3 | 97 | 108.6 | −11.6 |
| D4 | 144 | 137.4 | 6.6 | 144 | 136.6 | 7.4 |
| D5 | 99 | 117.1 | −18.1 | 99 | 122.9 | −23.9 |
| D6 | 114 | 104.0 | 10.0 | 114 | 121.1 | −7.1 |
| D7 | 107 | 133.3 | −26.3 | 107 | 122.4 | −15.4 |
| D8 | 108 | 116.4 | −8.4 | 108 | 106.3 | 1.7 |
| D9 | 130 | 138.9 | −8.9 | 130 | 153.3 | −23.3 |
| D10 | 117 | 102.8 | 14.2 | 117 | 114.5 | 2.5 |
| D11 | 127 | 129.9 | −2.9 | 127 | 119.2 | 7.8 |
| D12 | 157 | 136.6 | 20.4 | 157 | 150.5 | 6.5 |
| D13 | 168 | 119.8 | 48.2 | 168 | 127.9 | 40.1 |
| D14 | 162 | 118.6 | 43.4 | 162 | 115.7 | 46.3 |
| D15 | 100 | 117.5 | −17.5 | 100 | 114.8 | −14.8 |
| D16 | 141 | 131.4 | 9.6 | 141 | 140.3 | 0.7 |
| D17 | 96 | 116.8 | −20.8 | 96 | 117.8 | −21.8 |
| D18 | 123 | 139.3 | −16.3 | 123 | 124.7 | −1.7 |
| D19 | 79 | 102.1 | −23.1 | 79 | 69.9 | 9.1 |
| D20 | 131 | 115.6 | 15.4 | 131 | 121.0 | 10.0 |
| D21 | 143 | 128.4 | 14.6 | 143 | 133.8 | 9.2 |
| D22 | 156 | 136.3 | 19.7 | 156 | 146.0 | 10.0 |
| D23 | 107 | 103.7 | 3.3 | 107 | 114.7 | −7.7 |
| D24 | 93 | 118.3 | −25.3 | 93 | 108.9 | −15.9 |
| D25 | 102 | 114.9 | −12.9 | 102 | 109.9 | −7.9 |

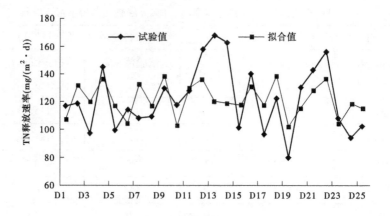

图 7-5　TN 模型一拟合曲线

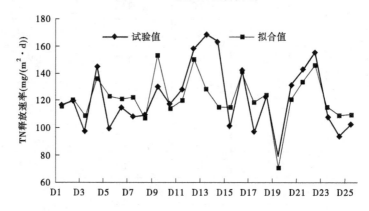

图 7-6　TN 模型二拟合曲线

## (二) 模型外推预测

分别采用总氮(TN)模型一和模型二进行外推预测,漳泽水库底泥总氮(TN)年释放量按下式计算:

$$W = \sum R_i \Delta T_i A, \qquad (7\text{-}9)$$

式中:$W$ 为湖库氮释放量,t;$R_i$ 为第 $i$ 种条件下氮释放速率,mg/(m²·d);$\Delta T_i$ 为第 $i$ 种条件所代表的时间段,d;$A$ 为湖库水面面积,m²。

2018 年监测数据显示,漳泽水库上覆水水温年波动范围为 3~29 ℃,pH 值波动范围为 7.3~8.0,DO 波动范围为 2.2~10 mg/L,上覆水总氮浓度波动范围为 0.8 ~2.6 mg/L。以实测数据为基础,预测 2018 年漳泽水库沉积物中 TN 的月平均释放速率 $\gamma_{TN}$ 和释放量 $W$,见表 7-15。

从表 7-15 可以看出,如采用模型一,漳泽水库沉积物 TN 表现为全年释放反应,合计释放量为 735.71 t。如采用模型二,1 月和 5 月,漳泽水库表现为释放反应,合计释放量 32.73 t;其余月份,表现为沉淀、吸附反应,吸附量 575.7 t,全年合计吸附量 542.97 t。

表 7-15　2018 年沉积物中 TN 释放量预测

| 月份 | $\Delta T_i$（天） | $T$（℃） | pH 值 | DO（mg/L） | $C_0$（mg/L） | 模型一 | | 模型二 | |
| --- | --- | --- | --- | --- | --- | --- | --- | --- | --- |
| | | | | | | $R_1$ [mg/(m²·d)] | $W_1$(t) | $R_2$ [mg/(m²·d)] | $W_2$(t) |
| 1 | 31 | 3.1 | 7.82 | 8.7 | 0.833 | 123.94 | 63.32 | 43.74 | 22.34 |
| 2 | 28 | 5.4 | 7.85 | 8.22 | 2.340 | 124.08 | 57.26 | −177.95 | −82.11 |
| 3 | 31 | 7.7 | 7.85 | 9.59 | 2.580 | 122.97 | 62.82 | −216.26 | −110.48 |
| 4 | 30 | 12.3 | 7.57 | 9.27 | 2.170 | 120.60 | 59.62 | −146.24 | −72.30 |
| 5 | 31 | 19.3 | 7.39 | 4.6 | 1.280 | 121.02 | 61.83 | 20.34 | 10.39 |
| 6 | 30 | 22.4 | 7.41 | 8.1 | 1.780 | 118.72 | 58.69 | −65.19 | −32.23 |
| 7 | 31 | 26.0 | 7.36 | 2.23 | 1.770 | 121.19 | 61.91 | −31.74 | −16.21 |
| 8 | 31 | 28.9 | 7.61 | 3.95 | 1.870 | 121.49 | 62.06 | −48.00 | −24.52 |
| 9 | 30 | 24.8 | 7.91 | 3.11 | 2.320 | 124.58 | 61.59 | −117.97 | −58.33 |
| 10 | 31 | 16.7 | 7.58 | 3.6 | 2.100 | 123.25 | 62.96 | −102.87 | −52.55 |
| 11 | 30 | 10.03 | 7.81 | 7.01 | 1.950 | 123.83 | 61.22 | −105.69 | −52.25 |
| 12 | 31 | 4.14 | 7.68 | 9.93 | 2.060 | 122.15 | 62.40 | −146.26 | −74.72 |
| 合计/平均 | 365 | 15.06 | 7.65 | 6.53 | 1.943 | | 735.71 | | −542.97 |

**（三）合理性验证**

由于拟合过程引入了初始浓度 $C_0$，模型二外推预测 TN 释放量与模型一存在较大差别。为验证其合理性，本书对比了外源污染调查、库区浓度变化、蓄水量变化以及下泄流量等监测数据。

通过调查显示，漳泽水库 2018 年渗漏量和下泄流量总计 1.25 亿 m³，2018 年底蓄水量为 8 487 万 m³，较 2017 年底减少 3 677 万 m³。库区代表断面总氮平均浓度由 2017 年的 2.10 mg/L 降至 2018 年的 1.67 mg/L。外部点源污染量 326 t/a，面源污染量 2 200 t/a。

考虑到面源污染中总氮以颗粒物携带为主，多在进入水库后先行沉淀，而释放试验释放速率则以监测上覆水中 TN 浓度得出，为更为准确地验证内源释放量，作者还调查了入库站点的污染量，其中浊漳河南源、绛河以及碧头河 2018 年总氮入库量合计 787 t。按照质量守恒定律，2018 年漳泽水库的外源总氮污染量 787 t/a，通过下泄和渗漏仅排出 TN 污染物 209 t/a，由于水体总氮浓度和蓄水量减少，水体中溶解态 TN 量也较上年减少 118 t/a，其内源释放量约为 −696 t/a，即水体中 TN 向沉积物中沉淀 696 t/a，与模型二结论基本一致，从而也证明了前述模型一不宜作外推预测。因此，可采用模型二外推预测，即 2018 年漳泽水库沉积物总氮释放量小于沉积量，表现为水体中溶解态总氮向沉积物中的沉积吸附反应，全年沉积总氮 542.97 t。

# 第三节　氨氮释放强度模型建立

## 一、氨氮模型建立及检验

底泥氨氮释放强度受温度($T$)、pH 值、溶解氧(DO)和外力扰动影响,另外上覆水的初始浓度($C_0$)也影响氨氮的释放强度,本次只研究了基于化学的静态条件下的释放情况,所以建立静态释放模型,由于研究的事件结果受多因子控制影响,所以对氨氮静态条件下释放建立多元线性回归数学模型,并借助 SPSS 软件实现。

### (一)多元线性回归模型一

选择温度($T$)、pH 值、溶解氧(DO)为自变量,氨氮平均释放速率($\gamma_{氨氮}$)为因变量,建模原始数据如表 7-16 所示。则多因子回归数学模型如式(7-10),模型输入变量、模型汇总表、系数、方差检验等如表 7-17~表 7-22 和图 7-7、图 7-8 所示。

表 7-16　氨氮建模数据

| 试验组号 | 自变量 | | | 因变量 |
|---|---|---|---|---|
| | $T$(℃) | pH 值 | DO(mg/L) | 平均释放速率 $\gamma_{氨氮}$ [mg/(m²·d)] |
| D1 | 15 | 5 | 2 | 39.7 |
| D2 | 15 | 9 | 6 | 43.3 |
| D3 | 15 | 7 | 4 | 33.9 |
| D4 | 15 | 10 | 8 | 68.8 |
| D5 | 15 | 7 | 8 | 31.6 |
| D6 | 20 | 5 | 6 | 50.7 |
| D7 | 20 | 9 | 2 | 60.6 |
| D8 | 20 | 7 | 8 | 42.3 |
| D9 | 20 | 10 | 4 | 57.6 |
| D10 | 20 | 5 | 8 | 43.8 |
| D11 | 20 | 9 | 8 | 61.4 |
| D12 | 20 | 10 | 8 | 64.2 |
| D13 | 20 | 7 | 2 | 62.7 |
| D14 | 20 | 7 | 4 | 61.7 |
| D15 | 20 | 7 | 6 | 51.2 |
| D16 | 25 | 9 | 4 | 55.5 |
| D17 | 25 | 7 | 6 | 53.2 |
| D18 | 25 | 10 | 2 | 49.7 |

续表 7-16

| 试验组号 | 自变量 | | | 因变量 |
|---|---|---|---|---|
| | $T(℃)$ | pH 值 | DO(mg/L) | 平均释放速率 $\gamma_{氨氮}[mg/(m^2 \cdot d)]$ |
| D19 | 25 | 5 | 8 | 53.0 |
| D20 | 25 | 7 | 8 | 54.8 |
| D21 | 30 | 9 | 8 | 65.7 |
| D22 | 30 | 10 | 6 | 71.3 |
| D23 | 30 | 5 | 4 | 54.5 |
| D24 | 30 | 7 | 2 | 61.9 |
| D25 | 30 | 7 | 8 | 58.6 |

数学模型一：

$$\gamma_{氨氮} = 10.178 + 1.017[T] + 2.808[pH] + 0.031[DO] \qquad (7\text{-}10)$$

模型相关系数：$R = 0.700$。

式中：$\gamma_{氨氮}$ 为氨氮的平均释放速率，$mg/(m^2 \cdot d)$。

模型方差检验：假设显著性水平 $a = 0.05$ 时（即 $1-a = 95\%$），自变量 $m = 3$，样本 $n = 25$，则自由度（df）为 $(m, n-m-1) = (3, 21)$，由 $F$ 检验临界值表（$\alpha = 0.05(a)$）查得 $F_{0.05}(3, 21) = 3.073$，由表 7-19 得知方差检验 $F = 6.718 > 3.073$，概率 $P = 0.002 < 0.05$，说明方程回归显著。

表 7-17　输入／移去的变量

| 模型 | 输入的变量 | 移去的变量 | 方法 |
|---|---|---|---|
| 1 | DO,pH 值,$T$ | . | 输入 |

注：已输入所有请求的变量。

由表 7-17 自变量 DO,pH 值,$T$ 全部输入模型。

表 7-18　氨氮释放速率多元线性回归模型汇总

| 模型 | $R$ | $R_方$ | 调整 $R_方$ | 标准估计的误差 | 更改统计量 | | | | | Durbin-Watson |
|---|---|---|---|---|---|---|---|---|---|---|
| | | | | | $R_方$ 更改 | $F$ 更改 | $df_1$ | $df_2$ | $P$ 更改 | |
| 1 | 0.700 | 0.490 | 0.417 | 7.943 4 | 0.490 | 6.718 | 3 | 21 | 0.002 | 2.214 |

注：预测变量：（常量），DO,pH 值,$T$；因变量：$\gamma_{氨氮}$。

表 7-18 模型汇总显示模型的拟合情况。从表中可以看出，模型的复相关系数（$R$）为 0.700，判定系数为 0.490，调整判定系数为 0.417，估计值的标准误差为 7.943 4，Durbin-Watson 检验统计量为 2.214，当 DW ≈ 2 时，说明残差独立。

表 7-19　氨氮释放速率多元线性回归方差分析

| 模型 | | 平方和 | df | 均方 | $F$ | $P$ |
|---|---|---|---|---|---|---|
| 1 | 回归 | 1 271.617 | 3 | 423.872 | 6.718 | 0.002 |
| | 残差 | 1 325.038 | 21 | 63.097 | | |
| | 总计 | 2 596.654 | 24 | | | |

注：预测变量：(常量)，DO，pH 值，$T$；因变量：$\gamma_{氨氮}$。

表 7-19 为方差分析表，该表显示模型的方差分析结果。从表中可以看出，模型的 $F$ 统计量的观察值为 6.718，概率 $P$ 值为 0.002，在显著性水平 0.05 的情形下，可以认为：因变量氨氮的平均释放速率($\gamma$)与 $T$、pH 值、DO 之间有线性关系。

表 7-20　氨氮释放速率多元线性回归系数

| 模型 | | 非标准化系数 | | 标准系数 | $t$ | $P$ | B 的 95.0%置信区间 | | 相关性 | | | 共线性统计量 | |
|---|---|---|---|---|---|---|---|---|---|---|---|---|---|
| | | $B$ | 标准误差 | 试用版 | | | 下限 | 上限 | 零阶 | 偏 | 部分 | 容差 | VIF |
| 1 | (常量) | 10.178 | 10.583 | | 0.962 | 0.347 | −11.831 | 32.188 | | | | | |
| | $T$ | 1.017 | 0.312 | 0.509 | 3.264 | 0.004 | 0.369 | 1.665 | 0.509 | 0.580 | 0.509 | 1.000 | 1.000 |
| | pH | 2.808 | 0.911 | 0.480 | 3.081 | 0.006 | 0.913 | 4.703 | 0.480 | 0.558 | 0.480 | 1.000 | 1.000 |
| | DO | 0.031 | 0.681 | 0.007 | 0.046 | 0.964 | −1.385 | 1.448 | 0.007 | 0.010 | 0.007 | 1.000 | 1.000 |

注：因变量：$\gamma_{氨氮}$。

表 7-20 为多元线性回归的系数列表。表中显示了模型的偏回归系数($B$)、标准误差、标准化偏回归系数、回归系数检验的 $t$ 统计量观测值和相应的概率值 $P$、$B$ 的 95.0%置信区间、共线性统计量显示了变量的容差、和方差膨胀因子(VIF)。根据容差发现，自变量间共线性问题不明显；VIF 值为 1.000，也可以说明共性不明显，样本容量 25 满足建模要求。

共线性诊断采用的是"特征值"的方式，特征值主要用来刻画自变量的方差，由表 7-21 的特征值 3.811，其余依次迅速减小，从方差比例可以看出：没有一个特征值能够解释全部变量，所以自变量之间存在共线性较弱。前面的结论进一步得到了论证。

表 7-21　共线性诊断

| 模型 | 维数 | 特征值 | 条件索引 | 方差比例 | | | |
|---|---|---|---|---|---|---|---|
| | | | | (常量) | $T$ | pH 值 | DO |
| 1 | 1 | 3.811 | 1.000 | 0.00 | 0.00 | 0.00 | 0.01 |
| | 2 | 0.122 | 5.579 | 0.01 | 0.04 | 0.04 | 0.91 |
| | 3 | 0.050 | 8.688 | 0.00 | 0.51 | 0.49 | 0.00 |
| | 4 | 0.016 | 15.437 | 0.99 | 0.44 | 0.46 | 0.08 |

注：因变量：$\gamma_{氨氮}$。

表 7-22　残差统计量

| 项目 | 极小值 | 极大值 | 均值 | 标准偏差 | $n$ |
|---|---|---|---|---|---|
| 预测值 | 39.535 | 68.956 | 54.068 | 7.2790 | 25 |
| 标准预测值 | −1.997 | 2.045 | 0.000 | 1.000 | 25 |
| 预测值的标准误差 | 1.813 | 4.348 | 3.113 | 0.651 | 25 |
| 调整的预测值 | 39.465 | 68.312 | 54.046 | 7.484 5 | 25 |
| 残差 | −14.044 3 | 15.037 7 | 0.000 0 | 7.430 3 | 25 |
| 标准残差 | −1.768 | 1.893 | 0.000 | 0.935 | 25 |
| Student 化残差 | −2.008 | 2.162 | 0.001 | 1.025 | 25 |
| 已删除的残差 | −18.120 0 | 19.619 3 | 0.022 0 | 8.935 3 | 25 |
| Student 化已删除的残差 | −2.180 | 2.393 | 0.000 | 1.081 | 25 |
| Mahal 距离 | 0.290 | 6.231 | 2.880 | 1.511 | 25 |
| Cook 的距离 | 0.000 | 0.356 | 0.052 | 0.093 | 25 |
| 居中杠杆值 | 0.012 | 0.260 | 0.120 | 0.063 | 25 |

注:因变量:$\gamma_{氨氮}$。

由表 7-22 残差统计量表:标准残差的绝对值为 1.768,没超过默认值 3,不能发现奇异值。

图 7-7 为回归标准化残差的直方图,正态曲线也被显示在直方图上,用以判断标准化残差是否呈正态分布。本模型样本容量 25 个,所以大概判断其呈正态分布。

图 7-8 为回归标准化残差的概率图,给出了观测值的残差分布与假设的正态分布的比较,由图可知标准化残差散点分布靠近直线,因而可判断氨氮释放速率模型标准残差呈正态分布。

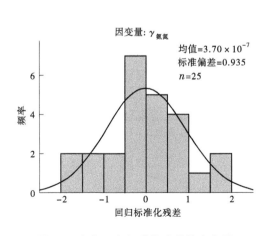

图 7-7　氨氮回归标准化残差的直方图

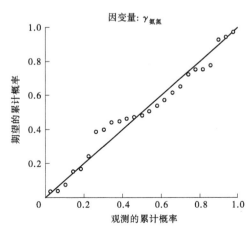

图 7-8　氨氮回归标准化残差的概率图

**（二）多元线性回归模型二**

将释放试验的初始浓度值（$C_0$）引入模型，自变量为温度（$T$）、pH 值、溶解氧（DO），因变量为氨氮的平均释放速率（$\gamma_{氨氮}$），建模所用数据见表 7-23。则多因子线性回归数学模型如式（7-11）所示，模型输入变量、汇总表、系数、方差检验等如表 7-24～表 7-29 和图 7-9、图 7-10所示。

表 7-23　氨氮的建模数据

| 试验组号 | 自变量 | | | | 因变量 |
|---|---|---|---|---|---|
| | $T(℃)$ | pH 值 | DO( mg/L) | $C_0$( mg/L) | 平均释放速率 $\gamma_{氨氮}$[ mg/( m$^2$·d)] |
| D1 | 15 | 5 | 2 | 0.137 | 39.7 |
| D2 | 15 | 9 | 6 | 0.120 | 43.3 |
| D3 | 15 | 7 | 4 | 0.109 | 33.9 |
| D4 | 15 | 10 | 8 | 0.012 | 68.8 |
| D5 | 15 | 7 | 8 | 0.076 | 31.6 |
| D6 | 20 | 5 | 6 | 0.027 | 50.7 |
| D7 | 20 | 9 | 2 | 0.158 | 60.6 |
| D8 | 20 | 7 | 8 | 0.104 | 42.3 |
| D9 | 20 | 10 | 4 | 0.126 | 57.6 |
| D10 | 20 | 5 | 8 | 0.148 | 43.8 |
| D11 | 20 | 9 | 8 | 0.025 | 61.4 |
| D12 | 20 | 10 | 8 | 0.025 | 64.2 |
| D13 | 20 | 7 | 2 | 0.043 | 62.7 |
| D14 | 20 | 7 | 4 | 0.043 | 61.7 |
| D15 | 20 | 7 | 6 | 0.054 | 51.2 |
| D16 | 25 | 9 | 4 | 0.076 | 55.5 |
| D17 | 25 | 7 | 6 | 0.012 | 53.2 |
| D18 | 25 | 10 | 2 | 0.104 | 49.7 |
| D19 | 25 | 5 | 8 | 0.049 | 53.0 |
| D20 | 25 | 7 | 8 | 0.054 | 54.8 |
| D21 | 30 | 9 | 8 | 0.012 | 65.7 |
| D22 | 30 | 10 | 6 | 0.012 | 71.3 |
| D23 | 30 | 5 | 4 | 0.098 | 54.5 |
| D24 | 30 | 7 | 2 | 0.109 | 61.9 |
| D25 | 30 | 7 | 8 | 0.055 | 58.6 |

数学模型二:

$$\gamma_{氨氮} = 32.237 + 0.775[T] + 2.299[\text{pH 值}] - 0.941[\text{DO}] - 103.929[C_0] \quad (7\text{-}11)$$

模型相关系数:$R = 0.797$。

式中:$\gamma_{氨氮}$为氨氮的平均释放速率,$mg/(m^2 \cdot d)$。

模型方差检验:假设显著性水平 $a = 0.05$ 时(即 $1 - a = 95\%$),自变量 $m = 4$,样本 $n = 25$,则自由度(df)为 $(m, n-m-1) = (4, 20)$,由 F 检验临界值表($\alpha = 0.05(a)$)查得 $F_{0.05}(4, 20) = 2.866$,由表 7-26 得知方差检验 $F = 8.687 > 2.866$,概率 $P = 0.000 < 0.05$,说明回归方程显著。

表 7-24　输入／移去的变量

| 模型 | 输入的变量 | 移去的变量 | 方法 |
|---|---|---|---|
| 1 | $C_0$,pH 值,$T$,DO | . | 输入 |

**注**:已输入所有请求的变量。

由表 7-24 自变量 $C_0$,pH 值,$T$,DO 全部输入模型。

表 7-25 模型汇总显示模型的拟合情况。从表中可以看出,模型的复相关系数($R$)为 0.797,判定系数为 0.635,调整判定系数为 0.562,估计值的标准误差为 6.886 9,Durbin-Watson 检验统计量为 2.103,当 DW $\approx$ 2 时说明残差独立。

表 7-25　模型汇总

| 模型 | $R$ | $R_方$ | 调整 $R_方$ | 标准估计的误差 | $R_方$ 更改 | $F$ 更改 | $df_1$ | $df_2$ | $P$ 更改 | Durbin-Watson |
|---|---|---|---|---|---|---|---|---|---|---|
| | | | | | 更改统计量 | | | | | |
| 1 | 0.797 | 0.635 | 0.562 | 6.886 9 | 0.635 | 8.687 | 4 | 20 | 0.000 | 2.103 |

**注**:预测变量:(常量),$C_0$,pH 值,$T$,DO;因变量:$\gamma_{氨氮}$。

表 7-26　$NH_3$—N 释放速率多元线性回归方差分析表

| 模型 | | 平方和 | df | 均方 | F | $P$ |
|---|---|---|---|---|---|---|
| 1 | 回归 | 1 648.075 | 4 | 412.019 | 8.687 | 0.000 |
| | 残差 | 948.580 | 20 | 47.429 | | |
| | 总计 | 2 596.654 | 24 | | | |

**注**:预测变量:(常量),$C_0$,pH 值,$T$,DO;因变量:$\gamma_{氨氮}$。

表 7-26 为方差分析表,该表显示模型的方差分析结果。从表中可以看出,模型的 $F$ 统计量的观察值为 8.687,概率 $P$ 值为 0.000,在显著性水平 0.05 的情形下,可以认为:因变量氨氮的平均释放速率($\gamma_{氨氮}$)与 $T$、pH 值、DO、$C_0$ 之间有线性关系。

表 7-27 为多元线性回归的系数列表。表中显示了模型的偏回归系数($B$)、标准误差、标准化偏回归系数、回归系数检验的 $t$ 统计量观测值和相应的概率值 $P$、$B$ 的 95.0% 置信区间、共线性统计量显示了变量的容差、和方差膨胀因子(VIF)。根据容差发现,自变量间共线性问题不突出;VIF 最大值 1.495,小于 5,说明共性不明显,样本容量 25 满足建模要求。

表 7-27　氨氮释放速率多元线性回归系数表

| 模型 | | 非标准化系数 | | 标准系数 | $t$ | $P$ | $B$ 的 95.0% 置信区间 | | 相关性 | | | 共线性统计量 | |
|---|---|---|---|---|---|---|---|---|---|---|---|---|---|
| | | $B$ | 标准误差 | 试用版 | | | 下限 | 上限 | 零阶 | 偏 | 部分 | 容差 | VIF |
| 1 | 常量 | 32.237 | 12.062 | | 2.673 | 0.015 | 7.075 | 57.399 | | | | | |
| | $T$ | 0.775 | 0.283 | 0.388 | 2.736 | 0.013 | 0.184 | 1.367 | 0.509 | 0.522 | 0.370 | 0.908 | 1.101 |
| | pH 值 | 2.299 | 0.810 | 0.393 | 2.837 | 0.010 | 0.609 | 3.990 | 0.480 | 0.536 | 0.383 | 0.950 | 1.052 |
| | DO | −0.941 | 0.684 | −0.215 | −1.376 | 0.184 | −2.368 | 0.486 | 0.007 | −0.294 | −0.186 | 0.745 | 1.342 |
| | $C_0$ | −103.929 | 36.889 | −0.466 | −2.817 | 0.011 | −180.879 | −26.979 | −0.537 | −0.533 | −0.381 | 0.669 | 1.495 |

注:因变量:$\gamma_{氨氮}$。

表 7-28　共线性诊断

| 模型 | 维数 | 特征值 | 条件索引 | 方差比例 | | | | |
|---|---|---|---|---|---|---|---|---|
| | | | | （常量） | $T$ | pH 值 | DO | $C_0$ |
| 1 | 1 | 4.504 | 1.000 | 0.00 | 0.00 | 0.00 | 0.00 | 0.01 |
| | 2 | 0.342 | 3.628 | 0.00 | 0.00 | 0.00 | 0.08 | 0.41 |
| | 3 | 0.094 | 6.917 | 0.00 | 0.10 | 0.08 | 0.63 | 0.18 |
| | 4 | 0.050 | 9.464 | 0.00 | 0.42 | 0.51 | 0.00 | 0.00 |
| | 5 | 0.010 | 21.212 | 1.00 | 0.47 | 0.41 | 0.29 | 0.40 |

注:因变量:$\gamma_{氨氮}$。

共线性诊断采用的是"特征值"的方式,特征值主要用来刻画自变量的方差,由表7-28的特征值4.504,其余依次迅速减小,从方差比例可以看出:没有一个特征值能够解释全部变量,所以自变量之间存在共线性较弱。前面的结论进一步得到了论证。

由表 7-29 残差统计量表:标准残差的绝对值为 1.878,没超过默认值 3,不能发现奇异值。

图 7-9 为回归标准化残差的直方图,正态曲线也被显示在直方图上,用以判断标准化残差是否呈正态分布。本样本容量 25 个,所以大概判断其呈正态分布。

表 7-29　残差统计量

| 项目 | 极小值 | 极大值 | 均值 | 标准偏差 | $n$ |
|---|---|---|---|---|---|
| 预测值 | 36.332 | 71.599 | 54.068 | 8.286 7 | 25 |
| 标准预测值 | −2.140 | 2.116 | 0.000 | 1.000 | 25 |
| 预测值的标准误差 | 1.758 | 4.180 | 3.029 | 0.567 | 25 |
| 调整的预测值 | 31.976 | 71.691 | 53.745 | 8.762 8 | 25 |

**续表 7-29**

|  | 极小值 | 极大值 | 均值 | 标准偏差 | $n$ |
|---|---|---|---|---|---|
| 残差 | −12.935 7 | 10.715 3 | 0.000 | 6.286 8 | 25 |
| 标准残差 | −1.878 | 1.556 | 0.000 | 0.913 | 25 |
| Student 化残差 | −2.055 | 1.838 | 0.021 | 1.031 | 25 |
| 已删除的残差 | −15.953 9 | 14.947 8 | 0.323 5 | 8.047 3 | 25 |
| Student 化已删除的残差 | −2.255 | 1.965 | 0.010 | 1.088 | 25 |
| Mahal 距离 | 0.604 | 7.881 | 3.840 | 1.713 | 25 |
| Cook 的距离 | 0.000 | 0.267 | 0.058 | 0.088 | 25 |
| 居中杠杆值 | 0.025 | 0.328 | 0.160 | 0.071 | 25 |

注:因变量:$\gamma_{氨氮}$。

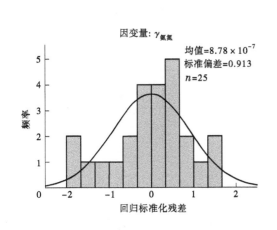

图 7-9　氨氮回归标准化残差的直方图

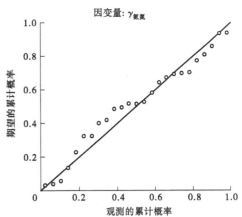

图 7-10　氨氮回归标准化残差的概率图

图 7-10 所示为回归标准化残差的概率图,给出了观测值的残差分布与假设的正态分布的比较,由图可知标准化残差散点分布靠近直线,因而可判断氨氮释放速率模型标准残差呈正态分布。

## 二、氨氮模型拟合及预测

### (一)模型拟合

对所建的氨氮多元线性回归模型一(式 7-10)和模型二(式 7-11)进行拟合计算,模型一拟合平均相对误差 9.1%,模型二拟合平均相对误差 8.8%,模型二拟合稍优于模型一。拟合结果如表 7-30 和图 7-11、图 7-12 所示。

表 7-30　氨氮平均释放速率多元线性回归模型拟合结果

| 试验组号 | 模型一:自变量($T$、pH 值、DO),因变量($\gamma_{氨氮}$) | | | 模型二:自变量($C_0$、$T$、pH 值、DO),因变量($\gamma_{氨氮}$) | | |
|---|---|---|---|---|---|---|
| | 试验值 $\gamma_{氨氮}$ [mg/(m²·d)] | 拟合值 $\gamma_{氨氮}$ [mg/(m²·d)] | 残差 | 试验值 $\gamma_{氨氮}$ [mg/(m²·d)] | 拟合值 $\gamma_{氨氮}$ [mg/(m²·d)] | 残差 |
| D1 | 39.7 | 39.5 | 0.2 | 39.7 | 39.2 | 0.5 |
| D2 | 43.3 | 50.9 | −7.6 | 43.3 | 46.4 | −3.1 |
| D3 | 33.9 | 45.2 | −11.3 | 33.9 | 44.9 | −11.0 |
| D4 | 68.8 | 53.8 | 15.0 | 68.8 | 58.1 | 10.7 |
| D5 | 31.6 | 45.3 | −13.7 | 31.6 | 44.5 | −12.9 |
| D6 | 50.7 | 44.7 | 6.0 | 50.7 | 50.8 | −0.1 |
| D7 | 60.6 | 55.9 | 4.7 | 60.6 | 50.1 | 10.5 |
| D8 | 42.3 | 50.4 | −8.1 | 42.3 | 45.5 | −3.2 |
| D9 | 57.6 | 58.7 | −1.1 | 57.6 | 53.9 | 3.7 |
| D10 | 43.8 | 44.8 | −1.0 | 43.8 | 36.3 | 7.5 |
| D11 | 61.4 | 56.0 | 5.4 | 61.4 | 58.3 | 3.1 |
| D12 | 64.2 | 58.8 | 5.4 | 64.2 | 60.6 | 3.6 |
| D13 | 62.7 | 50.2 | 12.5 | 62.7 | 57.5 | 5.2 |
| D14 | 61.7 | 50.3 | 11.4 | 61.7 | 55.6 | 6.1 |
| D15 | 51.2 | 50.4 | 0.8 | 51.2 | 52.6 | −1.4 |
| D16 | 55.5 | 61.0 | −5.5 | 55.5 | 60.7 | −5.2 |
| D17 | 53.2 | 55.4 | −2.2 | 53.2 | 60.8 | −7.6 |
| D18 | 49.7 | 63.7 | −14.0 | 49.7 | 61.9 | −12.2 |
| D19 | 53.0 | 49.9 | 3.1 | 53.0 | 50.5 | 2.5 |
| D20 | 54.8 | 55.5 | −0.7 | 54.8 | 54.6 | 0.2 |
| D21 | 65.7 | 66.2 | −0.5 | 65.7 | 67.4 | −1.7 |
| D22 | 71.3 | 69.0 | 2.3 | 71.3 | 71.6 | −0.3 |
| D23 | 54.5 | 54.9 | −0.4 | 54.5 | 53.0 | 1.5 |
| D24 | 61.9 | 60.4 | 1.5 | 61.9 | 58.4 | 3.5 |
| D25 | 58.6 | 60.6 | −2.0 | 58.6 | 58.4 | 0.2 |

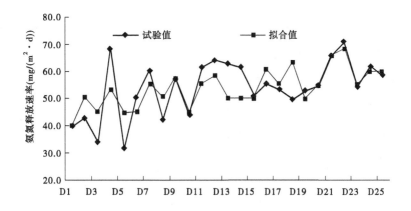

**图 7-11　氨氮模型一拟合曲线**

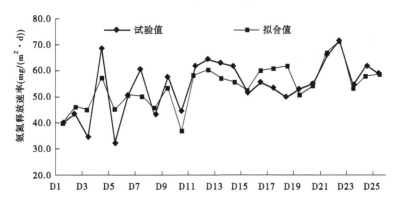

**图 7-12　氨氮模型二拟合曲线**

**（二）模型外推预测**

模型检验通过后可用于外推预测。用氨氮模型二进行外推预测,漳泽水库底泥氨氮年释放量按下式计算:

$$W = \sum R_i \Delta T_i A \tag{7-12}$$

式中:$W$ 为湖库氮释放量,t;$R_i$ 为第 $i$ 种条件下氮释放速率,mg/(m² · d);$\Delta T_i$ 为第 $i$ 种条件所代表的时间段,d;$A$ 为湖库水面面积,m²。

以 2018 年实测数据为基础,预测 2018 年漳泽水库沉积物中氨氮的月平均释放速率 $\gamma_{TN}$ 和释放量 $W$,见表 7-31。

从表 7-31 可以看出,采用模型一漳泽水库沉积物氨氮均表现为全年释放反应,释放量 284 t,采用模型二,全年 5 个月为释放反应,合计释放量 32.43 t,7 个月为沉淀吸附反应,合计沉淀量 36.45 t。

**（三）合理性验证**

与总氮类似,由于拟合过程引入了初始浓度 $C_0$,模型二外推预测氨氮释放量与模型一存在较大差别。为验证其合理性,本书对比了外源污染调查、库区浓度变化、蓄水量变化以及下泄流量等监测数据。

表 7-31　2018 年沉积物中氨氮释放量预测

| 月份 | $\Delta T_i$（天） | T（℃） | pH 值 | DO（mg/L） | $C_0$（mg/L） | 模型一 | | 模型二 | |
|---|---|---|---|---|---|---|---|---|---|
| | | | | | | $R_1$ [mg/(m²·d)] | $W_1$(t) | $R_2$ [mg/(m²·d)] | $W_2$(t) |
| 1 | 31 | 3.1 | 7.82 | 8.7 | 0.419 | 35.56 | 18.2 | 0.89 | 0.45 |
| 2 | 28 | 5.4 | 7.85 | 8.22 | 0.523 | 37.97 | 17.5 | −7.62 | −3.52 |
| 3 | 31 | 7.7 | 7.85 | 9.59 | 0.493 | 40.35 | 20.6 | −4.01 | −2.05 |
| 4 | 30 | 12.3 | 7.57 | 9.27 | 0.360 | 44.23 | 21.9 | 13.04 | 6.45 |
| 5 | 31 | 19.3 | 7.39 | 4.6 | 0.597 | 50.70 | 25.9 | −2.18 | −1.11 |
| 6 | 30 | 22.4 | 7.41 | 8.1 | 0.590 | 54.02 | 26.7 | −2.30 | −1.14 |
| 7 | 31 | 26.0 | 7.36 | 2.23 | 0.994 | 57.36 | 29.3 | −36.08 | −18.43 |
| 8 | 31 | 28.9 | 7.61 | 3.95 | 0.450 | 61.06 | 31.2 | 21.66 | 11.07 |
| 9 | 30 | 24.8 | 7.91 | 3.11 | 0.473 | 57.71 | 28.5 | 17.57 | 8.69 |
| 10 | 31 | 16.7 | 7.58 | 3.6 | 0.758 | 48.56 | 24.8 | −19.55 | −9.99 |
| 11 | 30 | 10.03 | 7.81 | 7.01 | 0.382 | 42.53 | 21.0 | 11.67 | 5.77 |
| 12 | 31 | 4.14 | 7.68 | 9.93 | 0.425 | 36.26 | 18.5 | −0.41 | −0.21 |
| 合计/平均 | 365 | 15.1 | 7.65 | 6.5 | 0.268 | | 284 | | −4.02 |

　　通过调查显示，漳泽水库 2018 年渗漏量和下泄流量总计 1.25 亿 m³，2018 年底蓄水量为 8 487 万 m³，较 2017 年底减少 3 677 万 m³。库区代表断面氨氮平均浓度由 2017 年的 0.50 mg/L 升至 2018 年的 0.54 mg/L。外部点源污染量 19.7 t/a，面源污染量 180 t/a。

　　考虑到面源污染中氨氮以颗粒物携带为主，多在进入水库后先行沉淀，而释放试验释放速率则以监测上覆水中氨氮浓度得出，为更为准确地验证内源释放量，作者还调查了入库站点的污染量，其中浊漳河南源、绛河以及碧头河 2018 年氨氮入库量合计 79.5 t。按照质量守恒定律，2018 年漳泽水库的外源氨氮污染量 79.5 t/a，通过下泄和渗漏仅排出氨氮污染物 67.5 t/a，由于水库蓄水量减少水体中溶解态氨氮量也较上年减少 23.6 t/a，其内源释放量约为−35.6 t/a，即水体中氨氮向沉积物中沉淀 35.6 t/a，与模型二结论基本一致。因此可采用模型二外推预测，即 2018 年漳泽水库沉积物氨氮释放量小于沉积量，表现为水体中溶解态氨氮向沉积物中的沉积吸附反应，全年沉积氨氮 35.6 t，见表 7-31。

# 第四节　总磷释放强度模型建立

## 一、总磷模型建立及检验

　　底泥总磷（TP）释放强度受温度（T）、pH 值、溶解氧（DO）、外力扰动影响，另外上覆水的初始浓度（$C_0$）也影响总磷（TP）的释放强度，本次只研究了基于化学条件下静态释放情况，所以建立静态释放模型，由于研究的事件结果受多因子控制影响，所以对总磷（TP）静态条件下释放建立多元线性回归数学模型，并借助 SPSS 软件实现。

**（一）多元线性回归模型一**

自变量为温度（$T$）、pH 值、溶解氧（DO），因变量为总磷（TP）的平均释放速率（$\gamma_{TP}$），建模所用数据见表 7-32。则总磷（TP）多因子回归数学模型见式（7-13），模型输入变量、模型汇总表、系数、方差检验等图表见表 7-33~表 7-38、图 7-13、图 7-14。

表 7-32　总磷（TP）建模数据

| 试验组号 | 自变量 | | | 因变量 |
|---|---|---|---|---|
| | $T$（℃） | pH 值 | DO（mg/L） | 平均释放速率 $\gamma_{TP}$［mg/（m² · d）］ |
| D1 | 15 | 5 | 2 | 4.8 |
| D2 | 15 | 9 | 6 | 6.4 |
| D3 | 15 | 7 | 4 | 4.8 |
| D4 | 15 | 10 | 8 | 35.4 |
| D5 | 15 | 7 | 8 | 4.3 |
| D6 | 20 | 5 | 6 | 11.5 |
| D7 | 20 | 9 | 2 | 11.2 |
| D8 | 20 | 7 | 8 | 4.6 |
| D9 | 20 | 10 | 4 | 12.2 |
| D10 | 20 | 5 | 8 | 3.6 |
| D11 | 20 | 9 | 8 | 17.3 |
| D12 | 20 | 10 | 8 | 43.3 |
| D13 | 20 | 7 | 2 | 5.9 |
| D14 | 20 | 7 | 4 | 4.3 |
| D15 | 20 | 7 | 6 | 3.3 |
| D16 | 25 | 9 | 4 | 11.5 |
| D17 | 25 | 7 | 6 | 13.0 |
| D18 | 25 | 10 | 2 | 16.8 |
| D19 | 25 | 5 | 8 | 9.4 |
| D20 | 25 | 7 | 8 | 12.0 |
| D21 | 30 | 9 | 8 | 32.6 |
| D22 | 30 | 10 | 6 | 49.4 |
| D23 | 30 | 5 | 4 | 15.5 |
| D24 | 30 | 7 | 2 | 18.9 |
| D25 | 30 | 7 | 8 | 15.5 |

数学模型一:

$$\gamma_{TP} = -45.429 + 0.953[T] + 4.2[pH值] + 1.295[DO] \qquad (7\text{-}13)$$

模型相关系数:$R = 0.754$。

式中:$\gamma_{TP}$ 为总磷(TP)的平均释放速率,$mg/(m^2 \cdot d)$。

模型方差检验:假设显著性水平 $a = 0.05$ 时(即 $1-a = 95\%$),自变量 $m=3$,样本 $n=25$,则自由度(df)为 $(m, n-m-1) = (3, 21)$,由 $F$ 检验临界值表($\alpha = 0.05(a)$)查得 $F_{0.05}(3, 21) = 3.073$,由表 7-35 得知方差检验 $F = 9.249 > 3.073$,概率 $P = 0.000 < 0.05$,说明回归方程显著。

表 7-33　输入/移去的变量

| 模型 | 输入的变量 | 移去的变量 | 方法 |
|---|---|---|---|
| 1 | DO,pH 值,$T$ | . | 输入 |

注:已输入所有请求的变量。

由表 7-33 自变量 DO,pH 值,$T$ 全部输入模型。

表 7-34　模型汇总

| 模型 | $R$ | $R_方$ | 调整 $R_方$ | 标准估计的误差 | $R_方$ 更改 | $F$ 更改 | $df_1$ | $df_2$ | $P$ 更改 | Durbin-Watson |
|---|---|---|---|---|---|---|---|---|---|---|
| | | | | | 更改统计量 | | | | | |
| 1 | 0.754 | 0.569 | 0.508 | 8.820 1 | 0.569 | 9.249 | 3 | 21 | 0.000 | 1.767 |

注:预测变量:(常量),DO,pH 值,$T$;因变量:$\gamma_{TP}$。

表 7-34 模型汇总显示模型的拟合情况。从表中可以看出,总磷(TP)释放速率模型的复相关系数($R$)为 0.754,判定系数为 0.569,调整判定系数为 0.508,估计值的标准误差为 8.820 1,Durbin-Watson 检验统计量为 1.767,当 $DW \approx 2$ 时说明残差独立。

表 7-35　TP 释放速率多元线性回归方差分析

| 模型 | | 平方和 | df | 均方 | $F$ | $P$ |
|---|---|---|---|---|---|---|
| 1 | 回归 | 2 158.540 | 3 | 719.513 | 9.249 | 0.000 |
| | 残差 | 1 633.666 | 21 | 77.794 | | |
| | 总计 | 3 792.206 | 24 | | | |

注:预测变量:(常量)),DO,pH 值,$T$;因变量:$\gamma_{TP}$。

表 7-35 为方差分析表,该表显示模型的方差分析结果。从表中可以看出,模型的 F 统计量的观察值为 9.249,概率 $P$ 值为 0.000,在显著性水平 0.05 的情形下,可以认为:因变量总磷(TP)的平均释放速率($\gamma_{TP}$)与 $T$、pH 值、DO 之间有线性关系。

表 7-36 为多元线性回归的系数列表。表中显示了模型的偏回归系数($B$)、标准误差、标准化偏回归系数、回归系数检验的 $t$ 统计量观测值和相应的概率值 $P$、$B$ 的 95.0% 置信区间、共线性统计量显示了变量的容差、和方差膨胀因子(VIF)。根据容差发现,自变量间共线性问题不突出;VIF 值为 1.000,可以说明共性不明显,样本容量满足建模要求。

表 7-36　TP 释放速率多元线性回归系数表

| 模型 | | 非标准化系数 | | 标准系数 | $t$ | $P$ | $B$ 的95.0%置信区间 | | 相关性 | | | 共线性统计量 | |
|---|---|---|---|---|---|---|---|---|---|---|---|---|---|
| | | $B$ | 标准误差 | 试用版 | | | 下限 | 上限 | 零阶 | 偏 | 部分 | 容差 | VIF |
| 1 | （常量） | −45.429 | 11.752 | | −3.866 | 0.001 | −69.867 | −20.990 | | | | | |
| | $T$ | 0.953 | 0.346 | 0.394 | 2.754 | 0.012 | 0.233 | 1.672 | 0.394 | 0.515 | 0.394 | 1.000 | 1.000 |
| | pH 值 | 4.200 | 1.012 | 0.595 | 4.151 | 0.000 | 2.096 | 6.304 | 0.595 | 0.671 | 0.595 | 1.000 | 1.000 |
| | DO | 1.295 | 0.756 | 0.245 | 1.712 | 0.102 | −0.278 | 2.868 | 0.245 | 0.350 | 0.245 | 1.000 | 1.000 |

注：因变量：$\gamma_{TP}$。

表 7-37　共线性诊断

| 模型 | 维数 | 特征值 | 条件索引 | 方差比例 | | | |
|---|---|---|---|---|---|---|---|
| | | | | （常量） | $T$ | pH 值 | DO |
| 1 | 1 | 3.811 | 1.000 | 0.00 | 0.00 | 0.00 | 0.01 |
| | 2 | 0.122 | 5.579 | 0.01 | 0.04 | 0.04 | 0.91 |
| | 3 | 0.050 | 8.688 | 0.00 | 0.51 | 0.49 | 0.00 |
| | 4 | 0.016 | 15.437 | 0.99 | 0.44 | 0.46 | 0.08 |

注：因变量：$\gamma_{TP}$。

共线性诊断采用的是"特征值"的方式，特征值主要用来刻画自变量的方差，由表 7-37 的特征值为 3.811，其余依次迅速减小，从方差比例可以看出：没有一个特征值能够解释全部变量，所以自变量之间存在共线性较弱。前面的结论进一步得到了论证。

表 7-38　残差统计量

| 项目 | 极小值 | 极大值 | 均值 | 标准偏差 | $n$ |
|---|---|---|---|---|---|
| 预测值 | −7.549 | 32.921 | 14.702 | 9.483 6 | 25 |
| 残差 | −9.867 8 | 17.317 2 | 0.000 | 8.250 4 | 25 |
| 标准预测值 | −2.346 | 1.921 | 0.000 | 1.000 | 25 |
| 标准残差 | −1.119 | 1.963 | 0.000 | 0.935 | 25 |

注：因变量：$\gamma_{TP}$。

由表 7-38 残差统计量表：标准残差的绝对值为 1.119，没超过默认值 3，不能发现奇异值。

图 7-13 为总磷回归标准化残差的直方图，正态曲线也被显示在直方图上，用以判断标准化残差是否呈正态分布。本模型样本容量 25 个，所以大概判断其呈正态分布，且部分数据向右偏离。

图 7-14 为回归标准化残差的概率图，给出了观测值的残差分布与假设的正态分布的比较，由图可知标准化残差散点分布靠近直线，因而可判断总磷（TP）释放速率模型标准残差呈正态分布。

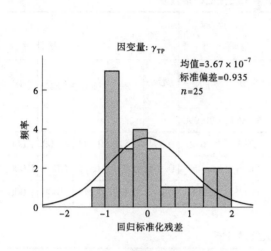

图 7-13　总磷(TP)回归标准化残差直方图

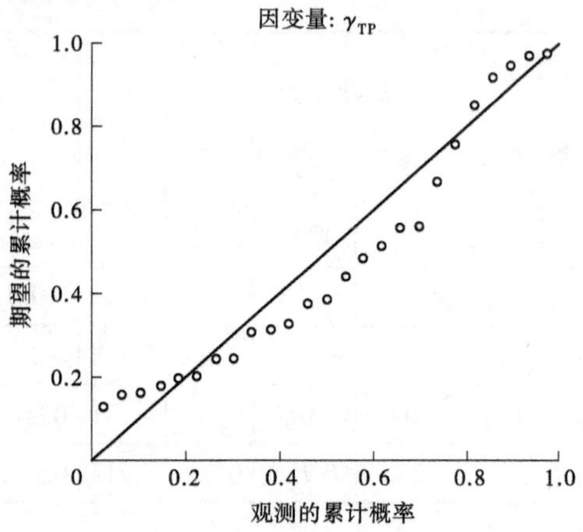

图 7-14　总磷(TP)回归标准化
残差的概率图

### (二)多元线性回归模型二

将释放试验的初始浓度值($C_0$)引入模型,自变量为温度($T$)、pH 值、溶解氧(DO),因变量为总磷(TP)的平均释放速率($\gamma_{TP}$),建模所用数据见表 7-39。则多因子线性回归数学模型见式(7-14),模型输入变量、模型汇总、系数、方差检验等图表见表 7-40~表 7-45、图 7-15、图 7-16。

表 7-39　总磷(TP)的建模数据

| 试验组号 | 自变量 | | | | 因变量 |
|---|---|---|---|---|---|
| | $T(℃)$ | pH 值 | DO(mg/L) | $C_0$(mg/L) | 平均释放速率 $\gamma_{TP}[\,mg/(m^2 \cdot d)\,]$ |
| D1 | 15 | 5 | 2 | 0.027 | 4.8 |
| D2 | 15 | 9 | 6 | 0.019 | 6.4 |
| D3 | 15 | 7 | 4 | 0.019 | 4.8 |
| D4 | 15 | 10 | 8 | 0.008 | 35.4 |
| D5 | 15 | 7 | 8 | 0.019 | 4.3 |
| D6 | 20 | 5 | 6 | 0.022 | 11.5 |
| D7 | 20 | 9 | 2 | 0.014 | 11.2 |
| D8 | 20 | 7 | 8 | 0.024 | 4.6 |
| D9 | 20 | 10 | 4 | 0.021 | 12.2 |
| D10 | 20 | 5 | 8 | 0.019 | 3.6 |
| D11 | 20 | 9 | 8 | 0.013 | 17.3 |
| D12 | 20 | 10 | 8 | 0.008 | 43.3 |
| D13 | 20 | 7 | 2 | 0.021 | 5.9 |

续表 7-39

| 试验组号 | 自变量 | | | | 因变量 |
|---|---|---|---|---|---|
| | $T(℃)$ | pH 值 | DO(mg/L) | $C_0$(mg/L) | 平均释放速率 $\gamma_{TP}$ [ mg/(m²·d) ] |
| D14 | 20 | 7 | 4 | 0.031 | 4.3 |
| D15 | 20 | 7 | 6 | 0.024 | 3.3 |
| D16 | 25 | 9 | 4 | 0.020 | 11.5 |
| D17 | 25 | 7 | 6 | 0.014 | 13.0 |
| D18 | 25 | 10 | 2 | 0.021 | 16.8 |
| D19 | 25 | 5 | 8 | 0.020 | 9.4 |
| D20 | 25 | 7 | 8 | 0.014 | 12.0 |
| D21 | 30 | 9 | 8 | 0.006 | 32.6 |
| D22 | 30 | 10 | 6 | 0.007 | 49.4 |
| D23 | 30 | 5 | 4 | 0.021 | 15.5 |
| D24 | 30 | 7 | 2 | 0.013 | 18.9 |
| D25 | 30 | 7 | 8 | 0.012 | 15.5 |

数学模型二:

$$\gamma_{TP} = 8.897 + 0.43[T] + 2.087[pH] + 0.064[DO] - 1\ 136.97[C_0] \qquad (7-14)$$

模型相关系数:$R = 0.844$。

式中:$\gamma_{TP}$ 为总磷(TP)的平均释放速率,mg/(m²·d)。

模型方差检验:假设显著性水平 $a = 0.05$ 时(即 $1-a = 95\%$),自变量 $m = 4$,样本 $n = 25$,则自由度(df)为$(m, n-m-1) = (4, 20)$,由 F 检验临界值表($\alpha = 0.05(a)$)查得 $F_{0.05}(4, 20) = 2.866$,由表 7-42 得知方差检验 $F = 12.364 > 2.866$,概率 $P = 0.000 < 0.05$,说明回归方程显著。

表 7-40　输入/移去的变量

| 模型 | 输入的变量 | 移去的变量 | 方法 |
|---|---|---|---|
| 1 | $C_0$, pH 值, $T$, DO | . | 输入 |

注:已输入所有请求的变量。

由表 7-40 自变量 $C_0$, pH 值, $T$, DO 全部输入模型。

表 7-41　TP 释放速率多元线性回归模型汇总

| 模型 | $R$ | $R_方$ | 调整 $R_方$ | 标准估计的误差 | 更改统计量 | | | | | Durbin-Watson |
|---|---|---|---|---|---|---|---|---|---|---|
| | | | | | $R_方$ 更改 | $F$ 更改 | df₁ | df₂ | $P$ 更改 | |
| 1 | 0.844 | 0.712 | 0.654 | 7.389 1 | 0.712 | 12.364 | 4 | 20 | 0.000 | 2.228 |

注:预测变量:(常量),$C_0$, $T$, DO, pH 值;因变量:$\gamma_{TP}$。

表 7-41 模型汇总显示模型的拟合情况。从表中可以看出,总磷(TP)释放速率模型的复相关系数($R$)为 0.844,判定系数为 0.712,调整判定系数为 0.654,估计值的标准误差为 7.389 1,Durbin-Watson 检验统计量为 2.228,当 DW ≈ 2 时说明残差独立。

**表 7-42　TP 释放速率多元线性回归方差分析表**

| 模型 | | 平方和 | df | 均方 | F | $P$ |
|---|---|---|---|---|---|---|
| 1 | 回归 | 2 700.235 | 4 | 675.059 | 12.364 | 0.000 |
| | 残差 | 1 091.970 | 20 | 54.599 | | |
| | 总计 | 3 792.206 | 24 | | | |

注:预测变量:(常量),$C_0$,$T$,DO,pH 值;因变量:$\gamma_{TP}$。

表 7-42 为方差分析表,该表显示模型的方差分析结果。从表中可以看出,模型的 $F$ 统计量的观察值为 12.364,概率 $P$ 值为 0.000,在显著性水平 0.05 的情形下,可以认为:因变量总磷(TP)的平均释放速率($\gamma_{TP}$)与温度 $T$、pH 值、DO、$C_0$ 之间有线性关系。

表 7-43 为多元线性回归的系数列表。表中显示了模型的偏回归系数($B$)、标准误差、标准化偏回归系数、回归系数检验的 $t$ 统计量观测值和相应的概率值 $P$、$B$ 的 95.0% 置信区间、共线性统计量显示了变量的容差、和方差膨胀因子(VIF)。根据容差发现,自变量间共线性问题不突出;VIF 值均都小于 5,所以两个自变量之间没有出现共线性,容忍度即容差和膨胀因子是互为倒数关系,容忍度越小,膨胀因子越大,发生共线性的可能性也越大,表 7-43 容差和 VIF 可以说明共性不太明显,样本容量满足建模要求。

**表 7-43　TP 释放速率多元线性回归系数表**

| 模型 | | 非标准化系数 | | 标准系数 | $t$ | $P$ | $B$ 的 95.0% 置信区间 | | 相关性 | | | 共线性统计量 | |
|---|---|---|---|---|---|---|---|---|---|---|---|---|---|
| | | $B$ | 标准误差 | 试用版 | | | 下限 | 上限 | 零阶 | 偏 | 部分 | 容差 | VIF |
| 1 | (常量) | 8.897 | 19.859 | | 0.448 | 0.659 | −32.529 | 50.323 | | | | | |
| | $T$ | 0.430 | 0.334 | 0.178 | 1.287 | 0.213 | −0.267 | 1.127 | 0.394 | 0.277 | 0.154 | 0.753 | 1.328 |
| | pH 值 | 2.087 | 1.081 | 0.295 | 1.931 | 0.068 | −0.167 | 4.342 | 0.595 | 0.039 6 | 0.232 | 0.615 | 1.626 |
| | DO | 0.064 | 0.744 | 0.012 | 0.086 | 0.932 | −1.489 | 1.617 | 0.245 | 0.001 9 | 0.010 | 0.725 | 1.380 |
| | $C_0$ | −1 136.97 | 360.96 | −0.577 | −3.150 | 0.005 | −1 889.92 | −384.02 | −0.802 | −0.057 6 | −0.378 | 0.428 | 2.334 |

注:因变量:$\gamma_{TP}$。

共线性诊断采用的是"特征值"的方式,特征值主要用来刻画自变量的方差,由表 7-44 的特征值 4.661,其余依次迅速减小,从方差比例可以看出:没有一个特征值能够解释全部变量,所以自变量之间存在共线性较弱。前面的结论进一步得到了论证。

表 7-44　共线性诊断

| 模型 | 维数 | 特征值 | 条件索引 | 方差比例 | | | | |
|---|---|---|---|---|---|---|---|---|
| | | | | （常量） | $T$ | pH 值 | DO | $C_0$ |
| 1 | 1 | 4.661 | 1.000 | 0.00 | 0.00 | 0.00 | 0.00 | 0.00 |
| | 2 | 0.186 | 5.004 | 0.00 | 0.00 | 0.00 | 0.25 | 0.14 |
| | 3 | 0.098 | 6.889 | 0.00 | 0.07 | 0.08 | 0.40 | 0.10 |
| | 4 | 0.050 | 9.638 | 0.00 | 0.43 | 0.27 | 0.00 | 0.00 |
| | 5 | 0.004 | 32.981 | 1.00 | 0.50 | 0.65 | 0.35 | 0.76 |

注：因变量：$\gamma_{TP}$。

表 7-45　残差统计量

| 项目 | 极小值 | 极大值 | 均值 | 标准偏差 | $n$ |
|---|---|---|---|---|---|
| 预测值 | −4.789 | 35.091 | 14.702 | 10.607 1 | 25 |
| 标准预测值 | −1.838 | 1.922 | 0.000 | 1.000 | 25 |
| 预测值的标准误差 | 2.067 | 4.174 | 3.254 | 0.585 | 25 |
| 调整的预测值 | −9.172 | 34.747 | 14.393 | 10.899 2 | 25 |
| 残差 | −9.289 7 | 14.309 4 | 0.000 0 | 6.745 3 | 25 |
| 标准残差 | −1.257 | 1.937 | 0.000 | 0.913 | 25 |
| Student 化残差 | −1.447 | 2.199 | 0.019 | 1.031 | 25 |
| 已删除的残差 | −12.298 5 | 18.442 7 | 0.309 0 | 8.628 9 | 25 |
| Student 化已删除的残差 | −1.490 | 2.461 | 0.043 | 1.078 | 25 |
| Mahal 距离 | 0.917 | 6.698 | 3.840 | 1.668 | 25 |
| Cook 的距离 | 0.000 | 0.279 | 0.058 | 0.079 | 25 |
| 居中杠杆值 | 0.038 | 0.279 | 0.160 | 0.069 | 25 |

注：因变量：$\gamma_{TP}$。

由表 7-45 残差统计量表：标准残差的绝对值为 1.257，没超过默认值 3，不能发现奇异值。

图 7-15 为总磷回归标准化残差的直方图，正态曲线也被显示在直方图上，用以判断标准化残差是否呈正态分布。本模型样本容量 25 个，所以大概判断其呈正态分布，且部分数据向右偏离。

图 7-16 为回归标准化残差的概率图，给出了观测值的残差分布与假设的正态分布的比较，由图可知标准化残差散点分布靠近直线，因而可判断总磷（TP）释放速率模型标准残差呈正态分布。

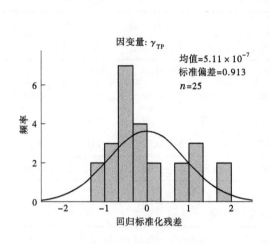

图 7-15　总磷 $\gamma_{TP}$ 回归标准化残差直方图

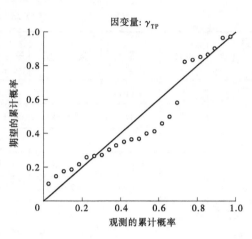

图 7-16　总磷 $\gamma_{TP}$ 回归标准化
残差的概率图

## 二、总磷模型拟合及预测

### (一)模型拟合

对所建的总磷多元线性回归模型一(式 7-13)和模型二(式 7-14)进行拟合计算,模型一拟合平均相对误差为 58.8%,模型二拟合平均相对误差为 50.4%,模型拟合误差较大,模型二拟合稍优于模型一。拟合结果如表 7-46 和图 7-17、图 7-18 所示。

表 7-46　总磷(TP)平均释放速率多元线性回归模型拟合结果

| 试验组号 | 模型一:自变量($T$、pH 值、DO),因变量($\gamma_{TP}$) | | | 模型二:自变量($C_0$、$T$、pH 值、DO),因变量($\gamma_{TP}$) | | |
|---|---|---|---|---|---|---|
| | 试验值 $\gamma_{TP}$ [mg/(m² · d)] | 拟合值 $\gamma_{TP}$ [mg/(m² · d)] | 残差 | 试验值 $\gamma_{TP}$ [mg/(m² · d)] | 拟合值 $\gamma_{TP}$ [mg/(m² · d)] | 残差 |
| D1 | 4.8 | −7.5 | 12.3 | 4.8 | −4.8 | 9.6 |
| D2 | 6.4 | 14.4 | −8.0 | 6.4 | 12.9 | −6.5 |
| D3 | 4.8 | 3.4 | 1.4 | 4.8 | 8.6 | −3.8 |
| D4 | 35.4 | 21.2 | 14.2 | 35.4 | 27.6 | 7.8 |
| D5 | 4.3 | 8.6 | −4.3 | 4.3 | 8.9 | −4.6 |
| D6 | 11.5 | 2.4 | 9.1 | 11.5 | 3.3 | 8.2 |
| D7 | 11.2 | 14.0 | −2.8 | 11.2 | 20.5 | −9.3 |
| D8 | 4.6 | 13.4 | −8.8 | 4.6 | 5.3 | −0.7 |
| D9 | 12.2 | 20.8 | −8.6 | 12.2 | 14.7 | −2.5 |
| D10 | 3.6 | 5.0 | −1.4 | 3.6 | 6.8 | −3.2 |
| D11 | 17.3 | 21.8 | −4.5 | 17.3 | 22.0 | −4.7 |

续表 7-46

| 试验组号 | 模型一：自变量($T$、pH 值、DO)，因变量($\gamma_{TP}$) | | | 模型二：自变量($C_0$、$T$、pH 值、DO)，因变量($\gamma_{TP}$) | | |
|---|---|---|---|---|---|---|
| | 试验值 $\gamma_{TP}$ $[mg/(m^2 \cdot d)]$ | 拟合值 $\gamma_{TP}$ $[mg/(m^2 \cdot d)]$ | 残差 | 试验值 $\gamma_{TP}$ $[mg/(m^2 \cdot d)]$ | 拟合值 $\gamma_{TP}$ $[mg/(m^2 \cdot d)]$ | 残差 |
| D12 | 43.3 | 26.0 | 17.3 | 43.3 | 29.8 | 13.5 |
| D13 | 5.9 | 5.6 | 0.3 | 5.9 | 8.4 | −2.5 |
| D14 | 4.3 | 8.2 | −3.9 | 4.3 | −2.9 | 7.2 |
| D15 | 3.3 | 10.8 | −7.5 | 3.3 | 5.2 | −1.9 |
| D16 | 11.5 | 21.4 | −9.9 | 11.5 | 15.9 | −4.4 |
| D17 | 13.0 | 15.6 | −2.6 | 13.0 | 18.7 | −5.7 |
| D18 | 16.8 | 23.0 | −6.2 | 16.8 | 16.8 | 0.0 |
| D19 | 9.4 | 9.7 | −0.3 | 9.4 | 7.9 | 1.5 |
| D20 | 12.0 | 18.1 | −6.1 | 12.0 | 18.8 | −6.8 |
| D21 | 32.6 | 31.3 | 1.3 | 32.6 | 34.3 | −1.7 |
| D22 | 49.4 | 32.9 | 16.5 | 49.4 | 35.1 | 14.3 |
| D23 | 15.5 | 9.3 | 6.2 | 15.5 | 8.6 | 6.9 |
| D24 | 18.9 | 15.1 | 3.8 | 18.9 | 21.7 | −2.8 |
| D25 | 15.5 | 22.9 | −7.4 | 15.5 | 23.3 | −7.7 |

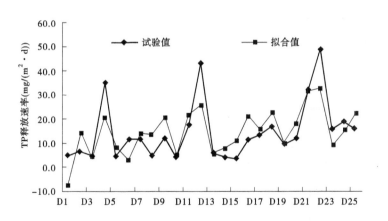

图 7-17　TP 模型一拟合曲线

## （二）模型外推预测

模型检验合格后可用于外推预测。分别用模型一和模型二进行外推预测，漳泽水库底泥总磷（TP）年释放量按下式计算：

$$W = \sum R_i \Delta T_i A \qquad (7\text{-}15)$$

式中：$W$ 为湖库总磷释放量，t；$R_i$ 为第 $i$ 种条件下总磷释放速率，$mg/(m^2 \cdot d)$；$\Delta T_i$ 为第 $i$

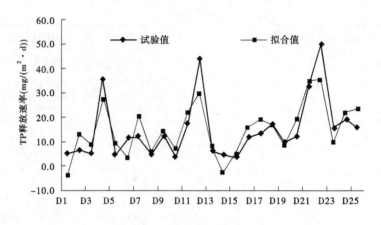

**图 7-18　TP 模型二拟合曲线**

种条件所代表的时间段,d;$A$ 为湖库水面面积,$m^2$。

以 2018 年实测数据为基础,预测 2018 年漳泽水库沉积物中总磷的月平均释放速率 $\gamma_{TP}$ 和释放量 $W$,见表 7-47。

从表 7-47 可以看出,如采用模型一漳泽水库沉积物中总磷表现为全年释放反应,合计释放量 57.36 t;如采用模型二,5 月和 8 月,沉积物中总磷表现为释放反应,释放量 5.16 t,其余月份表现为沉淀反应,沉淀量 182.29 t,全年合计沉淀量 177.13 t。

**表 7-47　2018 年沉积物中 TP 释放量预测**

| 月份 | $\Delta T_i$ (天) | T (℃) | pH 值 | DO (mg/L) | $C_0$ (mg/L) | 模型一 | | 模型二 | |
|---|---|---|---|---|---|---|---|---|---|
| | | | | | | $R_1$ [mg/($m^2$·d)] | $W_1$(t) | $R_2$ [mg/($m^2$·d)] | $W_2$(t) |
| 1 | 31 | 3.1 | 7.82 | 8.7 | 0.039 | 1.63 | 0.83 | −17.23 | −8.80 |
| 2 | 28 | 5.4 | 7.85 | 8.22 | 0.025 | 3.33 | 1.54 | −0.30 | −0.14 |
| 3 | 31 | 7.7 | 7.85 | 9.59 | 0.038 | 7.29 | 3.73 | −14.00 | −7.15 |
| 4 | 30 | 12.3 | 7.57 | 9.27 | 0.038 | 10.09 | 4.99 | −12.63 | −6.24 |
| 5 | 31 | 19.3 | 7.39 | 4.6 | 0.026 | 9.95 | 5.08 | 3.35 | 1.71 |
| 6 | 30 | 22.4 | 7.41 | 8.1 | 0.065 | 17.52 | 8.66 | −39.39 | −19.47 |
| 7 | 31 | 26.0 | 7.36 | 2.23 | 0.200 | 13.14 | 6.71 | −191.81 | −97.99 |
| 8 | 31 | 28.9 | 7.61 | 3.95 | 0.027 | 19.18 | 9.80 | 6.76 | 3.45 |
| 9 | 30 | 24.8 | 7.91 | 3.11 | 0.036 | 15.45 | 7.64 | −4.66 | −2.31 |
| 10 | 31 | 16.7 | 7.58 | 3.6 | 0.076 | 6.98 | 3.56 | −54.28 | −27.73 |
| 11 | 30 | 10.03 | 7.81 | 7.01 | 0.031 | 6.00 | 2.97 | −5.29 | −2.61 |
| 12 | 31 | 4.14 | 7.68 | 9.93 | 0.041 | 3.63 | 1.85 | −19.27 | −9.85 |
| 合计/平均 | 365 | 15.1 | 7.65 | 6.5 | 0.054 | | 57.36 | | −177.13 |

### (三)合理性验证

与总氮类似,由于拟合过程引入了初始浓度 $C_0$,模型二外推预测 TP 释放量与模型一存在较大差别。为验证其合理性,本书对比了外源污染调查、库区浓度变化、蓄水量变化以及下泄流量等监测数据。

通过调查显示,漳泽水库 2018 年渗漏量和下泄流量总计 1.25 亿 $m^3$,2018 年底蓄水量为 8 487 万 $m^3$,较 2017 年底减少 3 677 万 $m^3$。库区代表断面总磷平均浓度由 2017 年的 0.061 mg/L 降至 2018 年的 0.054 mg/L。外部点源污染量 22.6 t/a,面源污染量 840 t/a。

考虑到面源污染中总磷以颗粒物携带为主,多在进入水库后先行沉淀,而释放试验释放速率则以监测上覆水中 TP 浓度得出,为更为准确地验证内源释放量,作者还调查了入库站点的污染量,其中浊漳河南源、绛河以及碧头河 2018 年 TP 入库量合计 79.5 t。通过质量守恒验证,2018 年漳泽水库的外源总磷污染量 107 t/a,通过下泄和渗漏仅排出 TP 污染物 6.75 t/a,由于水体总磷浓度和蓄水量减少水体中溶解态 TP 量也较上年减少 2.72 t/a,其内源总磷释放量约为 -103 t/a,即水体中 TP 向沉积物中沉淀 103 t/a,与模型二结论基本一致。因此,采用模型二外推结论,即 2018 年漳泽水库沉积物总磷释放量小于沉积量,表现为水体中溶解态总磷向沉积物中的沉积吸附反应,全年沉积总磷 177.13 t,见表 7-47。

# 第八章　水库污染控制措施

## 第一节　制定污染治理规划

### 一、规划内容

污染治理一向都是水环境保护工作中的重要任务之一。早在100多年前,英国的泰晤士河、特伦特河,美国的威拉米特河、福克斯河,苏联的莫斯科河,欧洲的莱茵河,法国的塞纳河,日本的大和川和大阪市的河道就实施了治理工作。初期人们的注意力主要集中在单项治理上,主要针对工业污染,以减少入河污染负荷。随着人们认知的深入,20世纪70年代开始,水污染治理从局部治理发展为区域治理,从单项治理发展为综合治理,对污染治理规划的研究也更加注重。

水体的社会循环大致可以归纳为:降雨汇流至湖泊河流形成水源,经井水处理后成为自来水,通过输配水管网送至用户,工业及生活用水使自来水水质下降,成为污水,污水收集处理系统收集处理后返回水体。水体依靠天然自净能力消纳一部分污染物,超出部分引起水质恶化。农业用水过程中将污染物溶解至水体中,最终通过面源环节进入水体,加剧水体恶化。

污染治理规划一般主要包括以下内容:①水体环境要素调查;②水质评价;③确定规划年限与目标;④划分水环境功能区;⑤水质预测分析、环境容量计算机负荷优化分配分析;⑥制订污染负荷消减方案;⑦确定污染治理工程措施;⑧经济—效益分析,方案比选。

### 二、规划编制程序

制定水体污染治理规划的基本程序是:调查水环境的现状及各类污染源;运用系统工程的方法和数学模型,对水环境的水质及各类污水负荷在规划时限内可能发生的变化进行预测;为实现既定的环境目标,制定污染控制系列专项规划,包括工业污染防治、农村污染防治、饮用水源地保护、河流污染治理、城市废水治理、水资源开发利用等。这些规划方案均应与总体规划中的目标一致,并通过水质模型及实测水质进行验证。还需采用费用效益分析进行多方案比较和评价,在综合评价的基础上形成经济有效、切实可行的方案。

规划制定程序一般通过三个阶段进行。

**(一)摸清现状**

(1)自然条件调查,包括地理位置、地形地貌、气候、气温、降雨量、面积等。

(2)人口调查,包括常住人口、流动人口、人口密度与空间分布,自然增长率和迁移增长率等。

(3)城市建设总体规划,包括城市规模、城镇体系、城市建设用地、规划范围等。

（4）社会经济发展现状及预测,包括国民生产总值,产业结构,不同产业分布特征、工业发展速度等。

（5）环境污染与环境保护现状调查,包括污染源、污染物性质、污染负荷、水质监测状况、历年统计资料等。

（6）城市现有公共基础设施调查,包括城市污水收集率,处理能力、处理水平、城市粪便收集、输送、处置处理现状。

（7）根据水环境功能区划确定水质目标(近期目标和中长期目标)。

**（二）预测未来**

（1）创建环境信息系统。建立数据库管理系统,将适合的有关数据、技术参数及资料输入系统。

（2）确定各类污染源及负荷。包括工业污染源、农村污染源、生活污染源、城市粪便、排水系统等。

（3）模型率定、验证及应用。水环境污染防治及水质管理规划中,需要采用模型进行水质、水量的预测和水环境容量的计算,并对推荐规划方案进行优化决策以达到技术经济和环境效果整体最优。

为实现水环境污染治理目标,应对各种推荐规划方案进行评估和确定,描述这类问题的模型称为综合分析模型,如多参数综合决策分析模型、最小费用模型。

**（三）制订方案**

该阶段要确定推荐的规划方案,提出解决水体污染及改善水质的战略、途径、方法与措施。

（1）提出控制各类污染源排放的对策和措施。

（2）进行方案的技术经济分析,以求技术可行、经济合理。

（3）制订工程项目实施的优先顺序和实施计划。

（4）提出水资源保护与水污染防治的管理体制、法规、标准、政策等方面的意见和建议。

# 第二节　污染治理技术优化

通过前面章节的介绍分析可知,目前漳泽水库主要的污染来源还集中在外源排入,其一来自于上游城市生活污水和工业废水的排放,其二来源于流域内农业面源污染。第六章和第七章内源释放试验研究表明,在现状水质状况下内源释放量很少,但是随着外源污染的减轻,水体水质好转,内源污染将填补外源污染,使水体污染维持现状。因此,库区污染治理不仅仅要减少外源排入,还要对内源释放进行控制。

## 一、点源污染治理技术

治理点源污染的污水处理系统是由一系列处理构筑物(或设备)及附属构筑物组成的,其任务是避免水环境被污染,促进水资源的良性循环。污水处理系统可以按污水来源、设施功能、对水的处理程度来划分,污水处理系统应按处理后达标排放,或对处理后污水和污泥加以利用的要求来设置,系统方案的确定应做到工艺技术先进可靠、工程投资经济合理、运行管理方便。

**(一)环境目标和处理目标**

污水处理厂水质处理的最终目标同该厂所在地区整体的环境目标密切相关。就水处理技术水平而言,可使废水净化至要求的任何程度,但净化要求每提高一步意味着需要采取更加昂贵的净化方法。因此,环境目标必须同经济能力相适应,并且随着经济的不断发展,用于环保的经费相应增加以及人们对环境质量的要求进一步提高,我们可以不断调整或提高环境总体目标,并相应提高污水治理目标。

**(二)污水处理深度**

污水处理深度取决于原生污水水质和处理后尾水水质要求。

处理后尾水水质取决于尾水的排放去向或用途。当排向大水体时,尾水水质应根据受纳水体环境功能要求确定。

**(三)处理规模与原生污水水质水量变化规律**

原生污水水质水量变化大时,处理方案应考虑水质水量的调节,或选用承受冲击负荷能力较强的处理工艺。

**(四)城市污水处理的基本方法与系统组成**

城市污水处理方法可按下述方式分类:

(1)按照处理原理划分,污水处理方法可分为物理处理法、化学处理法和生物处理法三大类。

①物理处理法:利用物理作用分离污水中的污染物质。主要方法有筛滤法、沉淀法、上浮法、气浮法、过滤法和膜法等。

②化学处理法:利用化学反应作用分离回收污水中处于各种形态的污染物质(包括悬浮的、溶解的、胶体等)。主要方法有中和、混凝、电解、氧化还原、气提、萃取、吸附、离子交换和电渗析等。化学处理法多用于工业废水处理和废水再生利用处理。

③生物处理法:利用微生物的新陈代谢作用,使污水中呈溶解、胶体状态的有机污染物转化为稳定的无害物质。主要分为两大类,即利用好氧微生物作用的好氧法和利用厌氧微生物的厌氧法。前者广泛用于处理城市污水及有机性工业废水,其中有活性污泥法和生物膜法两种,后者多用于处理高浓度有机污水与污水处理过程中产生的污泥,现在也开始用于处理城市污水与低浓度有机污水。

(2)按处理程度划分,污水处理方法可分为一级处理、二级处理和三级处理。

①一级处理。主要去除污水中呈漂浮、悬浮状态的固体污染物质,物理处理大部分只能完成一级处理的要求。经过一级处理后的污水,BOD 一般可去除 30% 左右,达不到排放标准要求。一级处理属于二级处理的预处理。

②二级处理。主要去除污水中呈胶体和溶解状态的有机污染物质(BOD、COD 物质),去除率可达 90% 以上,使有机污染物达到排放标准。二级处理主要是生物处理。

③三级处理。三级处理是在一级、二级处理后,进一步处理难降解的有机物、磷和氮等能够导致水体富营养化的可溶性无机物等。主要方法有生物脱氮除磷法、混凝沉淀法、砂滤法、活性炭吸附法、离子交换法、电渗析法和膜法等。三级处理是深度处理的同义语,

但两者又不完全相同。三级处理常用于二级处理之后的补充处理,而深度处理则以污水回收、再生利用为目的。

　　对于某种污水采用哪几种处理方法组成处理系统,要根据污水水质、水量、回收其中有用物质的可能、经济性、受纳水体的条件和要求,并结合调查研究与经济技术比较后决定。

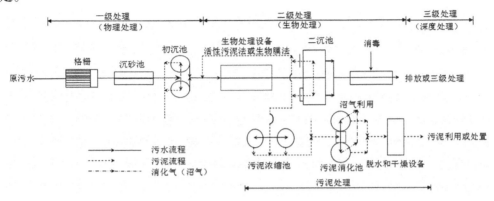

**图 8-1　城市污水处理典型流程**

## 二、面源污染治理技术

### (一)农田面源污染控制

　　以农田少水、少肥、少施农药为指导思想,开展土壤有机质、氮磷养分及其他作物生长所需营养元素的广泛调查,根据农业结构的经济效益、农作物生长规律以及农田灌溉、施肥试验,制定经济效益明显、面源污染较少的农业土地资源有效利用规划,提出一套防治农田养分流失污染的施肥技术、灌溉技术及病虫害防治措施,以达到控制与削减农田面源的目的。

　　1.合理施肥遵循的基本原则

　　(1)养分归还学说。养分归还学说是 19 世纪德国著名化学家李比西提出的。其主要论点是:由于作物的收获从土壤中带走养分,从而使土壤的养分越来越少,如果要恢复土壤肥力,就应该向土壤增施养分,归还由于作物收获从土壤中带走的全部养分,否则,作物产量会下降。

　　(2)最小养分规律。最小养分规律是指作物产量的高低受作物最敏感缺乏的养分制约,在一定程度上产量随这种养分的增减而变化。

　　(3)效益递减规律。效益递减规律是在假定其他生产要素相对稳定的条件下,随着施肥量的增加,作物的产量会随之增长,但单位重量的肥料所增加的产量却会下降。一般来说,在某一特定的生产阶段,生产要素是相对稳定的。

　　(4)综合因子作用规律。农业生产的作用增产受各种生长发育因子综合影响,如水分、温度、养分、空气、品种、耕作、病虫害等。因此,施肥措施必须与其他农业技术措施密切配合。

　　2.合理施肥的确定方法

　　(1)测土施肥法。根据作物目标产量所需要的养分量等于土壤所提供的养分加肥料

所提供的养分的原理来计算施肥量。以土壤养分测定值计算土壤养分供给量,肥料需求量按下式计算:

$$施肥量 = \frac{目标产量带走养分量 - 土壤有效养分测定值 \times 0.15 \times 校正系数}{肥料有效养分含量 \times 肥料利用率}$$

(2)养分平衡法。通常用对照空白田的作物产量来表示,从目标产量中减去空白田产量,就是施肥所增加的产量,肥料需求量按下式计算:

$$施肥量 = \frac{目标产量带走养分量 - 对照空白田产量带走养分量}{肥料有效养分含量 \times 肥料利用率}$$

(3)肥料效应函数法。在作物生产系统中,施肥量与农作物产量之间存在着相应的函数关系,一般随着施肥量的增加,产量逐步升高,至某施肥量时达到经济效益最佳,这一施肥量称为经济施肥量。而至最高产的施肥量称最高施肥量,但从经济施肥量到最高施肥量的过程中,经济效益表现为下降。当超过最高施肥量时,随着施肥量的增加,产量却表现为减产,肥料利用率和增产效果趋于降低,肥料养分损失及环境污染趋于增加。肥料效应函数表示为:

$$y = f(x) \tag{8-1}$$

式中:$y$ 为作物产量;$x$ 为施肥量。

### 3.农田病虫害防治

农田病虫害防治方法可归纳为农业防治、生物防治、化学防治和物理防治等方法。

(1)农业防治方法。是利用一系列栽培管理技术,根据农田环境因子与病虫害间的关系,有目的改变某些因子,控制病虫害的发生和危害,以达到保护作物和环境的目的。主要内容有耕作轮作、选用抗病抗虫品种、培育壮苗、肥水管理和控制作物生长条件等。

(2)生物防治方法。指的是利用害虫的天敌来控制害虫,天敌指的是害虫的寄生性、捕食性生物和病原微生物。

(3)化学防治方法。目前的农业生产条件和技术水平下,化学防治仍然是防治病虫害的重要手段,是综合防治的重要组成部分。化学防治的缺陷在于,大量使用农药增强了病虫的抗性,对农田生态系统的组成部分产生了不利影响,污染了环境和农产品,并对人体健康产生危害。这就要求要正确评估化学防治在综合防治中的作用,强调化学农药的控制使用、合理使用,优先使用生物源农药,合理使用化学合成农药。

(4)物理防治方法。在农业生产中使用的物理防治方法有:人工捕杀、糖浆诱杀、灯光诱杀害虫;人工机械除草,去除病叶、病株;高温杀菌、高温处理种苗,高温间棚灭菌等。

### (二)畜禽污染治理

#### 1.畜禽粪便综合利用技术

##### 1)堆肥沤制发酵还田利用

畜禽粪便还田利用是具有专门管理和一定技术性质的传统利用方式,具有投资省、技术设备简单、运行费用低、农田肥力增强效果明显、操作管理方便等优点。

##### 2)工厂化好氧发酵制有机肥

畜禽粪便好氧发酵制有机肥包括生物有机肥、有机复合肥和复混肥等,可以突破农田施有机肥的季节性、农田面积的局限,克服畜禽粪便含水率高和使用、运输、储存不便的缺点,并能消除粪便堆肥卫生恶劣等状况,同时可以充分利用畜禽粪便中的有机质和营养元素,使畜禽粪便转化成性质稳定、无害化的有机肥料。

畜禽粪便通过好氧发酵干燥处理制成有机肥,并可根据不同作物的吸肥特性,按不同比例添加无机营养成分,制成不同种类的复合肥、复混肥。在发酵过程中也可接种有效微生物来促进畜禽粪便的好氧发酵,高温无害化处理制成生物有机肥。

3）制作动物饲料

由于畜禽动物在消化道结构特点上的差异性,其排出的粪便中粗蛋白质含量以鸡粪为最高,干鸡粪中约有 20%~35% 的未被消化的粗蛋白质,因此可被用作其他动物(如牛、羊、鱼、猪等)的补充饲料。

2.畜禽尿液、冲洗污水处理技术

1）畜禽污水预处理技术

（1）物理处理。畜禽场内清运畜禽粪便后排出的污水,一般仍然残留有较多的固形物,采用物理方法(如固液分离、沉淀、过滤等)主要是将这部分残留物分离出来,可以大幅度地降低污水中有机物质浓度。

（2）化学处理。畜禽污水的化学处理方法一般可分为中和法和絮凝沉淀法等。中和法可预先调节污水 pH 值,起到污水预处理的作用。絮凝沉淀法是针对污水中含有的胶体物质、细微悬浮物和乳化油等进行预处理,常用的絮凝剂有明矾、硫酸铝、氯化铁、硫酸亚铁等。

（3）化粪池厌氧消化处理。化粪池主要是利用厌氧微生物对污水进行发酵,从而达到降解有机物的目的。根据畜禽尿液及其冲洗水性质,传统的单室化粪池已不能满足净化处理的要求,需要三格化粪池即串联三室。根据常规处理实践,三格化粪池处理固体物质去除率能达 90%~95%,COD 去除率能达 50%~65%。

化粪池的优点在于可直接利用畜禽污水中的厌氧微生物,不再需要另外投入培育的细菌,而且这一方法运行费用低。

2）畜禽污水综合利用技术

畜禽污水经过物理、化学和厌氧发酵处理后,其中有害微生物的毒性和数量已经有效控制,且粪肥熟化并含有大量有机物质,是农业生产最好的肥源。目前普遍采用的方法是因地制宜利用畜禽场附近的果园、菜园、农田、鱼塘等吸收污水中的营养成分,或者利用氧化沟(塘)、天然湿地自然降解,通过生物吸收污水中的有机物和营养元素及土壤的吸附、过滤作用,进一步降解污水中的有机物。该方法既可减少废水深度处理的投资和运行费用,又可充分利用有机质和营养物质,有利于氮、磷、钾等营养成分的循环,达到综合利用的目的。

3）污水处理达标排放

当无法对畜禽污水进行综合利用和处置时,只能采取工厂式的处理方法,即像工厂处理工业废水一样,采用各种物理、化学和生物技术将污染源降低到符合排放的标准。

污水处理工艺可以参照生活污水的生化处理工艺,但考虑到畜禽污水的污染源指标更高,尤其是氨氮,因此要增加厌氧环节,并适当延长污水停留时间。整个工艺流程主要为:格栅—厌氧—兼氧—好氧—沉淀。不同种类的畜禽污水性质略有不同,可在流程的基础上调整。

### （三）城市面源污染控制

**1.城市径流污染控制途径**

1）污染物来源控制措施

控制城市径流的污染源,减少现场污染物的排放是减轻城市污染负荷最经济有效的办法。控制城市污染源的主要措施有:植树种草,增加植被覆盖,增加透水地面的渗透性;蓄滞径流,减少侵蚀;控制大气污染源,减少污染物的沉降;经常清扫街道,减少垃圾堆放。

2）污染物流出下水道系统前的控制

该项措施旨在减少地表污染物直接排入受纳水体的数量。对集聚在不透水地表上的污染物,在雨水冲洗之前就从地表上清除,包括街道垃圾清运和树叶清扫等。对已被径流冲走的污染物,可在下水道中用沉积法清除。采取措施降低污染物向地表水体的输送,也可控制城市径流污染。如利用天然渠道和人工湿地,建立林草缓冲带;建造暴雨蓄水池、沉淀池也能有效减少公路径流中的固体污染物和与颗粒有关的污染物。

3）径流量控制

不透水下垫面的增加与城市地区恶性暴雨洪水的增加有关,其本质就是雨水的储存量减少了,如希望降低径流的流量和总量,可通过增加储存量的方式加以改善,如屋顶蓄水、采用多孔铺地材料等。

**2.城市雨水利用措施**

城市雨水利用的主要方式有屋顶集雨系统、道路人工湖集雨系统、绿地草坪滞蓄径流、增加城市滞洪水面。

（1）屋顶集雨系统。屋顶集雨系统一般有两种,独立雨水利用系统和雨水渗透自然净化利用系统。

（2）道路人工湖集雨系统。将新建居住小区、道路、广场和停车场等改为透水路面,利用其收集雨水,并建人工湖和蓄水池,可为生活小区提供绿化清洁用水、生活杂用水,同时增加了城市水域面积。

（3）绿地草坪滞蓄径流。利用绿地草坪入渗回补地下水,可大量增加地下水补给量。绿地草坪不仅能接纳其面上的降雨,还可将附近的屋顶、路面等不透水面积上的雨水径流导入绿地。这部分径流滞蓄于草地,既能减少草地灌溉用水,又可为排水河道减轻防洪负担。

（4）增加城市滞洪水面。利用汛期雨洪,增加湖泊等水体面积,不仅能改善城市景观和生态环境,还具有一定的防洪功能。

## 三、内源污染治理技术

### （一）利用供氧技术控制底泥污染物释放

目前,世界上采用较多的供氧方式是人工曝气充氧。人工曝气按是否会破坏水体分层,可以分为破坏分层和深水曝气两类,后者只对底层水进行曝气,可以减少水体混合引起的不利影响。深水曝气的目的包括:在不改变水体分层的条件下达到提高溶解氧的目的;改变冷水鱼类的生长环境和增加食物的供给;改变底泥界面厌氧环境为好氧条件来降低内源性磷负荷降低氨氮、铁和锰等离子性物质的浓度等。从曝气设备所使用的氧源来看,水体充氧设备可分为纯氧曝气系统和空气曝气系统。从设备能否移动来分,可以分为固定式充氧站和移动式充氧平台两种形式。从设备工作原理来看,可以分为鼓风曝气—微孔布气管曝气系统、纯氧增氧系统、叶轮吸气推流式曝气器、水下射流曝气器、叶轮式增氧机、无泡供氧曝气技术及悬挂链曝气技术等。

美国 Mediacal 湖采用部分提升和全程提升曝气系统改善水质,结果发现部分提升曝气系统可以减少深层水体的氨氮浓度、总磷浓度以及增加底部水体的温度,而对叶绿素a、浮游植物量、底部水体的硝态氮和溶解氧等没有明显的影响。全程提升系统亦可以减少底部水体的总磷和氨氮浓度,并且可以增加深层水体的溶解氧和温度,而对叶绿素 a 浓度没有影响。澳大利亚 Maryborough 市的水源地底泥会释放出锰离子,从而导致水体中的锰含量过高,而采用曝气装置对水体进行曝气,则可以大大降低源水中的锰离子浓度。E.E.Prepas 等研究了 1988~1993 年周期性的对 Amisk 湖深层注入纯氧(不改变湖泊的热分层)所引起的湖泊的溶解氧和营养盐浓度的变化,结果表明随着纯氧注入强度的增加,夏季深层溶解氧的平均浓度由 $1.0 \ mg \cdot L^{-1}$ 增加到 $4.6 \ mg \cdot L^{-1}$,使得深层 TP 的平均浓度则由 $0.123 \ mg \cdot L^{-1}$ 下降到 $0.056 \ mg \cdot L^{-1}$,并且氨氮的平均浓度由 $0.120 \ mg \cdot L^{-1}$ 下降到 $0.042 \ mg \cdot L^{-1}$,表层 TP 的作用和叶绿素 a 浓度则分别下降了 87% 和 45%,对于冬季,深层的平均溶解氧浓度则由 $2.5 \ mg \cdot L^{-1}$ 增加到 $7.2 \ mg \cdot L^{-1}$,深层的总磷平均浓度由 $0.096 \ mg \cdot L^{-1}$ 下降到 $0.051 \ mg \cdot L^{-1}$。

$CaO_2$ 和 $H_2O_2$ 均能与水反应产生氧气,因而它们亦可以向水体供氧。袁文权等采用实验室模拟试验研究了三种供氧方式:曝气、投加过氧化氢和投加过氧化钙对水库底泥氮磷释放的影响,研究结果表明:曝气、投加过氧化氢和投加过氧化钙均能显著提高底部水体的溶氧水平,并能有效抑制底泥氮磷的释放,三种供氧方式对底泥释磷的控制效率依次为投加 $CaO_2$>曝气>投加 $H_2O_2$,对氨氮释放的控制效率则为曝气>投加 $CaO_2$>投加 $H_2O_2$。袁文权等还对比分析了三种供氧方式的优缺点,结果见表 8-1。

表 8-1 三种供氧方式的优缺点对比分析

| 操作特性 | 曝气充氧 | 投加 $CaO_2$ | 投加 $H_2O_2$ |
|---|---|---|---|
| 所需设备 | 曝气设备 | 投药装置,船只 | 投药装置,船只 |
| 建设成本 | 较高 | 较低 | 较低 |
| 常规维护 | 需长期维护 | 无需长期维护 | 无需长期维护 |
| 动力消耗 | 较大 | 很小 | 很小 |
| 操作手段 | 灵活 | 灵活 | 灵活 |
| 抑磷效果 | 较好 | 最佳 | 一般 |
| 抑氮效果 | 最佳 | 较好 | 一般 |
| 实践经验 | 丰富 | 较少 | 较少 |
| 其他缺点 | 空气充氧效果差、纯氧充氧成本高 | 提高 pH 值和碱度,危及水生态环境 | 分解过快 |

#### (二)原位处理技术控制底泥污染物释放

Ripl 最先提出了采用向底泥注入硝酸盐的方法用于底泥磷释放的控制。MurpH 值 y T.P.等采用硝酸钙对日本湖的底泥进行了处理,结果发现采用硝酸钙可以沉淀孔隙水中 97%以上的磷,并且通过现场试验还发现投加硝酸钙使得表层底泥(0~11.5 cm)约 79% 的孔隙水磷得到沉淀,以及 93%的硫化物得到去除。Foy R.H.评价了采用硝酸盐减少底泥磷释放的有效性,结果表明,采用硝酸盐可以减少底泥磷的释放,并且还可以减少底泥铁离子的释放速率,而对于锰离子的释放速率的减少则没有影响,且对于氨氮的释放速率亦没有影响。加拿大国家水研究所则采用($Ca(NO_3)_2$)和有机调理剂对汉密尔顿港受污染底泥进行了原位处理,发现 197 d 之内底泥中 78%的油和 68%的 PAHs 被生物降解。Macrae J.D.等研究了采用硝酸盐作为电子受体促进底泥多环芳烃降解的效果,结果表明,缺氧条件下低分子量多环芳烃的半衰期为 33~88 d,而分子量较高的多环芳烃的降解则很慢,半衰期为 143~812 d。硝酸钙的投加方式可以是直接注入底泥或者直接向底部水体投加溶解性或者颗粒态的硝酸钙。硝酸钙还可以与三价铁离子混合投加。

虽然该技术自 20 世纪 70 年代就开始发展起来了,但是目前还没有被广泛运用。一方面,可能与该技术对水环境的不利影响尚没有完全搞清楚有关,另一方面表层底泥利用硝态氮的持续时间比较短(因为硝酸盐极易溶于水),这直接影响了硝酸盐控制底泥磷释放的效率。为此,Gerlinde W.等开发了一种包含三价铁离子和硝酸盐的缓释药剂,并应用于德国 Dagowsee 湖底泥污染物释放的控制,结果表明可以有效地控制底泥磷释放达一年时间。

#### (三)覆盖技术控制底泥污染物释放

常见的底泥覆盖系统所采用的材料包括清洁的沉积物、沙子和砾石等。目前,国内外已经做了大量的研究。Azcue J.M.等考察了采用粗糙的沙子构造的覆盖系统(厚度 35 cm)控制加拿大 Ontario 湖的 Hamilton 港口污染底泥的污染物释放效果,结果表明所有微量元素(包括 Zn、Cr 和 Gd 等)的释放通量均大大降低。Bona 等曾采用一种整体性评价方法,包括化学分析、毒性测定以及栖息地质量评价,评价了意大利 Venice 环礁湖 Lag dei Teneri 区沙土覆盖法治理污染沉积物的工程效果,评价结果表明:对于水动力强度不大、污染程度不太高的沉积物,沙土覆盖可以有效地阻止污染沉积物扩散,使水底栖息地的氧含量能够满足底栖生物的需要。Liu C.H.等考察了模拟条件下 15 cm 厚沙子覆盖层对底泥金属释放的影响,结果表明:地下水排放促进了底泥金属元素的释放,无地下水排放影响的条件下,覆盖促进了底泥 Mo 的释放以及初期 Mn 的释放,而对 Fe 释放通量的抑制影响不大,存在地下水排放影响的条件下,覆盖对底泥 Mo、Mn 和 Fe 释放的影响明显增强。模拟存在地下水排放的情况下,覆盖促进了底泥 Gd 的释放以及初期 Ni、Cu 和 Zn 的释放,而抑制了 Cr 和 Pb 的释放,以及减少了 Ni、Cu 、Zn 和 Fe 的稳态释放通量,并且与无地下水排放影响相比,覆盖效率下降。Mohana R.K.等则讨论了覆盖系统设计的标准和理论基础,指出成功设计一个底泥的覆盖系统需要正确应用水力、化学以及土工等工程原理。目前,国外已经采用覆盖技术用于底泥污染物释放的控制,国外的一些底泥覆盖应用实例见表 8-2。

表 8-2　国外底泥覆盖的应用实例

| 工程位置 | 污染物 | 场地条件 | 覆盖条件 | 施工方法 |
|---|---|---|---|---|
| 日本 Kihamalnner | 富营养物 | 3 700 m² | 细沙 5 m 和 20 m 厚 | — |
| 日本 Akanoi 海湾 | 富营养物 | 20 000 m² | 细沙,20 cm 厚 | — |
| 华盛顿 Denny 海湾 | PAHs PCBs | 靠岸边 1.2 hm²,深 6~8 m | 0.79 m 砂质底泥 | 用驳船散布 |
| 华盛顿 Saimpson-tacoma 海湾 | 焦油 PAHs, TCDD | 靠岸 6.88 hm²,不同深度 | 1.2~6.1 m 砂质底泥 | "沙箱"水力喷射 |
| 华盛顿 Eagle 海湾 | 木焦油 | 22 hm² | 0.9 m 砂质底泥 | 用驳船散布和水力喷射 |
| 威斯康星 sheboygan 河 | PCBs | 浅河的几个地区/洪泛平原 | 沙子和石块 | 直接机械拖放 |
| 哈密尔顿海港 | PAHs,金属 | 一个工业海港 | 0.5 m 沙子 | 用导管放入 |
| 安大略湖 | 富营养物 | 10 000 m² | 0.5 m 沙子 | 用导管放入 |
| 纽约的圣路易斯河 | PCBs | 6 968 m² | 沙/砾/石块 | 从驳船上用桶放下 |

# 第三节　漳泽水库污染控制措施

## 一、点源污染治理

首先,漳泽水库的点源污染来自于长治市区,由于它位于长治市区下游,市区人口 40 万,市政污水日排放量 10 万~16 万 m³,年排放量 3 000 万~4 000 万 m³,排入石子河后汇入浊漳南源进入漳泽水库,是水库的主要污染源。所以,市政污水达标排放是治理点源的关键。其次,水库上游有 5 个县区,县城生活污水或工业污水最后汇入南源进入漳泽水库,所以上游各县的城镇生活污水与工矿企业污水需要达标排放,保证主源水质达标排入水库。再次是漳泽水库的一些支流,最大支流为绛河,但据多年绛河入库断面东司徒水质常年基本为Ⅱ类水质,对水库的氮磷污染贡献不大,但仍需要保持良好水质。最后,是库尾的碧头河支流,上游为长治高新工业园区,虽然流量不大,但水质较差,前面的库尾水体与底泥氮磷含量也证明了这一点,需要重点治理。

## 二、面源治理

从前面章节分析得知,面源污染是漳泽水库水体氮磷污染的重要来源,面源污染主要是农村生活垃圾、农田施肥、蓄禽养殖、水土流失、地表径流等,治理面源污染从以上五个方面入手,主要是农田施肥选择易于作物吸收的肥料或农家肥、采取水土保持措施等多种途径切断面源污染物进入水库。

## 三、内源治理

参考国内外河湖或水库的内源污染治理经验,结合本区域经济或资源和污染情况,综合考虑,充分论证基础上,选择适合本区域的治理措施,建议在截断外源污染基础上,对水库底泥先进行清淤,然后使用原位覆盖综合治理措施进行治理。治理前后要进行水质监测,以便观察治理效果或由此造成无法预计的环境再次恶化。

# 参 考 文 献

[1] Bootsma M C, Barendregt A, van Alphen JCA.Effectiveness of reducing external nutrient load entering a eutrophicated shallow lake ecosystem in the Naardermeer nature reserve[J].Neth, Biol Conserv, 1999, 90 (3), 193-201.

[2] Lijklema L,Koemans A A,Portielje R.Water quality impacts of sediment pollution and the role of early diagenesis[J].Water Science Technol,1993,28;1-12.

[3] Furumai H,Kondo T,Ohgaki S,phosphorus exchange Kinetics and exchangeable phosphorus form in sediments[J].Water Res,1989,23;685-691.

[4] Pierson D C,Weyhenmeyer G A.High resolution measurements of sediment resuspension above an accumulation bottom in a stratified lake[J].Hydrobiologia 1994,84;43-57.

[5] Simon N S.Nitrogen cycling between sediment and the shallow-water column in the transition zone of the Potomac River and estuary.II.The role of wind-driven resuspension and adsorbed ammonium[J].Estuarine Coastal Shelf Sci,1989,28;531-547.

[6] Froelich P N.Kinetic control of dissolved phosphate in natural rivers and estuaries;a primer on the phosphate buffer mechanism[J].Limnol Ocean ogr.1988,33(4);649-668.

[7] Carpenter E J,Capone DG.Nitrogen in the marine environment[M].New York;Academic Press,1983.

[8] Jensen H S, Andersen F O.Importance of temperature, nitrate, and ph for phosphate release from aerobic sediments of four shallow,eutrophic lakes[J].Limnol Oceanogr,1992,37;577-589.

[9] Ramm K,Scheps V.phosphorus balance of a polytrophic shallow lake with the consideration of phosphorous release[J].Hydrobiologia,1997,343;43-53.

[10] 徐轶群,熊慧欣,赵秀兰.底泥磷的吸附与释放研究进展[J].三峡环境与生态,2003,15(11);147-149.

[11] Kim, L-H, Choi, E. Phosphorous release from sediment with environmental changes in Han-river[R]. Proceedings of the 4th Conference of Korean Association of Water Quality.Pusan Korea,1996.

[12] Valeur J R.Resuspension-mechanism sand measuring methods[R].In;FloderusS, HeiskanenA-SOlesenM, WassmanPO,editors.Sediment trap studies in the Nordic Countries.Nurmiprint,Helsingor marine biological laboratory,Denmark,1995,184-202.

[13] 金相灿,刘鸿亮,屠清瑛,等.中国湖泊富营养化[M].北京:中国环境科学出版社,1990.

[14] YuS-Z.Primary prevention of hepatocellular carcinoma[J].Gastroenterol Hepatol,1995,10;674-682.

[15] Ueno Y,Nagata S,Tsutsumi T,et al.Detection of microcystins a blue—green algal hepatotoxins, in drinking water sampled in Haimen and Fusui,endemic areas of primary liver cancer in China,by highly sensitive immunoassay[J].Carcinogenesis,1996,17(6);1317-1321.

[16] Daniela R.de Figueiredo,Ulissess M.Azeiteiro,Sonia M.Esteves,Fernando J M Goncalves.Microcystin-producing blooms—a serious global plublic health issue[J].Ecotoxicology and Environmental Safety, 2004,59,151-163.

[17] WHO.Algae and cyanobacteria in fresh water[S].In;Guidelines for safe recreational water environments. Vol.1;Costal and fresh waters.World Health Organization.Geneva Switzerland,136-158.

［18］Zhou L,Yu H,Chen K..Ralationship between microcystin in drinking water and colorectal cancer［J］.Biomed Eniveron.Sci,2002,15(2):166-171.

［19］Chang S C,Jackson M L.Fraction ation of soil phosphorus［J］.Soil Science,1957,84:133-144.

［20］丁疆华.基塘水产养殖对水域氮磷的影响［J］.辽宁城乡环境科技,2000,20(5):24-26.

［21］胡俊,刘永定,刘剑彤.滇池沉积物间隙水中氮、磷形态及相关性的研究［J］.环境科学学报,2005,25(10):1391,1396.

［22］金相灿,屠清瑛.湖泊富营养化调查规范［M］.北京:中国环境科学出版社,1990.

［23］金相灿.中国湖泊环境［M］.北京:海洋出版社,1995.

［24］王明泵,刘雪芹,张建辉.湖泊富营养化评价方法及分级标准［J］.中国环境检测,2002,18(5):47-49.

［25］钟海秀.漳泽水库的藻类植物及其营养型评价［D］太原:山西大学,2004.

［26］刘瑞梯,金山,常惠丽,等.海萍水库浮游植物及水体富营养化研究［J］.长治学院学报,2005,22(5):11-13.

［27］中华人民共和国水利部.水环境监测规范:SL 219—2018［S］.北京:中国水利水电出版社,2014.

［28］高远,慈海鑫,亓树财,等.沂河4条支流浮游植物多样性季节动态与水质评价［J］.环境科学研究,2009,22(2):176-180.

［29］Broady P A.Diversity,distribution and dispersal of Antarctic terres trial algle.Biodiversity and Conservation［J］.1996,5(11):1307-1335.

［30］联合国环境规划署国际环境技术中心.刘健康,译.湖泊与水库富营养化防治的理论与实践［M］.北京:科学出版社,2003.

［31］Osgood R A.A hypothesis on the role of Aphanizomenon in translocating phosphorus［J］.Hydrobiologia,1988,169:69-76.

［32］Anderson J M.Nitrogen and phosphorous budget sand the role of sediments in six shallow Danish Lakes［J］.Archive fur Hydrobiologie,1974,74:527-550.

［33］L Q Xie,P xie,H J Tang.Enhancement of dissolved phosphorus release from sediment to lake water by Microcystis bloom—an enclosure experiment in a hypereutrophic subtropical Chinese lake［J］.Environmental pollution,2003,122:391-399.

［34］张锡辉.水环境修复工程学原理与应用［M］.北京:化学工业出版社,2002.

［35］李凤彬,代礼,肖勇,等.洋河水库底泥对富营养化影响的研究［J］.水资源保护,2003(3):31-33.

［36］国家环保局《水与废水监测分析方法》编写组.水与废水监测分析方法［M］.北京:中国环境出版社,1989,280-284.

［37］鲍士旦.土壤农化分析［M］.第三版.北京:中国农业出版社,2002.

［38］Bates M H,Neafus N J.Phosphorus release from sediments from Lake Carl Black well,Oklahoma［J］.WaterResearch,1980,14:1477-1481.

［39］Lee-Hyung Kim,Euiso Choi,Kyung-Ik Gil,Michael K,Stenstrom.phosphorous release rates from sediments and pollutant characteristic in Han River,Seoul,Korea［J］.Science of Total Environment,2004,321:115-125.

［40］Lee-Hyung Kim,Euiso Choi,Michael K,Stenstrom.Sediment characteristics,phosphorous types and phosphorus release rates between river and lake sediments［J］.Chemosphere,2003,50:53-61.

［41］胡雪峰,高效江,陈振楼.上海市郊河流底泥氮磷释放规律的初步研究［J］.上海环境科学,2001,20(2):66-70.

［42］Slomp C.P,Malschaert JFP,Van Raaphorst W.The role of adsorption in sediment water exchange of phoephate in North sea continental margin sediments[J].Limmol Ocean org,1998,43:832-846.

[43] Liikanen A N U.Effect of temperature and oxygen availability on greenhouse gas and nutrient dynamics in sediment of a eutrophic mid-boreal lake[J].Biogeochemistry,2002,59:269-286.

[44] Boynton W,Kemp WM,Osborne C.Nutrient fluxes across the sediment water interface in the turbid zone of a coastal plain estuary[M].New York:Academic Press,1980,203-263.

[45] 金相灿.湖泊富营养化控制和管理技术[M].北京:化学工业出版社,2001.

[46] 夏北成.环境污染物生物降解[M].北京:化学工业出版社,2002.

[47] Qixing Zhou a, Christopher E.Gibson b, Yinmei Zhu a.Evaluation of phosphorus bioavailability in sediments of three contrasting lakes in China and the UK[J].Chemosphere,2001,42:221-225.

[48] Wang Tian-yu, Wang Jin-qiu, Wu Jian-ping. The Comparison of Species Diversity of phytoplankton Between Spring and Autumnin Poyang Lake[J].Journal of Fudan University(NaturalScience), 2004, 43 (6):1073-1077.

[49] 张良璞.巢湖藻类群落多样性分析[J].生物学杂志,2007,24(6):53-54.

[50] Douglas G E,John D M,et al.The aquaticalage associated with mining areas in Peninsual Malaysiaand Sarawak:Their composition, diversity and distribution.NovaHedwigia[J].1998,67(1-2):189-211.

[51] 国家环保总局.水生生物监测手册[M].南京:东南大学出版社,1993.

[52] 孔繁翔.环境生物学[M].北京.高等教育出版社,2000.

[53] 李文朝.浅水湖泊生态系统的多稳态理论及其应用[J].湖泊化学,1997,9(2):97-104.

[54] 钱凯先.国内外湖泊富营养化研究及对策[J].环境科学,1989,9(2):59-63

[55] 王洪道,窦鸿身,等.中国湖泊资源[M].北京:科学出版社,1989.

[56] 中国科学院南京地理研究所.太湖综合调查初步报告[M].北京:科学出版社,1965

[57] 饶钦止.五里湖1951年湖泊学调查(四)浮游植物.水生生物学集[J].科学出版社,1962.

[58] 中国科学院南京地理研究所.太湖环境质量的研究[M].北京:科学出版社,1982.

[59] 刘建康.东湖生态学研究(一)[M].北京:科学出版社,1990.

[60] 刘建康.东湖生态学研究(二)[M].北京:科学出版社,1990.

[61] 屠清理.巢湖富营养化研究[M].合肥:中国科技大学出版社,1990.

[62] 章申,唐以剑.白洋淀区域水污染控制研究(第一集)[M].北京:科学出版社,1995.

[63] 王克林.洞庭湖湿地景观结构与生态工程模式[J].生态学,1998,17(6):28:12.

[64] 叶春.洱海湖滨带生态恢复工程模式研究[D].北京:中国环境科学研究院,1999.

[65] 汪家权,孙亚敏,钱家忠,等.巢湖底泥磷的释放模拟实验研究[J].环境科学学报,2002,22(6):739.

[66] 《全国主要湖泊水库富营养化调查研究》课题组.湖泊富营养化调查规范[M].北京:中国环境科学出版社,1987.

[67] 李安峰,杨冲,胡翔,等.北京奥林匹克公园龙形水系底泥氮磷释放实验研究[J].环境工程,2013,31 (4):41-42

[68] Yoshida T,Hamada H,Okamura T. Wastewater and sludge treatment by activated sludge process[M]. Japan:Jpn Kokai Tokkyo Koho JP,2004.

[69] 张智,刘亚丽,段秀举.湖泊底泥释磷模型及其影响显著因素试验研究[J].农业环境科学报,2007, 26(1):46.

[70] 林华实,水体沉积物中的氮磷释放规律研究[D].广州:广东工业大学,2011.

[71] 林建伟,朱志良,赵建夫.曝气复氧对富营养化水体底泥氮磷释放的影响 [J].生态环境,2005,14 (6):812-815,813.

[72] 范成新,张路,杨龙元,等.湖泊沉积物氮磷内源负荷模拟[J].海洋与湖沼,2002,33(4):372.

［73］ 马经安,李红清.浅谈国内外江河湖库水体富营养化状况［J］.长江流域资源与环境,2002,11(6)：575-577.

［74］ Adriana J,Marcos G N. Temporal and spatial patterns based on sediment and sediment-water interface characteristics along a cascade of reservoirs（Parana River,south－east Brazil）［J］.Lakes Reserv Manage,2005,10：1-12.

［75］ 黄廷林,秦昌海,李璇.石砭峪水库氮、磷营养盐季节变化及其收支分析［J］.西安建筑科技大学学报,2011,45(1)：111-116.

［76］ 李夜光,李中奎,耿亚红,等.富营养化水体中 N、P 浓度对浮游植物生长繁殖速率和生物量的影响［J］.环境科学学报,2006,26(2)：317-325.

［77］ 湛敏,姚建玉,张云怀,等.三峡库区水体磷浓度对蓝藻垂直迁移的影响［J］.环境化学,2011,30(5)：935-941.

［78］ 张路,范成新,秦伯强,等.模拟扰动条件下太湖表层底泥磷行为的研究［J］.湖泊科学,2001,13(1)：35-42.

［79］ Adlgren J,Reitzel K,Tranvik L,et al. Degradation of organic phosphorus compounds in anoxic Baltic Sea sediments：a 31P NMR study［J］. Limnology and Ocean ograpdy,2006,51(5)：2341-2348.

［80］ Liu Z W,Cden Y C,Li L. Sigma coordinate numerical model for side-discharge into natural rivers［J］. Journal of Dydrodynamics,2009,21(3)：333-340.

［81］ 袁文权,张锡辉,张丽萍.不同供氧方式对水库底泥氮磷释放的影响［J］.湖泊科学,2004,16(1),28-34.

［82］ Lee-Dyung K,Euiso C,Micdael K S. Sediment characteristics,phosphorus types and phosphorus release rates between river and lake sediments［J］. Chemosphere,2003,50：53-61.

［83］ Jiang X,Jin X C,Yao Y,et al. Effects of biological activity,light,temperature and oxygen on phosphorus release processes at the sediment and water interface of Taihu Lake［J］. Water Research,2008,42：2251-2259.

［84］ Zdou A M,Tang D X,Wang D S. Phosphorus adsorption on natural sediments：Modeling and effects of pH and sediment composition［J］.Water Research,2005,39：1245-1254.

［85］ Bryan M S,Laurence C,Rupert P,et al. Spatial and historical variation in sediment phosphorus fractions and mobility in a large shallow lake［J］. Water Research,2006,40：383-391.

［86］ 孙晓杭,张昱,张斌亮,等.微生物作用对太湖底泥磷释放影响的模拟实验研究［J］.环境化学,2006,25(1)：24-27.

［87］ 岳宗恺,马启敏,张亚楠,等.东昌湖表层底泥的磷赋存形态［J］.环境化学,2013,32(2),219-224.

［88］ 刘晓端,徐清,刘浏,等.密云水库底泥-水界面磷的地球化学作用［J］.岩矿测试,2004,23(4),246-250.

［89］ Zdang T X,Wang X R,Jing X C. Variations of alkaline phosphatase activity and P fractions in sediments of a shallow Chinese eutrophic lake（Lake Taihu）［J］. Environmental Pollution,2007,150：288-294.

［90］ 国家环境保护总局.水和废水监测分析方法［M］.北京.中国环境科学出版社,2002.

［91］ Ruban V,Muntau D,Quevauviller Pd,et al. Harmonized hrotocol and certified reference material for the determination of phosphorus in freshwater sediment A synthesis of recent works［J］. Fresenius´ Journal of Analytical Chemistry,2001,370：224-228.

［92］ Ruban V,Brigault S,Demare D,et al. An investigation of the origin and mobility of phosphorus in freshwater sediments from Bort-Les-Orgues Reservoir,France［J］. Environ Monit,1999,1：403-407.

［93］ Zdou Y Y,Li J Q,Zdang M. Temporal and spatial variations in kinetics of alkaline phosphatase in sediments of a shallow Chinese eutrophic lake（Lake Donghu）［J］.Water Research,2002,36（8）:2084-2090.

［94］Wu Q D,Zdang R D,Duang S,et al. Effects of bacteria on nitrogen and phosphorus release from river sediment［J］.Journal of Environmental Sciences,2008,20:404-412.

［95］Martin S,Jens P J,Erik J.Role of sediment and internal loading of phosphorus in shallow lakes［J］.Hydrobiologia,2003,506-509（1）:135-145.

［96］Li Q M,Zdang W,Wang X X,et al.Phosphorus in interstitial water induced by redox potential in sediment of Dianchi lake,China［J］.Pedosphere,2007,17（6）:739-746.

［97］Sergei K,Iana T,Ivan L,et al.Factors controlling long-term phosphorus efflux from lake sediments:Exploratory reactive transport modeling［J］.Chemical Geology,2006,234:127-147.

［98］Barik S K,Purusdotdaman C S,Modanty A N.Phosphatase activity with reference to bacteria and phosphorus in tropical freshwater aquaculture pond systems［J］.Aquaculture Research,2001,32:819-832.

［99］Gao L.Phosphorus release from the sediments in Rongcheng swan lake under different pH conditions［J］.Procedia Environmental Sciences,2012,13:2077-2084.

［100］叶锋.多元线性回归在经济技术产量预测中的应用［J］.中外能源,2015,2:45-48.

［101］代亮,许宏科,陈婷,等.基于 MapReduce 的多元线性回归预测模型［J］.计算机应用,2014,7:1862-1866.

［102］冷建飞,高旭,朱嘉平.多元线性回归统计预测模型的应用［J］.统计与决策,2016,07:82-85.

［103］沈亦龙,何品晶,邵立明.太湖五里湖底泥污染特性研究［J］.长江流域资源与环境,2004,13（6）:58-588.

［104］杨卓,王殿武,李贵宝,等.白洋淀底泥重金属污染现状调查及评价研究［J］.河北农业大学学报,2005,28（5）:20-26.

［105］王晓军,潘恒健,杨丽原,等.南四湖表层沉积物重金属元素的污染分析［J］.海洋湖沼通报,2005,2:22-28.

［106］刘恩峰,沈吉,朱育新,等.太湖沉积物重金属及营养盐污染研究［J］.沉积学报,2004,22（3）:507-512.

［107］刘凌,崔广柏,王建中.太湖底泥氮污染分布规律及生态风险［J］.水利学报,2005,36（8）:900-905.

［108］秦伯强,朱广伟,张路,等.大型浅水湖泊沉积物内源营养盐释放模式及其估算方法,以太湖为例［J］.中国科学 D 辑,2005,35（增刊2）:33-34.

［109］Ftydin E,Brunberg A.Seasonal dynamics of phosphorus in Lake Erken surface sediments［J］.Arch.Hydrobiol.Spec.Issues Advanc.Limnol,1998,51:157-167.

［110］张丽萍,袁文权,张锡辉.底泥污染物释放动力学研究［J］.环境污染治理技术与设备,2003,4（2）:22-26.

［111］孙亚敏,董曼玲,汪家权.内源污染对湖泊富营养化的作用及对策［J］.合肥工业大学学报（自然科学版）,2000,23（2）:210-213.

［112］王健,王方华,吴虹.小清河底泥污染物释放对西水东调水质的影响研究［J］.重庆环境科学,2003,25（12）:59-61.

［113］阿伦 R J,贝尔 A J.水和沉积物中有毒污染物评估［M］.北京:中国环境科学出版社,1993,1-9.

［114］USEPA.Assessment and Remediation of Contaminated Sediments ARCS Program.Remediation Guidance Document［J］.EPA/905/RT-94/003.OCT.1994.

［115］Rosters P B.Large scale treatment of contaminated sediments in the Netherlands, the feasibility study［J］.Wat.Sci.Tech., 1998, 37（6-7）:291-298.

[116] 王栋,孔繁翔,刘爱菊,等.生态疏浚对太湖五里湖湖区生态环境的影响[J].湖泊科学,2005,17(3):263-268.

[117] 陈荷生,张永健,宋祥甫,等.太湖底泥生态疏浚技术的初步研究[J].水利水电技术,2004,35(11):11-13.

[118] 邵立明,何品晶,洪祖喜.受污染疏浚底泥用作植物培植土的环境影响分析[J].环境科学研究,2004,17(3):51-54,74.

[119] 濮培民,杨肖娥,童昌华.水生植物控制湖泊底泥营养盐释放的效果与机理[J].农业环境科学学报,2003,22(6):673-676.

[120] 洪祖喜,何品晶.受污染底泥易地处理处置技术[J].上海环境科学,2002,21(4):233-236.

[121] 洪祖喜,何品晶,邵立明.水体受污染底泥原地处理技术[J].环境保护,2002,(10):15-17.

[122] 朱广伟,陈英旭,田光明.水体沉积物的污染控制技术研究进展[J].农业环境保护,2002,21(4):378-380.

[123] 敖静.污染底泥释放控制技术的研究进展[J].环境保护科学,2004,30(126):30-35.

[124] 陈华林,陈英旭.污染底泥修复技术进展[J].农业环境保护,2002,21(2):179-182.

[125] 孙傅,曾思育,陈吉宁.富营养化湖泊底泥污染控制技术评估[J].环境污染治理技术与设备,2003,4(8):61-64.

[126] Murphy T P, Lawson A, Kumagai M, et al.Review of emerging issuesin sediment treatment[J].treatment[J].Aquatic Ecosystem Health and Management, 1999, 2:419-434.

[127] 郑超海,范成新,逄勇.太湖底泥的污染控制及修复技术的可行性应用探讨[J].污染防治技术,2003,16(4):23-26.

[128] 刘鸿亮,金相灿,荆一凤.湖泊底泥环境疏浚工程技术[J].中国工程科学,1999,1(1):81-84.

[129] Desprez M. Physical and biological impact of marine aggregate extraction along the French. coast of the Eastern English Channel:short and long-term post-dredging restoration[J].ICES Journal of Marine Science, 2000, 57:1428-1438.

[130] 刘德启,李敏,朱成文,等.模拟太湖底泥疏浚对氮磷营养物释放过程的影响研究[J].农业环境科学学报,2005,24(3):521-525.

[131] 颜昌宙,范成新,杨建华,等.湖泊底泥环保疏浚技术研究展望[J].环境污染与防治,2004,26(3):189-192.

[132] 范成新,张路,王建军.湖泊底泥疏浚对内源释放影响的过程与机理[J].科学通报,2004,49(15):1525-1528.

[133] 王宁,张刚,王缓.湖泊内源污染的环保疏浚及其效果——以长春南湖清淤工程为例[J].环境科学研究,2004,17(2):34-37.

[134] 李文红,陈英旭,孙建平.疏浚对影响底泥向上覆水体释放污染物的研究[J].农业环境科学学报,2003,22(4):446-448.

[135] 璞培民,王国祥,胡春华,等.底泥疏浚能控制湖泊富营养化吗?[J].湖泊科学,2000,12(3):270-278.

[136] 朱敏,王国祥,王建,等.南京玄武湖清淤前后底泥主要污染指标的变化[J].南京师范大学学报(工程技术版),2004,4(2):66-69.

[137] 高丽,周健民.磷在富营养化湖泊沉积物-水界面的循环[J].土壤通报,2004,35(4):512-515.

[138] 韩沙沙,温琰茂.富营养化水体沉积物中磷的释放及其影响因素[J].生态学,2004,23(2):98-101.

[139] 董浩平,姚琪.水体沉积物磷释放及控制[J].水资源保护,2004,20(6):20-23.

[140] 侯立军,刘敏,许世远.环境因素对苏州河市区段底泥内源磷释放的影响[J].上海环境科学,2003,

22(4):258-260.

[141] 钱家忠,潘天声,汪家权,等.巢湖底泥磷的释放模拟实验研究[J].环境科学学报,2002, 22(6):
738-742.

[142] 李勇,王超.城市浅水型湖泊底泥磷释放的环境因子影响实验研究[J].江苏环境科技,2002, 15
(4):4-6.

[143] 隋少峰,罗启芳.武汉东湖底泥释磷特点[J].环境科学,2001, 22(1):102-104.

[144] 王雪蕾,王金生,王宁,等.四平市二龙湖底泥磷释放研究[J].环境污染治理技术与设备,2005, 6
(9):47-50.

[145] 高丽,杨浩,周健民,等.滇池沉积物磷的释放以及不同形态磷的贡献[J].农业环境科学学报,
2004, 23(4):731-734.

[146] Appan A, Ting D S.A laboratory study of sediment phosphorus flux in two tropical reservoirs[J].Water
Science and Technology, 1996, 34(7-8):45-52.

[147] Kim L H,Choi E, Michael K et al.Sediment characteristics phosphorus types and phosphorus release
rates between river and lake sediments[J].Chemosphere, 2003, 50:53-61.

[148] Gomez E., Durillon C., Rofes G., et al.phosphate adsorption and release from sediments of brackish la-
goons:ph, $O_2$ and loading influence[J].Water Research,1999, 33(10):2437-2447.

[149] Petticrew E L,Arocena J M.Evaluation of iron-phosphate as a source of internal lake phosphorus loadings
[J].The Science of the Total Envitanment,2001,266:87-93.

[150] Jiang X, Jin X C, Yao Y, et al.Effects of oxygen on the release and distribution of phosphorus in the
sediments under the light condition[J].Environmental Pollution,2006,141:482-487.

[151] 朱广伟,秦伯强,高光.浅水湖泊沉积物磷释放的重要因子——铁和水动力[J].农业环境科学学
报,2003, 22(6):762-764.

[152] 林婉珍.福州西湖沉积物磷形态垂向变化特征[J].福建师范大学学报(自然科学版),2005,21
(3):39-42.

[153] 金相灿,王圣瑞,庞燕.太湖沉积物磷形态及 pH 对磷释放的影响[J].中国环境科学,2004,24(6):
707-711.

[154] 刘伟,陈振楼,王军,等.小城镇河流沉积物无机氮迁移循环研究[J].农业环境科学学报,2004, 12
(3):520-524.

[155] 熊汉锋,王运华,谭启玲,等.梁子湖表层水氮的季节变化与沉积物氮释放初步研究[J].华中农业
大学学报,2005, 24(5):500-503.

[156] Lerat Y, Lasserre P, 1e Corre P.Seasonal changes in pore water concentrations of nutrients and their dif-
fusive fluxes at the sediment-water interface [J], Mar.Biol.Ecol., 1990, 135:135-160.

[157] Boynton W R, Kemp W.M..Nutrient regeneration and oxygen consumption by sediments along an estuar-
ine salinity gradient[J].Marine Ecology Progress Series, 1985, 23:45-55.

[158] 刘培芳,陈振楼,刘杰,等.环境因子对长江口潮滩沉积物中 $NH_4^+$ 的释放影响[J].环境科学研究,
2002, 15(5):29-32.

[159] 魏俊峰,吴大清,彭金莲,等.污染沉积物中重金属的释放及其动力学[J].生态环境,2003, 12(2):
127-130.

[160] 李鱼,刘亮,董德明,等.城市河流淤泥中重金属释放规律的研究[J].水土保持学报,2003,17(1):
59-61.

[161] 方涛,刘剑彤,张晓华,等.河湖沉积物中酸挥发性硫化物对重金属吸附及释放的影响[J].环境科
学学报,2002, 22(3):324-328.

[162] Nathalie C, Christophe T, Corinne L, et al.Solubility of metals in an anoxic sediment during prolonged aeration[J].The Science of the Total Environment, 2003, 301:239-250.

[163] Lindenschmidt K E, Hamblin P.F..Hypolimnetic aeration in Lake Tegel, Berlin[J].WaterResearch, 1997, 31(7):1619-1628.

[164] 王瑟澜,孙从军,张明旭.水体曝气复氧工程充氧量计算与设备选型[J].中国给水排水,2004, 20(3):63-66.

[165] 杨贤智,章永泰,周杰.人工曝气复氧治理黑臭河流[J].中国给水排水,2001, 17(4):47-49.

[166] 张锡辉.水环境修复工程学原理与应用[M].北京:化学工业出版社,2002.

[167] 桑军强,张锡辉,孟庆宇.水处理中的无泡供氧技术[J].中国给水排水,2003, 19(11):25-28.

[168] 楼上游,王涛.悬挂链移动曝气技术的研究[J].工业水处理,2001, 21(12):42-44.

[169] Soltero R A, Sexton L M, Ashley K L, et al.Partial and full lift hypolimnetic aeration of Medical Lake, WA to improve water quality[J].Wat.Res., 1994, 28(11):2297-2306.

[170] Bums F L.Case study:automatic reservoir aeration to control manganese in raw water Maryborough town water supply Queensland,Australia [J].Water Science and Technolog,1998, 37(2):301-308.

[171] Prepas E E, Bwke J M.Effects of hypolimnetic oxygenation on Water quality in Amisk Lake, Alberta, a deep, eutrophic lake with high internal phosphorus loading rates[J].Canadian Journal of Fisheries and Aquatic Sciences, 1997, 54(9):2111-2120.

[172] 袁文权,张锡辉,张丽萍.不同供氧方式对水库底泥氮磷释放的影响[J].湖泊科学,2004, 16(1):28-34.

[173] Gerlinde W, Thomas G, Peter C, et al.P-immobilisation and phosphatase activities in lake sediment following treatment with nitrate and iron[J].Limnologica,2005,35:102-108.

[174] Ripl W.Biochemical oxidation of polluted lake sediment with nitrate-A new restoration method [J].Ambio, 1976, 5:132-135.

[175] Foy R H.Suppression of phosphorus release from lake sediments by the addition of nitrate[J].Water Research, 1986, 20(11):1345-1351.

[176] Macrae J D, Hall K J.Biodegradation of polycyclic aromatic hydrocarbons (PAH) inmarine sediment under denitrifying conditions [J].Water.

[177] Sedergaard M, Jeppesen E, Jensen J P.Hypolimnetic nitrate treatment to reduce internal phosphorus loading in a stratified lake [J].Lake Reservoir Manage, 2000, 16(3):195-204.

[178] Gerlinde W,Thomas G,Klaus K, et al.Sediment treatment with a nitrate storing compound to reduce phosphorus release [J].Water Research,2005(39):494-500.

[179] Patermo M R.Design considerations for insitu capping of contaminated sediments[J].Water Scienee and Technology, 1998, 37(6-7):315-321.

[180] Azcue J M, Zeman A J, Mudroch A,et al.Assessment of sediment and porewater after one year of subaqueous capping of contaminated sediments in Hamiiton Harbour, Canada[J].Water Science and Technology, 1998, 37(6-7):323-329.

[181] Bona F, Cecconi G, Maffiotti A.An integrated approach to assess the benthic quality after sediment caopine in Venice lagoon[J].Aquatic Ecosystem Health and Management, 2000,3:379-386.

[182] Liu C H,Jennifer A J, Raveendra I, et al.Capping Efficiency for Metal-contaminated Marine Sediment under Conditions of Submarine Groundwater Discharge[J].Environ.Sci.Technol,2001,35:2334-2340.

[183] Mohan R K, Brown M P, Barnes C R.Design criteria and theoretical basis for capping contaminated marine sediments [J].Applied Ocean Research, 2000, 22:85-93.

[184] Jacobs P H, Forstner U. Concept of subaqueous capping of contaminated sediments with active barrier systems (ABS) using natural and modified zeolites[J]. Wat.Res., 1999, 38(9):2083-2087.

[185] Jacobs P H, Waite T D. The role of aqueous iron(II) and manganese(II) in subaqueous active barrier systems containing natural clinoptilolite[J]. Chemosphere, 2004, 54:313-324.

[186] Stuart L S, lan D P, Ben R M, et al. Corsiderations for Capping Metal-Contaminated Sediments in Dynamic Estuarine Environments[J]. Environ.Sci.Technol, 2002, 36:3772-3778.

[187] Berg U, Neumann T, Donnert D, er al. Sediment capping in eutrophic lakes-efficiency of undisturbed calcite barriers to immobilize phosphorus[J]. Applied Geochemistry 2004, 19:1759-1771.

[188] Barry T H, Simon R, Robert J, et al. Active barrier to reduce release from sediments, effectiveness of three forms of CaCO[J]. Aust.J.Chem.2003, 56:207-217.

[189] 薛传东,杨浩,刘星.天然矿物材料修复富营养化水体的实验研究[J].岩石矿物学,2003,22(4):381-385.

[190] 叶恒朋,陈繁忠,盛彦岩,等.覆盖法控制城市河涌底泥磷释放研究[J].环境科学学报,2006,26(2):262-267.

[191] Darren A., Graham B.J., David M.M.. The application of sediment capping agents on phosphorus speciation and mobility in a subtropical dunal lake[J]. Marine and Freshwater Research, 2003, 55(7):715-725.

[192] Robb M., Greenop B., Goss Z. et al. Application of phos lockN, an innovative phosphorus binding clay, to two Western Australian waterways:preliminary findings[J]. Hydrobiologia, 2003, 494:237-343.

[193] 张曦,陆轶峰.天然沸石吸附技术防治暴雨径流氮磷污染[J].云南环境科学,2003,22(1):49-51.

[194] 温东辉,唐孝炎,马倩如.天然沸石吸附容量研究[J].环境科学研究,2003,16(2):31-34.

[195] Du Q, Liu S J, Cao Z H, et al. Ammonia removal from aqueous solution using natural Chinese clinoptilolite[J]. Separation and Purification Technology, 2005, 44:229-234.

[196] Myroslav S, Mariya L, Artur P T, et al. Ammonium sorption from aqueous solutions by the natural zeolite T rans carpathian clinoptilolite studied under dynamic conditions[J]. Journal of Colloid and Interface Science, 2005, 284:408-415.

[197] Englert A H, Rubio J. Characterization and environmental application of a Chilean natural zeolite[J]. Miner.Process, 2005, 75:21-29.

[198] 李永飚,黄友谊,吴志超.沸石粉吸氨性能影响因素研究[J].四川环境,2005,24(1):91-94.

[199] 薛玉,李广贺.沸石结构对氨氮吸附性能的影响[J].环境污染与防治,2003,25(4):209-210,239.

[200] 徐丽花,周琪.沸石去除废水中氨氮及其再生[J].中国给水排水,2003,19(3):24-26.

[201] 张曦,吴为中,温东辉,等.氨氮在天然沸石上的吸附及解吸[J].环境化学,2003,22(2):166-171.

[202] 董秉直,夏丽华,高乃云.天然沸石去除腐殖酸和氨氮的研究[J].环境污染与防治,2005,27(2):94-96.

[203] 温东辉,唐孝炎.天然斜发沸石对溶液中 $NH_4^+$ 的物化作用机理[J].中国环境科学,2003,23(5):509-514.

[204] 江喆,宁平,普红平,等.改性沸石去除水中低浓度氨氮的研究[J].安全与环境学报,2004,4(2):41-43.

[205] 李爱阳.改性斜发沸石对微污染饮用水的处理研究[J].化工时刊,2004,18(5):49-50,53.

[206] 赵丹,王曙光,栾兆坤,等.改性斜发沸石吸附水中氨氮的研究[J].环境化学,2003,22(1):59-63.

[207] 谢英惠,袁俊生,纪志永.钙型斜发沸石铵离子交换平衡的研究[J].城市环境与城市生态,2003,16(5):62-64.

[208] 任刚,崔福义.改性天然沸石去除水中氨氮的研究[J].环境污染治理技术与设备,2006,7(3):75-79.

[209] Erdem E,Karapinar N,Donat R.The removal of heavy metal cations by natural zeolites[J].Journal of Colloid and Interface Science,2004,280:309-314.

[210] Vassilis J I,Antonis A Z,Maria D L,er al.Simultaneous removal of metals Cu,Feand Cr′with anions SO. and HPO using clinoptilolite[J].Microporous and Mesoporous Materials,2003,61:167-171.

[211] Vassilis J I,Maria M L,Helen P G.lon exchange studies on natural and modified zeolites and the concept of exchange site accessibility[J].Journal of Colloid and Interface Science,2004,275:570-576.

[212] 陈国安.沸石处理重金属离子废水的试验研究[J].矿产保护与利用,2001,6:17-19.

[213] 周明达,张晖,刘国聪.HDTMA-沸石的制法和其对水中磷酸盐的去除[J].化工科技市场,2004,27(12):38-41.

[214] 卢晓岩,朱现,梁莹,等.改性沸石对水中铬酸盐的吸附和解吸性能研究[J].兰州交通大学学报(自然科学版),2005,24(4):72-74.

[215] 递晓风,王京刚.有机沸石处理含铬废水的试验研究[J].金属矿山,2002,317(11):47-49.

[216] Ghiaci M.Kia R,Abbaspur A,er al.Adsorption of chromate by surfactant-modified zeolites and MCM-41 molecular sieve[J].Separation and Purification Technology,2004,40:285-295.

[217] 袁凤英,程明,梁文娟.CBP 与 HDTMA 改性沸石处理含 Cr(Ⅵ)废水性能比较[J].四川环境,2005,24(2):8-10.

[218] 陈芳艳,唐玉斌,马延文.改性沸石对水中铬酸盐的吸附[J].抚顺石油学院学报,2001,21(1):76-79.

[219] Song Y H,Weidler P G,Berg U,et al.Calciteseeded crystallization of calcium phosphate for phosphorus recovery[J].Chemosphere,2006,63(2):236-243.

[220] Donnert D.,Salecker M.Elimination of phosphorus from municipal and industrial wastewater[J].Water Science Tcchnology.1999,40(4-5):195-202.

[221] Berg U.,Donnert D,Ehbrecht A,et al."Active filtration" for the elimination and recovery of phosphorus from waste water[J].Colloids and Surfaces A:physicochem.Eng.Aspects, 2005,265:141-148.

[222] 林建伟.地表水体底泥氮磷污染原位控制技术及相关机理研究[D].上海:同济大学,2006.

[223] 徐祖信.河流污染治理技术与实践[M].北京:中国水利水电出版社,2003.

# 后　记

　　本书分析研究了基于化学条件下沉积物中氮磷营养物质的静态释放,由于试验方案考虑不周全,以及受时间和实验条件的限制,本书存在许多不足之处,在后续的研究中应综合考虑底泥扰动,以及微生物等对内源营养物质释放的影响。